KB052559

플루토늄

악몽이 된 꿈의 핵연료

DFR, PFR
Sellafield
La Hague
SNR-300
Mol-Dessel
Karlsruhe
Superphénix
Phénix
Marcoule
Fermi I
West Valley
Clinch River
Barnwell
BN-600
BN-800
Ozersk
Brest
Zheleznogorsk
BN-350
Jinta
Jiuquan
CEFR
Rokkasho
Tokai
Monju
CFR-600
Tarapur
PFBR
Kalpakkam
증식로, 운영 중(큰 원) 또는 건설 중
증식로, 폐쇄 또는 건설 미완
민간용 재처리 공장, 운영 중(큰 원) 또는 건설 중
민간용 재처리 공장, 폐쇄 또는 건설 미완

플루토늄

악몽이 된 꿈의 핵연료

프랭크 반히펠·다쿠보 마사후미·강정민 공저
강정민 역

일러두기

1. 글쓴이 주는 숫자를 붙여 각 장 끝에, 역자 주는 •를 붙여 본문 하단에 실었습니다.

2. 인명, 지명 및 외래어는 굳어진 것은 제외하고 국립국어원의 외래어 표기법과 용례를 따랐습니다.

위험을 인식하고 경종을 울렸던 선구자와 동료들,

그리고 플루토늄의 상업화에 반대표를 던진

시장의 보이지 않는 손에 바친다.

서 문

1941년 캘리포니아주 버클리에서 처음으로 분리된 원자번호 94인 플루토늄은 육안으로는 보기 힘들 정도로 매우 적은 양이었다. 2019년 기준 세계 10개국 이상에서 민간용 및 군사용으로 500t 이상의 플루토늄이 누적되어 있다.

어두운 행성 명왕성의 이름을 딴 플루토늄은 세상에서 가장 위험한 핵물질로 알려져 있으며, Pu-239의 반감기는 2만 4000년이고 8kg이면 핵분열 폭발장치 한 개를 만들기에 충분하다.

민간용 핵연료 주기의 플루토늄 사용에 대해서는 격렬한 논쟁이 전개되어 왔다. 때때로 추진자들은 '플루토늄 먹는 사람', 반대파는 '수동 공격적'이라는 야유를 받기도 한다. 플루토늄 사용 지지자들은 에너지 가치를 강조하여("혼합산화물 핵연료 집합체의 플루토늄 1g은 1-2t의 석유를 태우는 것과 같은 양의 전기를 생산한다") 낭비해서는 안 될 귀중한 자원으로 홍보했다. 반면, 플루토늄 사용을 반대하는 사람들은 독성과 긴 반감기를 강조하고 핵무기 능력을 확보할 수 있는 핵심 물질 중 하나로서의 역할을 부각하여 민간 사용을 중지하고 핵폐기물로서 처분되어야 한다고 주장한다.

1960년대와 1970년대에는 상업적으로 채굴 가능한 우라늄 양에 한계가 있다고 심각하게 우려하였다. 1973년 석유수출국기구OPEC의 석유수출 금지조치의 영향과 그 당시 주도적 우라늄 생산 국가들 중 일부가 단기간 형성한 가격 카르텔로 인해 1970년대 중반 우라늄 가격이 급등했다. 우라늄 가격이 높으면 플루토늄 핵연료 주기는 비용 효율 면에서 경쟁력 있는 것으로 생각되었다. 지지자들은 플루토늄을 폐쇄핵연료 주기에서 생산할 경우, 즉 원자로에서 조사되어 사용후핵연료로 방출된 우라늄 핵연료를 재처리하여 분리한 플루토늄을 고속 증식로에 핵연료로 사용하여 더 많은 양의 플루토늄을 생산하는, 실질적으로 무한의 에너지를 생산할 수 있는 '경이로운 연료'로 간주했다. 그러나 세월이 흐르면서 그러한 낙관적 기대는 저렴한 우라늄 자원의 발견, 고비용의 공학적 난제, 재처리 안전조치의 복잡성과 관련 핵 확산 우려 등의 현실에 무너졌다. 재처리는 우라늄 농축과 함께 핵 확산의 관점에서 가장 민감한 두 가지 핵 기술 중 하나다.

나는 2003년 10월 국제원자력기구IAEA 사무총장으로서, 〈이코노미스트*The Economist*〉지에 게재된 논설 '더 안전한 세계를 향해'에서 핵 확산을 우려하여 모든 우라늄 농축과 플루토늄 재처리 시설을 다국가 간 관리 아래 둘 것을 제안했다. 나는 그 제안이 세 단계로 이루어져야 한다고 하였다. 첫째, 새로운 우라늄 농축 시설과 플루토늄 재처리 시설은 전부 다국가 간 관리의 틀에서만 설립되어야 한다. 둘째, 기존의 시설들은 장기적으로 다국가 간 관리 운영으로 전환한다. 셋째, 핵무기용 핵분열성 물질 생산금지조약의 협상을 진행하고 기존의 모든 군사용 핵물질을 국제 감시 아래 둔다. 불행하게도 이 제안에 대해 진전은 없다. 이런 두 가지 가장 민감한 기술의 확산을 억제하기 위해 더 많은 일을 수행해야 하는 것은 분명하다. 그러한 일은 국제 감시하에 해체된 핵탄두의 플루토늄과 고농축 우라늄을 안전하게 처분해야 할 필요성을 포함한다. 이런 맥락에서 러시아와 미국의 핵탄두에서 제거된 플루토늄을 국제원자력기구 감시하에 두는 삼자구상과 플루토늄 관리 및 처분 협정을 부활시켜 이행할 필요가 있다.

모든 플루토늄 동위원소 혼합물의 분리, 사용, 처분을 둘러싼 심각한 보안 및 안전문제 우려에 비추어 정책결정자, 언론, 일반 대중은 더욱 정보를 얻을 필요가 있다. 국제적으로 유명한 핵문제 전문가 프랭크 반히펠, 다쿠보 마사후미, 강정민은 오늘날 우리가 '플루토늄 시대'라고 부르는 것을 역사적이고 포괄적으로 다룬 이 책을 집필하여 국제 사회에 중요한 공헌을 했다. 저자들은 플루토늄 경제의 위험성에 대한 그들의 견해를 간결하고 명확하게 표현하여, 높은 핵 확산과 핵안보 위험 그리고 경제적 타당성의 결여를 감안하여 민간 핵연료 주기에서 사용하기 위한 플루토늄의 분리 금지를 옹호한다. 그들은 대안으로 수년간 사용후핵연료를 저장조에서 냉각한 후 건식으로 저장하고 부지가 확보되면 심지층 처분장에서 직접 처분할 것을 옹호한다.

그러나 아직 이에 대한 국제적 합의가 없으며 일부 국가들은 상업용 플루토늄 핵연료 주기를 계속 추구하고 새로운 기술로 지속가능한 미래를 예상한다. 핵 확산 위험은 줄이면서도 유엔의 지속가능한 개발 목표를 충족하려면 원자력의 역할이라는 보다 넓은 맥락에서 플루토늄의 민간용 사용에 관한 포괄적이고 냉철한 논의가 계속될 필요가 있다. 이 책은 그 논의에 귀중한 공헌을 한다.

모하메드 엘바라데이

국제원자력기구 사무총장(1997–2009)

노벨 평화상 수상(2005)

역자 서문

원자력 개발 초창기부터 상업적으로 채굴 가능한 우라늄 자원이 제한적이라고 여겨 어떻게 하면 이를 효과적으로 사용할지 개발자들은 고민하였다. 그 결과, 원자로에서 방출된 사용후핵연료를 재처리하여 그 속에 든 약 1%의 플루토늄을 분리하여 이를 고속 증식로에서 핵연료로 다시 사용하면서 더 많은 양의 플루토늄을 생산하는, 자원 효율을 높인 플루토늄 재순환주기를 고안하였다.

그러나 1970년대 알려진 우라늄 자원양은 1000배 이상 증가하여, 우라늄 부족에 대한 우려는 사라졌다. 더욱이 원자력계가 추구하는 플루토늄 재활용의 꿈은 고비용의 재처리와 상업화에 실패한 고속 증식로, 그리고 이들 시설의 안전 문제, 더 나아가 핵무기 물질이기도 한 플루토늄의 핵 확산 및 핵테러 문제 등으로 전 세계의 악몽이 되었다. 그럼에도 불구하고 이런 저런 이유로 일부 국가에서 원자력계의 플루토늄 재활용 의지는 정부의 지원을 받으며 연명하고 있다.

일본 또는 다른 핵무기 비보유국이 플루토늄을 핵무기용으로 사용하려는 유혹에 빠질 일이 결코 없다고 단언할 수 있을까? 또한 분리된 플루토늄이 테러리스트에 의해 탈취되는 일이 결코 없다고 단언할 수 있을까? 플루토늄의 분리와 재활용은 이러한 위험을 가중시킨다.

저자들은 사용후핵연료로부터 플루토늄의 분리와 재활용이 비경제적이고 환경적으로 혜택이 없을 뿐만 아니라, 플루토늄이 핵 확산 및 핵테러의 근본적 원인인 핵무기 재료라는 사실을 다시금 일깨워 준다. 그리고 사용후핵연료의 안전 관리와 처리에 대한 대안의 길을 제시하였다.

저자 프랭크 반히펠은 지난 40년 이상, 다쿠보 마사후미는 30년 이상, 공저자이자 역자인 본인은 20년 이상 원자력의 평화적 이용에서 플루토늄 분리를 위한 재처리와 플루토늄 사용에 반대하는 활동을 해 왔다. 이 책이 전 세계 원자력산업에서 플루토늄의 분리와 재활용의 고리를 끊는 계기가 되기를 바란다.

끝으로 본 역저가 출간될 수 있게 도움을 주신 미세움 출판사 강찬석 대표와 편집의 묘를 살려 준 임혜정 편집장께 감사의 말씀을 전한다.

2021년 4월 17일

강정민

감사의 글

우리는 40년 이상 핵무기 물질인 플루토늄의 상업적 이용에 반대하는 작은 전문가 그룹의 일원으로 활동해 왔다. 그동안, 우리는 그 싸움에 참여해 온 동료들에게 지적 그리고 기타 빚을 졌다.

물리학자 토마스 코크란Thomas Cochran과 변호사 거스 스페스Gus Speth는 미국의 비정부기구인 천연자원방호협의회NRDC에서 근무할 때, 미국원자력위원회AEC를 고소하여 플루토늄이 미래의 핵연료라는 주장의 분석 근거를 1974년에 발표하게 하였다. 카터 정부가 1977년에 미국의 고속 증식로 프로그램을 끝내는 데 도움이 된 재검토를 시작하자 코크란은 자신과 반히펠을 포함한 독립적 전문가들이 운영위원회에 포함되도록 주선했다.

프린스턴 대학의 해롤드 페이버슨Harold Feiveson은 1974년 인도의 핵실험으로 국제 사회가 이 문제를 인식하기 전에 이미 '플루토늄 경제'의 개념 속에 숨어 있는 핵 확산 위험을 인식했다.

우려하는 과학자연합Union of Concerned Scientists의 에드윈 라이먼Edwin

Lyman은 그의 직업 인생 대부분을 플루토늄 문제로 보냈으며, 세계 최고의 전문가 중 한 사람이 되었다.

핵무기 설계자인 시어도어 테일러Theodore B. Taylor는 "플루토늄을 사용하여 핵폭발을 일으키는 것은 더 이상 테러리스트의 손이 닿지 않는 것이 아니다"라는 우려를 1973년 밝혔다.

미국의 폴 레벤설Paul Leventhal, 프랑스의 입스 마리냑Yves Marignac과 마이클 슈나이드Mycle Schneider, 인도의 M. V. 라마나Ramana, 일본의 스즈키 다츠지로, 다카기 진자부로, 요시다 후미히코, 영국의 마틴 포우드Martin Forwood와 윌리엄 워커William Walker는 플루토늄 정책에 대한 논쟁에 근본적인 공헌을 했다.

프랭크 닐스 반히펠Frank Niels von Hippel은 물리학자들이 초래한, 세계를 변화시킨 핵분열의 발견으로 인한 사회적 책임을 처음으로 이해한 사람들인 제임스 프랭크James Franck와 닐스 보어Niels Bohr에게 그들의 성姓과 지적 부채를 지고 있다.

마지막으로 대니얼 호너Daniel Horner의 세심한 편집 작업에 감사드린다.

차 례

서 문 6

역자 서문 10

감사의 글 12

약어, 이름 및 단위 20

제1장 개 요 23

1.1 플루토늄 증식로의 꿈 25
1.2 증식로의 단점 27
1.3 당초 예상보다 훨씬 많이 발견된 우라늄 그리고 훨씬 낮은 수요 증가 29
1.4 발전용 원자로의 사용후핵연료 재처리 31
1.5 인도 핵실험의 경종 32
1.6 경수로용 플루토늄 핵연료 35
1.7 방사성폐기물 관리를 위한 재처리? 38
1.8 악몽 40

제1부 꿈 ··· 47

제2장 꿈:플루토늄을 동력원으로 하는 미래 ··· 49

2.1 이중 목적 원자로 ··· 51
2.2 플루토늄의 생성 ··· 52
2.3 경수로와 우라늄 농축 ··· 56
2.4 플루토늄 증식로 ··· 59

제2부 악몽 ··· 69

제3장 민간용 플루토늄 분리와 핵무기 확산 ··· 71

3.1 핵 확산 ··· 74
3.2 미소 짓는 부처의 경종 ··· 78
3.3 카터 정부의 미국 증식로 프로그램 재검토 ··· 81
3.4 전력 소비 증가의 둔화와 원자력의 정체 ··· 86
3.5 사라져가는 증식로의 꿈 ··· 92
3.6 실패한 증식로-꿈의 유산 ··· 97

제4장 증식로 없이 계속되는 플루토늄 분리 ··· 113

4.1 프랑스: 경수로에서의 플루토늄 재순환 ··· 116
4.2 영국: 재처리 프로그램 마침내 폐막으로 ··· 121
4.3 일본: 재처리 프로그램을 가진 유일한 핵무기 비보유국 ··· 127
4.4 러시아: 증식로 개발 계속 ··· 136
4.5 원자로급 플루토늄의 핵무기 유용성 ··· 140
4.6 민간용 재처리의 집요한 계속 ··· 144

제5장 후쿠시마에서 거의 일어날 뻔했던 훨씬 심각한 중대사고: 사용후핵연료 밀집저장조 화재 167

5.1 사용후핵연료 저장조 화재의 우려 172
5.2 세슘-137에 의한 지표 오염 174
5.3 미국에서의 규제 검토 181
5.4 한국의 사용후핵연료 저장조 화재로 인한 잠재적 영향 185

제3부 나아갈 방향 197

제6장 조기 건식 캐스크 저장:밀집저장조와 재처리보다 안전한 대안 199

6.1 건식 저장 202
6.2 비용면에서의 이점 213
6.3 안전면에서의 이점 214
6.4 집중식 저장 218
6.5 건식 저장의 내구성 222
6.6 수송 223
6.7 결론 227

제7장 사용후핵연료 심지층 처분 239

7.1 재처리와 핵 확산 240
7.2 사용후핵연료 처분장의 환경적 위험에 약간 기여하는 플루토늄 242
7.3 재처리는 방사성폐기물 처분장의 크기를 유의미한 정도로 줄일 수 있나? 252
7.4 재처리의 위험성 258
7.5 결론 263

제8장 플루토늄 분리 금지론 273
8.1 핵분열성물질 생산금지조약 276
8.2 민간용 플루토늄 재고를 제한하기 위한 시도 281
8.3 고농축 우라늄 사용을 제한하기 위한 병행 노력 282
8.4 플루토늄 분리의 금지 286

참고문헌 300

【표 및 그림】

〈표 3.1〉 전력망에 연결된 13기 증식 원형로 96
〈표 5.1〉 미국 서리 원전의 가상 사용후핵연료 저장조 화재로 인한 피난 인구 및 면적 186
〈표 5.2〉 한국 고리원전의 가상 사용후핵연료 저장조 화재로 인한 피난 인구 및 면적 188
〈표 6.1〉 일본의 5000t 사용후핵연료 저장 시설의 비용 견적 214

[그림 1.1] 세계의 분리된 플루토늄 재고 38
[그림 2.1] 우라늄 내에서의 핵분열 연쇄 반응과 플루토늄의 생성 53
[그림 2.2] 플루토늄 핵분열 연쇄반응과 증식 61
[그림 3.1] 1974년 미국원자력위원회의 미국 원자력 발전용량 성장 예측 (실측치와 비교) 84
[그림 3.2] 발전 전력량 증가 87
[그림 3.3] 미국의 평균 전력가격(미국 국내총생산 디플레이터를 사용하여 2017년 달러로 환산) 88
[그림 3.4] 세계 전력 생산에서의 원자력 점유율 90
[그림 3.5] 미국 원자력발전회사가 지불한 평균 우라늄 가격 91
[그림 3.6] 4개국의 증식 원형로 타임라인 92

[그림 3.7] 유원지로 개조된 증식로 ········ 94
[그림 4.1] 민간용 미조사 플루토늄의 누적(1996-2016년) ········ 115
[그림 4.2] 프랑스 라하그의 200억 달러 규모 재처리 공장
(구글 어스, 49.68°N, 1.88°W, 2015. 6. 17). ········ 119
[그림 4.3] 프랑스의 민간용 미조사 플루토늄의 재고 추이
(저자들, 프랑스의 국제원자력기구 보고서에 근거) ········ 120
[그림 4.4] 영국의 민간용 미조사 플루토늄의 재고 추이 ········ 126
[그림 4.5] 계속 지연된 일본의 증식로 상용화 목표시기 ········ 130
[그림 4.6] 일본 플루토늄의 재고 추이 ········ 132
[그림 4.7] 러시아의 BN-800 증식 원형로 ········ 139
[그림 4.8] 민간용 재처리의 집요한 계속 ········ 145
[그림 5.1] 조밀랙 전후 ········ 170
[그림 5.2] 미국 사용후핵연료 조밀랙 저장조 ········ 171
[그림 5.3] 후쿠시마 다이이치 4호기 사용후핵연료 저장조의 수위 ········ 173
[그림 5.4] 후쿠시마 다이이치 4호기 사용후핵연료 저장조 물의 유입원 ········ 174
[그림 5.5] 2011년 3월 15일 수소 폭발 후 후쿠시마 다이이치 원전 4호기 ········ 175
[그림 5.6] 2011년 사고로 인한 오염지역과 후쿠시마 다이이치에서의
가상 사용후핵연료 화재로 인한 오염지역 ········ 179
[그림 5.7] 미국 서리 원전의 가상 사용후핵연료 저장조 화재로 인한
피난 지역 ········ 185
[그림 5.8] 한국 고리원전의 가상 사용후핵연료 저장조 화재로 인한
피난 지역 ········ 187
[그림 6.1] 시간에 따른 사용후핵연료 붕괴열의 감소 ········ 201
[그림 6.2] 독일의 주철제 사용후핵연료 저장수송 겸용 캐스크 ········ 203
[그림 6.3] 두 종류의 사용후핵연료 건식 저장용기 ········ 204
[그림 6.4] 콘크리트 차폐 캐니스터에 저장된 미국의 사용후핵연료 ········ 206
[그림 6.5] 한국 월성원전의 사용후핵연료 건식 저장 ········ 207
[그림 6.6] 독일 네카르베스트하임 원전의 사용후핵연료 저장 터널 ········ 208
[그림 6.7] 재활용핵연료저장주식회사의 건식 캐스크 저장 시설 ········ 209

[그림 6.8] 미국 사용후핵연료의 저장조 저장과 건식 저장 비율의 추이 예측…212
[그림 6.9] 쓰나미 후 후쿠시마 다이이치 사용후핵연료 저장 캐스크……215
[그림 6.10] 홀텍이 제안한 미국 사용후핵연료 중앙집중식 저장 시설……217
[그림 6.11] 철도수송용 사용후핵연료 캐스크……224
[그림 7.1] 초우라늄 원소의 생성……245
[그림 7.2] 파손된 사용후핵연료 처분장으로부터의 지표면 피폭선량에 대한 방사성 핵종들의 기여도에 대한 SKB의 추정……248
[그림 7.3] 사용후핵연료 재처리와 직접 처분에 따른 폐기물과 처분장 부피 비교……253
[그림 7.4] 장기 방사성 붕괴열에 지배적인 초우라늄 핵종……256
[그림 7.5] 저농축 우라늄 사용후핵연료보다 더 높은 방사성 붕괴열 내는 사용후 MOX 핵연료……257
[그림 7.6] 1957년 우랄 지방의 재처리 폐기물 폭발로 인한 스트론튬-90(Sr-90) 오염……260
[그림 7.7] 1993년 세베르스크 군사용 재처리 시설에서의 적색 오일 폭발로 인한 파손……263
[그림 8.1] 팔레데나시옹 대회의실에서의 군축회의……277
[그림 8.2] 고농축 우라늄 핵연료 연구용 원자로를 저농축 우라늄 핵연료로 전환하기 위한 미국 에너지부 예산……284
[그림 8.3] 고농축 우라늄 1kg 이상 보유하고 있는 국가 수……285

약어, 이름 및 단위

AGR	advanced gas-cooled reactor(UK)
Areva	핵연료주기 서비스 및 원자로 건설을 담당하는 프랑스 정부 소유 회사, 2018년 핵연료주기 부분이 오라노가 되는 등 재조직됨.
ASTRID	France's proposed Advanced Sodium Technological Reactor for Industrial Demonstration
ASN	Autorité de Sûreté Nucléaire, France's Nuclear Safety Authority
BNFL	British Nuclear Fuels Ltd.
Bq	Becquerel, a unit of radioactivity: one disintegration per second
CEA	Commissariat à l'énergie atomique et aux énergies alternatives, France's Atomic Energy and Alternative Energies Commission
CIAE	China Institute of Atomic Energy
CNNC	China National Nuclear Corporation
Curie	원래는 라듐 1g의 방사능으로 정의된 붕괴율 단위, 이후 3.7×1010Bq로 재정의됨.
DAE	Department of Atomic Energy(India)
EDF	Électricité de France, 영국에서 운영 중인 원자력발전소도 소유하고 있는 프랑스의 원자력발전회사.
ERDA	Energy Research and Development Administration(US, 1975-77)
FMCT	Fissile Material Cutoff Treaty
GWe	gigawatts, 109watts,or1000megawatts(electric)

HEU	highly enriched uranium(≥20% U−235)
HM	heavy metal, either uranium or a mix of uranium and plutonium in nuclear fuel
Holtec	US manufacturer of spent−fuel canisters
IAEA	International Atomic Energy Agency
INFCE	International Nuclear Fuel Cycle Evaluation(1977−80)
IPFM	International Panel on Fissile Materials
IRSN	Institut de Radioprotection et de Sûreté Nucléaire, France's Institute for Radiological Protection and Nuclear Safety
JAEA	Japan Atomic Energy Agency(does nuclear R&D)
JAEC	Japan Atomic Energy Commission
JAPC	Japan Atomic Power Company
KAERI	Korea Atomic Energy Research Institute
kg	kilograms
km	kilometers
kWh	kilowatt−hours
LEU	low−enriched uranium(〈20% U−235)
LWR	light−water(power) reactor
MBq	megabecquerels, 106Bq
MBq/m^2	megabecquerels per square meter, a measure of radioactive contamination
MOX	플루토늄이 천연우라늄 또는 우라늄 농축 과정의 폐기물인 열화우라늄과 섞인 혼합산화물 핵연료.
MWe	megawatts(electric)
MWt	megawatts(thermal)
MWt−day	1MWt의 비율로 하루에 소비되는 에너지 누적량.
NAS	National Academy of Sciences(US)
NDA	Nuclear Decommissioning Authority(UK)

NNSA	National Nuclear Security Administration(part of US DOE)
NRA	Nuclear Regulation Authority(Japan, 2012–)
OECD IEA	International Energy Agency, which is part of the Organisation for Economic Co-operation and Development
Orano	프랑스 정부 소유의 핵연료주기 회사(2018–).
PUREX	Plutonium Uranium Redox Extraction, 조사된 우라늄에서 플루토늄을 분리하는 표준방법으로 1950년대부터 미국 핵무기 프로그램에서 처음 사용되었다.
PBq	petabecquerels, 1015Bq
PFBR	Prototype Fast Breeder Reactor(India)
R&D	Research and development
SKB	Swedish Nuclear Fuel and Waste Management Company
TEPCO	Tokyo Electric Power Company(2016년에 Tokyo Electric Power Holdings로 이름이 변경되었지만 약어는 동일).
THORP	Thermal Oxide Reprocessing Plant(UK)
ton	metric ton, 1000kg
Transuranics	우라늄의 중성자 흡수에 의해 생성된 우라늄(92)보다 더 많은 양성자를 가진 인공 동위원소, 우라늄보다 주기율표의 오른쪽에 위치: 넵투늄(93), 플루토늄(94), 아메리슘(95), 큐륨(96).
UN AEC	United Nations Atomic Energy Commission(1946–49)
US AEC	United States Atomic Energy Commission(1946–75)
US DOE	핵무기 설계, 생산, 유지관리, 핵 시설 클린업 그리고 에너지 연구개발을 수행하는 미국 에너지부(1977–).
US NRC	United States Nuclear Regulatory Commission(1975–)

제1장
개 요

미국의 제2차 세계대전 비밀 핵무기 프로젝트의 첫 번째 과제들 중 하나는 원자폭탄용 플루토늄을 생산하기 위한 원자로를 설계하는 것이었다. 이 과제를 풀기 위해 시카고 대학에 본부를 두었다. 1942년 12월 2일 유럽에서 망명 온 물리학자인 엔리코 페르미Enrico Fermi와 레오 실러드Leo Szilard가 이끄는 팀이 이곳에서 흑연 파일 내부의 우라늄 덩어리 사이를 이동하는 중성자에 의해 유지된 최초의 핵분열 연쇄 반응을 일으켰다.

흑연 파일 운영으로 핵분열 연쇄 반응의 달성과 제어에 관해 이해한 후, 팀은 듀폰DuPont사와 협력하여 거대한 고출력 플루토늄 생산로 세 기를 설계 건설하였다. 장소는 워싱턴주 동부의 콜롬비아강을 따라 외진 곳에 있던 핸포드Hanford 부지다. 이 원자로들은 1945년 7월 16일 남부 뉴멕시코주 남부의 사막에서 첫 번째 핵폭발 실험과 같은 해 8월 9일 나가사키를 파괴한 원자폭탄에 사용된 플루토늄을 생산했다. 전후 미국은 열한 기의 생산로를 추가로 건설하였다. 이들 열네 기 원자로는 냉전시대 미국이 제조한 수만 기의 핵무기에 사용된 플루토늄을 생산하였다.

1944년 핸포드 원자로의 운전을 시작하려던 무렵 페르미는 플루토늄 폭탄의 설계 작업을 위해 뉴멕시코의 로스알라모스Los Alamos로 옮겼다. 시카고에서는 실러드와 원자로 설계팀의 몇 명이 핵에너지를 사용하여 전력을 생산하는 방법에 대해 생각하기 시작했다. 그러나 그들은 핵분열 에너지를 의미 있는 에너지원으로 하는 데 충분할 만큼의 고품위 우라늄을 찾지 못할 것을 우려했다.[1] 연쇄반응을 일으키는 우라늄-235는 천연우라늄에 0.7%밖에 포함되어 있지 않다. 나머지는 대부분 연쇄반응을 일으키지 않는 우라늄-238이다.

1.1 플루토늄 증식로의 꿈

핸포드 원자로에서 소비되는 우라늄-235 원자 열 개당 약 일곱 개의 우라늄-238 원자가 중성자를 흡수하여 연쇄반응을 일으키는 인공 핵종인 플루토늄-239로 전환된다. 그리고 플루토늄-239의 핵분열로 방출되는 중성자들은 더 많은 우라늄-238을 플루토늄-239로 바꿀 수 있다.

실러드는 핵분열하는 플루토늄 원자 한 개당 우라늄-238로부터 플루토늄 원자를 하나 이상 생산할 수 있지 않을까 생각했다. 이게 가능하면 원자력의 자원 기반은 우라늄-238이 되고, 같은 양의 우라늄으로 약 100배의 에너지를 생산할 수 있다. 실제로 지각의 암석 1t[2]에 평균적으로 포함된 3g의 우라늄-238을 플루토늄-239로 바꾸어 핵분열시킬 수 있다면, 그렇게 해서 방출되는 에너지는 석탄 1t을 태워 얻을 수 있는 에너지의 열 배가 된다.

따라서 실러드가 플루토늄 '증식'로라고 불렀던 것이 설계될 수 있다면, 문명사회의 에너지 문제는 수천 년간 해결될 것이다. 증식로가 '드림 머신'이라고 불린 것은 그 때문이다.[3]

실러드는 플루토늄의 핵분열에서 발생하는 중성자의 수를 입사 중성자의 에너지 함수로 파악하고, 자신의 아이디어가 성공하기 위해서는 핵분열 연쇄반응이 '고속' 중성자에 의해 일어나는 경우뿐이라는 결론을 얻었다. 고속 중성자란 핵분열 과정에서 생성될 때의 에너지의 상당 부분을 그대로 유지하고 있는 중성자다.

핸포드 원자로에서는 원자로 본체를 형성하고 있는 흑연 '중성자 감속재'를 구성하는 탄소 원자핵에 중성자를 충돌시켜 중성자의 속도를 의도적으로 감속시키고 있다. 왜냐하면 연쇄반응을 일으키는 우라늄-235의 함유율이 작은 천연우라늄에서는 저속 중성자만이 연쇄반응을 유지할 수 있기 때문이다. 그렇지만 우라늄-238에 플루토늄을 15% 이상 비율로 섞은 혼합물을 연료로 할 경우에는 고속 중성자로 연쇄반응을 유지할 수 있다.[4]

그러나 원자로는 핵분열에서 발생한 열을 노심에서 제거할 냉각재가 필요하며, 오늘날 대부분의 원자로 냉각재로 사용되는 물은 중성자를 감속시키는 데 매우 효과적인 수소가 들어 있다. 수소의 원자핵을 구성하는 단일 양성자가 핵분열 연쇄반응을 일으키는 중성자와 무게가 거의 똑같기 때문이다. 중성자가 양성자에 충돌하면 (같은 질량의 빠른 당구공과 정지한 당구공 사이의 충돌처럼) 중성자는 양성자에 에너지의 대부분 또는 전부를 잃을 수 있다.

그래서 실러드는 당구공이 대포탄에 부딪혀 튀어나오는 것처럼 중성자가 에너지 손실을 크게 줄이면서 튀어나올 무거운 핵을 가진 냉각재를 물색하였다. 결국 그가 선택한 것은 액체 나트륨이었다.[5] 나트륨의 핵은 수소핵보다 스물세 배 무겁고, 비교적 중성자를 흡수하기 어렵다. 게다가 금속이므로 열전도율이 높다. 그리고 나트륨의 녹는점은 98℃로 비교적 낮다. 원자로가 그 온도 이상으로 유지되면 원자로가 운전되지 않을 때에도 냉각재는 액체 상태로 유지될 것이다.

실러드의 판단에 근거가 된 이러한 특징 때문에 액체 나트륨은 이후 대부분의 증식로 개발 계획에서 냉각재로 선정되게 되었다.[6]

1.2 증식로의 단점

실러드는 플루토늄을 세계의 동력원으로 한다는 아이디어에 단점이 있음을 알고 있었다. 1947년 연설 '원자력, 전력의 근원인가 문제의 근원인가'에서 그는 증식로를 사용하여 활용될 수 있는 막대한 에너지원에 대해 열광적으로 말한 후 다음과 같이 덧붙였다.

> 불행히도 플루토늄은 중요한 원자력 연료일 뿐만 아니라 원자폭탄의 주성분이기도 하다. 원자폭탄에 대한 걱정이 없어지지 않아도 원자력을 이용할 수 있을까? 그리고 평화를 확신할 수 없다면 원자폭탄으로부터 안전할 수 있을까?[7]

그러나 원자력 관계자들에게는 실러드의 경고보다 그의 발명이 훨씬 큰 관심을 불러일으켜 플루토늄 증식로를 개발하려는 시도가 전 세계적으로 시작되었다. 1951년 미국원자력위원회의 국립원자로실험장(현 아이다호 국립연구소)에서 증식실험로 EBR-I가 임계에 도달했다. 이후 영국의 돈레이Dounreay 고속로(1959), 프랑스의 랍소디Rapsodie(1967), 구소련의 BOR-60(1969)이 뒤를 이었다.

나트륨 냉각로의 중요한 기술적 문제는 나트륨이 공기 또는 물과 접촉하면 발화한다는 것이다. 따라서 증식로의 핵연료를 교환할 때 공기가 유입되지 않도록 하기 위해 매우 복잡한 구조가 필요하다. 원자로나 배관을 열기 전에 조금의 나트륨도 남지 않도록 완전히 제거해야 하므로 원자로나 배관의 내부 수리에 시간이 오래 걸린다. 만약 발전소의 증기발생기에서 고온의 액체 나트륨과 물을 분리하는 얇은 금속막에 한 곳이라도 누설이 발생하면 그것이 화재로 이어져 증기발생기가 파괴될 가능성이 있다.

고속 중성자 원자로는 또 다른 원자력 안전문제가 있다. 수냉각 원자로에서는 물이 과열되어 끓으면 수증기의 거품으로 밀도가 낮아져 중성자의 감속효과가 떨어지고, 우라늄-235에 포획되는 중성자 비율이 적어진다. 그 결과, 저속 중성자에 의한 우라늄-235의 핵분열에 의존하는 연쇄반응이 멈춘다.

한편, 플루토늄을 연료로 하는 증식로는 고속 중성자가 연쇄반응을 유지하고 있다. 나트륨이 끓어서 밀도가 낮아지면 중성자 속도가 오른다. 따라서 한 번의 핵분열당 중성자 발생 수가 증가하여 출력이 올라간다. 그러면 노심용융(멜트다운)이 발생하여 반응도가 더 높은 형상으로 바뀌어 소규모 핵폭발이 생긴다. 그 결과, 원자로의 격납건물이 파괴되고 노심의 방사능이 대기 중으로 방출되는 사태에 이를 가능성이 있다. 세계 최초의 고속 중성자로 EBR-Ⅰ은 부분적인 노심용융을 일으켰다. 한 전력회사가 운영한 최초의 소형 증식로인 페르미-1Fermi-1(디트로이트에서 40km 떨어진 곳에 위치)도 1966년 부분적 노심용융사고를 일으켰다. 그 뒤 "우리는 거의 디트로이트를 잃을 뻔했다"[8]라는 제목의 책과 노래가 나왔다. 페르미-1은 너무 많은 문제를 안고 있었기에 운전이 허가된 9년 동안 발전한 전력량은 전체 출력으로 운전하는 경우의 1개월분에도 못 미쳤다.[9]

1.3 당초 예상보다 훨씬 많이 발견된 우라늄 그리고 훨씬 낮은 수요 증가

민간용 원자력발전소 개발에 참여한 1세대 원자력 기술자들이 증식로를 연구하는 동안, 함선 추진용 원자로 개발을 서두르고 있던 미국 해군은 일반 물로 냉각시키고 중성자를 감속시키는 잠수함용 원자로를 개발하였다. 이 유형의 원자로는 캐나다가 개발한 '중수' 원자로와 구별하기 위해 '경수로LWR'라고 불린다.[10] 펜실베이니아 오하이오강 연안 피츠버그시의 하류에 있던 미국 최초의 원자력발전소 쉬핑포트Shippingport는 원래 원자력 항공모함용으로 설계된 경수로였다. 6만kWe(60MWe)의 발전용량으로 1957년 운전을 개시한 이 원전은 오늘날 원자력 발전의 주류를 이루고 있는 100만kWe급 경수로의 모델이 되었다.

1970년대까지 알려진 우라늄 자원양은 1000배나 증가하여, 단기 우라늄 부족에 대한 우려는 모든 현실적인 계획 기간의 저편으로 멀어져 갔다. 또한 1979년 미국의 스리마일섬Three Mile Island 원자력발전소 2호기의 부분적 노심용융사고 후 안전 요건이 강화되고 발전용 원자로의 자본비와 운영비 모두 높아졌다. 따라서 원자력발전 비용에서 우라늄 비용의 비율이 상대적으로 줄어들었다. 2018년 기준 우라늄 비용은 원자력발전 비용의 몇 퍼센트밖에 되지 않는다.[11]

또한 원자력발전의 우라늄 연료 수요도 예상보다 훨씬 적었다. 2018년 말 기준 세계 원자력 발전용량은 전기출력 100만kWe(1GWe=1000MWe) 원자로 400기분이었다. 이 발전용량은 미국원자력위원회와 국제원자력기구가 40년 전에 예측한 것보다 훨씬 적고 그 구성도 크게 달랐다.

1975년 국제원자력기구는 2000년 세계 원자력 발전용량이 약 2000GWe(100만kWe급 2000기분), 그중 약 10%는 증식로가 될 것이라고 예측했다.[12] 국제원자력기구는 그 이후의 미래에 대해서는 예측하지 않았지만, 1974년 미국원자력위원회는 2010년에는 미국에서만 2300GWe의 원자력 발전용량에 도달하고 그 용량의 약 4분의 3은 증식로가 될 것이라고 예측했다.[13]

사실, 2018년 말 기준 미국의 경수로 발전용량은 약 100GWe, 증식로는 제로였다. 국제원자력기구에 따르면, 전 세계적으로 '운전 상태' 발전용 원자로는 454기, 총 발전용량은 402GWe였다. 그중 두 기가 러시아의 나트륨 냉각 증식 원형로였다. 인도는 거의 완성된 증식 원형로가, 중국에는 소형의 고속 실험로(전기출력 20MWe=2만kWe)가 있다. 중국 실험로가 운전을 시작한 지 5년 반 동안 실제 발전한 것은 단지 1시간 분량의 전력량에 불과하다.[14]

1.4 발전용 원자로의 사용후핵연료 재처리

1960년대부터 70년대에 걸쳐 세계 원자력업계는 20세기 말까지 수백 기의 증식로가 건설될 것으로 예상하는 가운데, 몇몇 주요 산업국가들은 증식로의 초기 노심의 플루토늄을 얻기 위한 프로그램을 시작했다. 이것은 제2차 세계대전 중 나가사키형 핵폭탄용 플루토늄을 분리하기 위해 미국이 개발한 기술을 사용하여 경수로 사용후핵연료를 화학적으로 '재처리'한다는 것이다. 경수로 사용후핵연료에는 약 1%의 플루토늄이 들어 있다. 전기출력 100만kWe(1GWe) 증식로에서는 첫 번째와 두 번째 노심에 총 10t의 플루토늄이 필요하다. 따라서 국제원자력기구가 2000년까지 건설될 것으로 예상한 200기 증식로의 운전을 개시하려면 2000t의 분리된 플루토늄이 필요하다. 이는 냉전시대에 핵무기용으로 분리된 플루토늄 양의 약 열 배다.

프랑스, 독일, 러시아, 영국, 미국 등 5개국은 모두 대형 상용재처리 공장의 건설을 시작했다. 일본은 1990년대에 합류했다. 그러나 프랑스, 일본, 영국 공장만 완공되었다. 2019년 말 기준 일본 공장은 정상운전허가를 받지 못했다.

1.5 인도 핵실험의 경종

미국에서 재처리에 대해 재고하게 된 첫 번째 계기는 1974년 5월 18일에 실시된 인도 최초의 핵실험이었다. 그때까지 미국의 '평화를 위한 원자력' 프로그램은 인도가 근대화의 열쇠로 원자력에 집중하는 것을 지원하고 인도 증식로와 재처리 계획에 대한 기술적 조언을 제공했다.

인도 정부는 '미소 짓는 부처' 핵실험은 항만 채굴 및 다른 용도로 사용되는 '평화적 이용 핵폭발'이라고 주장했다. 이 아이디어는 미국의 핵무기 연구소가 핵실험 금지 제안에 반대하는 가운데 제창한 것이었다. 그러나 미국 정부의 대부분 전문가들은 인도가 민간용 재처리라는 명목의 프로그램을 핵무기 개발 계획을 시작하기 위해 사용했다고 결론을 내렸다.

미국은 또한 브라질, 한국, 파키스탄, 대만(당시 군사정권 아래에 있던 국가들)이 재처리 시설의 구매 협상을 하고 있다는 사실을 알게 되었다. 제럴드 포드Gerald Ford 행정부는 이러한 구매를 저지하기로 결정했고, 결과적으로 어떤 공장도 건설에 이르지 못했다.

미국의 '플루토늄 경제' 추진의 비판가인 지미 카터Jimmy Carter가

1977년 대통령이 되어 미국의 증식로 개발 계획의 근거에 대한 검토에 착수했다. 미국의 원자력 연구개발 추진파와 그들을 지지하는 의회와 외국 세력의 반대에도 불구하고 그는 증식로는 불필요하고 비경제적이라는 결론을 내렸다. 불필요하다는 것은 미국을 포함하여 전 세계적으로 이전보다 훨씬 많은 우라늄이 발견되었기 때문이고, 비경제적이라는 것은 액체 나트륨 냉각로가 수냉각 원자로와 비교할 때 비용이 높고 신뢰성이 낮기 때문이다.

따라서 카터 정권은 테네시주 클린치리버 증식원형로의 공사와 사우스 캐롤라이나주 반웰에서 거의 완공 단계인 대형 민간 재처리 공장의 허가를 중단했다. 이 재처리 공장은 제2의 핵무기용 플루토늄 생산부지로 1950년대 초반에 설립된 에너지부 사바나리버 부지와 가까웠다. 의회는 증식로 프로젝트의 중단에 반대했지만, 결국 카터가 퇴임한 뒤 이를 중단했다. 비용이 계속 증가했기 때문이다. 다음의 로널드 레이건 정권은 상업용 재처리 계획을 계속 허용할 의향이었는데, 정부 보조금은 내지 않는다는 조건이었다. 미국의 전력회사들은 분리된 플루토늄의 수요가 없는 상황에서 사용후핵연료는 깊은 지하 처분장에 처리하는 것이 재처리보다 저렴하다고 신속하게 결론지었다. 반웰 재처리 공장은 미완성으로 남았다.

독일과 오스트리아에서는 1986년의 재앙적인 체르노빌사고로 활발해진 반원전 운동이 양국의 국경과 가까운 독일 바이에른 와카스도르프Wackersdorf 마을에 인접한 대규모 독일 재처리 공장 건설현장을 포위했다.[15] 결국, 1989년 독일의 전력회사는 사용후핵연료를 영국과 프랑스 양국에서 재처리시키는 것이 문제가 적고 비용이 적게 드는 것으로 결정했다. 영불 양국은 군사용 재처리 프로그램에서 얻은 전문성과 인프라를 국내외 전력회사를 위해 플루토늄을 분리하는 목적으로 사용하고자 결정했다.

독일 전력회사들은 자국의 증식로 프로그램이 붕괴된 1991년 이후에도 사용후핵연료를 재처리하기 위해 외국에 계속 보냈다. 그 외에 사용후핵연료를 보낼 부지가 없었다. 그러나 재처리 계약의 대부분은 재처리에서 발생한 플루토늄과 고준위 방사성폐기물은 그 소유 국가에 반환됨을 명시했다. 그로부터 10년 후, 독일에서는 프랑스로부터의 재처리 폐기물의 반환에 반대하는 대규모 반원전 시위가 다시 전개된다.[16]

구소련에서는 시베리아의 크라스노야르스크Krasnoyarsk 근처에 위치한 군사용 플루토늄 생산센터에 민간용 재처리 공장을 건설하려던 계획이 자금 부족으로 1990년대에 끝났다. 그러나 발전용 원자로 사용후핵연료의 재처리는 우랄산맥 오제르스크Ozersk의 작은 군사용 재처리 시설을 개조한 공장에서 계속되었다.

2018년 기준, 러시아와 인도의 원자력계는 증식로 개발 프로그램을 천천히 추진하고 있다. 중국에서는 정부 운영의 중국핵공업집단공사CNNC가 소규모 실험용 민간 재처리 및 증식로 시설을 건설했다. 둘 다 운영상 실패했다. 그럼에도 불구하고 CNNC는 중간 규모 시설의 건설을 시작했다.

1.6 경수로용 플루토늄 핵연료

1998년 프랑스는 그때까지 건설된 것 중 최대 출력의 증식로(1.2GWe)인 슈퍼피닉스Superphénix를 폐쇄했다. 나트륨과 공기 누설 그리고 기타 문제로 인해 이 증식로가 운전중지까지 12년간 발전한 전력은 전체 출력으로 운전한 경우의 3분의 1년분 정도밖에 되지 않는다.[17]

증식로용으로 분리되면서 그 증식로가 건설되지 않았기 때문에 축적된 플루토늄은 어떻게 된 것일까? 프랑스 원자력계는 다음과 같이 주장했다. 고속로가 결국 건설될 것이며, 여분의 분리된 플루토늄은 기존의 경수로에서 '재활용'하므로 재처리는 지속되어야 한다.[18] 프랑스와 프랑스에 사용후핵연료를 보낸 외국의 전력회사들은 사용후핵연료를 재처리하여 분리한 플루토늄과 열화 우라늄 산화물을 혼합한 '혼합산화물MOX' 핵연료의 생산을 시작했다(열화 우라늄이란 우라늄 농축과정에서 나오는 우라늄 폐기물). 프랑스는 벨기에와 프랑스에서 벨고뉴클레어Belgonuclaire사와 공동으로 작은 MOX 공장 두 곳을 운전한 뒤, 1995년 마쿨Marcoule 부지에 대형 멜록스MELOX MOX 핵연료 제조 공장의 운전을 개시했다. MOX 핵연료를 경수로에 사용함으로써 프랑스의 저농축 우라늄LEU의 필요량은 약 10% 감소했다.

일본 원자력계는 유사한 접근 방식을 채택하기로 결정했다. 처음에는 사용후핵연료의 재처리를 프랑스와 영국에 위탁하여 분리된 플루토늄은 MOX 핵연료로 일본에 보낸다는 방법이었다. 그러나 이렇게 얻은 MOX 핵연료의 일본에서의 사용은 주민의 반대에 의해 10년 정도 늦어졌다. 이유는 영국에서 생산된 최초의 MOX 핵연료의 품질관리 데이터가 조작되어 있었다는 사실이 2000년에 밝혀진 데 기인한 대중의 반대 때문이었다. 2011년 후쿠시마 사고는 MOX 핵연료 사용 계획을 더 지연시켰다.

어쨌든 MOX 핵연료의 경제성은 끔찍했다. 프랑스 사회당의 리오넬 조스팽 총리가 위탁한 엄격한 평가결과, 2000년에 내려진 결론은 재처리 비용까지 포함하면 MOX 핵연료의 제조 비용은 저농축 우라늄 핵연료의 다섯 배에 달하는 것이었다.[19]

그러나 프랑스와 영국에게 재처리 계획은 외화 획득이라는 장점이 있었다. 일본, 독일, 스위스, 벨기에, 네덜란드의 전력회사들은 사용후핵연료의 재처리와 회수된 플루토늄을 사용한 MOX 핵연료 제조를 프랑스와 영국에 위탁하는 계약을 맺은 것이다. 영국에서는 외국 경수로의 사용후핵연료를 재처리하는 것이 산화물 핵연료 재처리 공장THORP과 셀라필드 MOX 공장 건설의 근거였다. THORP는 영국의 개량 가스 냉각로AGR의 사용후핵연료는 재처리했지만, 분리된 플루토늄은 단순 저장하였다.

그러나 2000년에 독일은 원자력발전의 단계적 폐지라는 더 큰 결정의 일환으로 재처리 계약을 갱신하지 않기로 결정했다.[20] 일본은 전혀 다른 이유에서 영국과 프랑스의 재처리 계약을 갱신하지 않았다. 자국 내 대규모 재처리 공장의 건설을 시작했기 때문이다. 영국에게 남은 주요 재처리 고객은 프랑스 전력회사 EDF였다. EDF는 영국의 AGR과 영국 유일 경수로의 소유권을 획득했다. EDF도 재처리 계약 갱신을 거부했다.

영국 국내외 고객이 재처리 계약을 갱신하지 않는다고 결정한 이상, 영국 정부는 재처리 프로그램을 종료할 수밖에 없었다. 영국은 기존 재처리 계약을 완료하고 셀라필드의 플루토늄 및 재처리 시설의 방사능 제염을 실시하기 위해 원자력해체기관NDA을 설립했다. 2018년 이 오염제거 비용의 견적은 910억 파운드(1200억 달러)였다.[21] THORP는 2018년 말 폐쇄되었다.[22] 2018년 기준 영국의 폐쇄된 제1세대 마그녹스 원자로의 사용후핵연료를 재처리하는 오래된 공장의 운영은 2021년에 끝날 것으로 예상된다.[23]•

프랑스는 외국의 재처리 고객이 없어졌음에도 불구하고 정부 소유의 핵연료 서비스 원자로 건설회사를 지원하기 위해 EDF에게 재처리 계약을 유지하도록 강제했다. 그 건설사인 아레바Areva는 원자로 건설 및 우라늄 채굴 사업에서 막대한 손실을 입었다. 2018년 1월 아레바는 규모를 축소하여 우라늄 농축 및 재처리 전문 회사인 오라노Orano로 재구성되었다.

전 세계적으로 민간용 플루토늄의 분리는 핵연료로서의 플루토늄 사용보다 많이 초과했다. 따라서 냉전의 종식에도 불구하고 세계의 분리된 플루토늄 양은 계속 증가하여 민간용 플루토늄 양은 2018년에 약 300t에 달했다(그림 1.1).

• "UK Sellafield Magnox Reprocessing Plant to close in 2021, one year later than planned," IPFM BLOG, August 12, 2020. (http://fissilematerials.org/blog/2020/08/uk_sellafield_magnox_repr.html).

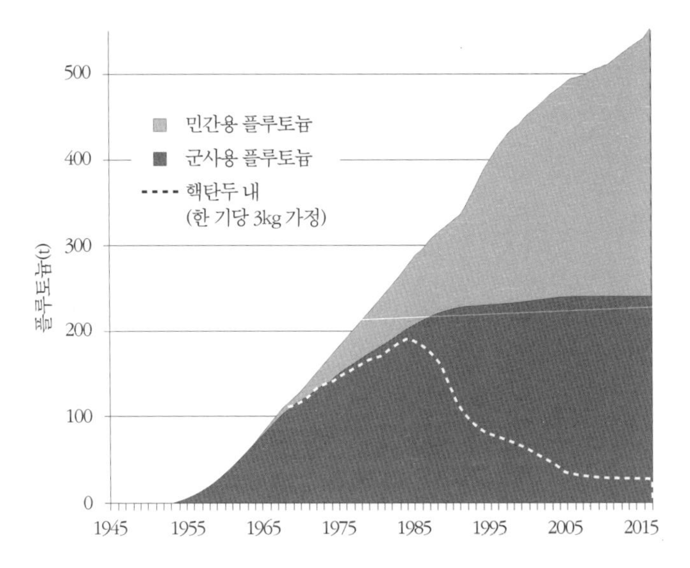

[그림 1.1] 세계의 분리된 플루토늄 재고

냉전 종식 시 세계 핵무기용 플루토늄의 재고량은 정체되었고, 미국과 러시아의 운영 상태 핵탄두 수의 급격한 감소로 인해 대부분 잉여가 되었다. 그러나 세계의 민간용 분리된 플루토늄의 양은 계속 증가했다. 증식로 상업화의 실패에도 불구하고 사용후핵연료의 재처리가 계속된 반면, 일반 발전용 원자로에서 플루토늄 재활용은 제한적이었기 때문이다. 핵탄두 한 기당 플루토늄 8kg(국제원자력기구 기준)을 가정하면 현재 약 300t의 민간용 플루토늄은 나가사키형 핵탄두 3만 5000기 이상에 해당한다(IPFM, 저자들에 의한 갱신[24]).

1.7 방사성폐기물 관리를 위한 재처리?

증식로 프로그램이 포기되거나 반세기에 걸친 상용화 시도에도 불구하고 연구 개발 단계에 머물러 있는 반면, 경수로에서의 플루토늄 재활용은 그게 없으면 사용될 비교적 소량의 저농축 우라늄 핵연료보다 훨씬 비용이 높다는 이유로 엄청난 비용을 수반하는 재처리 프로그램의 유지가 정당화되는 것은 이전보다 더욱 어려워지고 있다.

그러나 재처리와 액체 나트륨 냉각로의 지지자는 경제성 이외의 이유를 계속 들고 나온다. 핵폐기물의 양 및 방사성 독성 감소다. 이 주장은 방사능을 가진 사용후핵연료를 지하에 묻는 것에 대한 일반인들의 걱정과 관계가 있다. 재처리 추진파는 만약 플루토늄, 그리고 주기율표에서 우라늄보다 무거운 편에 줄 지어 있는 다른 초우라늄 원소(우라늄을 기점으로 핵분열을 수반하지 않는 형태로 중성자가 여러 번 포획되어 형성)를 분리하여 핵분열시킬 수 있다면, 핵폐기물의 장기 방사성 독성과 양을 상당히 줄일 수 있을 것이라고 주장한다. 이 주장은 재처리뿐만 아니라 나트륨 냉각로의 정당성을 제공한다. 왜냐하면 수냉각로의 느린 중성자와 달리 나트륨 냉각로의 고속 중성자는 이론적으로는 모든 초우라늄 핵종을 핵분열시킬 수 있기 때문이다. 이와 같이, 원래는 플루토늄 증식로로 발명된 나트륨 냉각로는 이제는 초우라늄 원소 연소로로 선전되고 있다.

제7장에서 자세히 보듯이 미국, 프랑스, 일본 그리고 기타 국가의 방사성폐기물 전문가들은 이 주장을 분석한 결과, 사용후핵연료 처분장에서 누설된 방사능이 지표에 미치는 피폭선량은 초우라늄 원소 이외의 방사성 핵종에 의해 지배되기 때문에 초우라늄 원소

를 핵분열시켜 얻는 혜택은 재처리와 고속로에서 재활용을 여러 번 반복하여 얻는 경제적, 환경적 비용을 정당화하기에는 너무 작다는 결론에 도달했다.

1.8 악몽

플루토늄의 분리 및 재활용이 단순히 비경제적이고 환경적으로 혜택이 없는 것뿐이라면(그것만으로도 설득력 있는 주장이지만) 우리는 이 책을 쓰지 않았을 것이다. 우리가 이 책을 쓴 이유는 재처리가 끼치는 직간접적인 위험 때문이다.

직접적 위험은 플루토늄이 핵무기의 재료라는 사실에서 온다. 플루토늄을 사용후핵연료 내의 맹렬한 방사능을 가지는 핵분열생성물로부터 분리하는 것은 국가 및 테러조직이 핵무기 제조와 '더티밤dirty bomb'을 쉽게 사용하게 한다. 플루토늄 증식로에서 수천 년에 걸쳐 에너지를 얻으리라는 꿈은 나가사키형 원폭 수만 기 분량의 플루토늄이 민간용 핵연료 주기에 의해 유통된다는 악몽으로 대체되었다.

일본이나 다른 비핵무기국이 플루토늄을 핵무기용으로 사용하려는 유혹을 단호히 뿌리치리라고 단언할 수 있을까? 또한 분리된 플루토늄이(재처리 공장에 보관되었다가 핵연료 제조 공장을 거쳐 발전용 원자로로 보내지는 과정 전반에 걸쳐) 테러리스트나 외국 공작원에 의해 도난당하는 일은 결코 없으리라고 단언할 수 있을까? 2003년 이란의 비밀 우라늄 농축 공장 발각이 핵 비확산 체제가 붕괴되고 있다는 의미는 아닌지 걱정하던 모하메드 엘바라데이 국제원자력기구 사무총장은 2005년 새로운 재처리 및 우라늄 농축 시설에 대해 5년간 유예할 것과 그 같은 시설들을 다자간 통제 아래 둔다는 계획을 제안했다.[25] 우리는 우라늄 농축 공장에 대해서는 이런 제안을 지지한다. 농축 공장은 현 세대의 발전용 원자로의 핵연료를 생산하는데 필요하다. 그러나 우리는 엘바라데이의 제안에서 한 걸음 더 나아가, 재처리는 위험할 뿐만 아니라 불필요하고 비경제적이므로 이를 완전히 포기할 것을 제안한다.

또한 경수로의 사용후핵연료는 모두 재처리된다는 가정이 그대로 진행되지 않아 간접적으로 야기되는 원자력 안전의 악몽이 있다. 사용후핵연료는 원래 설계된 것보다 몇 배 이상의 밀도로 원자로의 저장조에 담겨 있다. 그 결과, 원자로 노심과 거의 같은 장전 밀도가 되었고, 핵분열 연쇄 반응이 일어나는 것을 방지하기 위해 하나하나의 핵연료집합체를 중성자 흡수벽으로 둘러싸인 상자에 넣어야만 한다. 그러나 이러한 상자는 이전의 공개 격자랙open-frame racks과는 달리, 수위가 내려가 핵연료가 부분적으로 노출될 경우, 공기 냉각 효과가 사라지게 된다는 의도치 않은 문제가 발생한다.

2011년 후쿠시마 제1원자력발전소 사고 때, 4호기의 밀집저장조의 냉각수가 흘러나간 것은 아닐까 우려했다. 이후 미국원자력규제위원회US NRC의 컴퓨터 시뮬레이션에서는 이러한 사태가 발생한다면 원자로에서 방출된 지 얼마 되지 않은 사용후핵연료가 안에 있는 단반감기 핵분열생성물로부터의 방사성 붕괴열에 의해 지르칼로이(지르코늄 합금) 피복관이 화재를 일으킬 만한 온도까지 핵연료가 가열되는 것으로 나타났다. 화재는 저장조의 오래된 핵연료에까지 퍼진 결과, 2011년 3월에 실제로 일어난 세 기의 노심용융에 의해 방출된 양의 100배의 장반감기 방사성 물질이 대기 중에 방출되는 것으로 추측된다.[26]

풍향에 따라서는 방사능 오염으로 인해 수천만 명의 사람들이 가정이나 직장에서 피난해야만 했을 것이다.

이 위험을 줄이기 위해 사용후핵연료는 사용후핵연료 저장조에서 약 5년간 냉각한 후 공랭식의 건식 저장 캐스크로 옮겨야 한다. 그때는 사용후핵연료는 물로 냉각시킬 필요가 없을 정도로 충분히 식는다.

이 책의 나머지 장에서는 플루토늄 증식로의 꿈은 경제적 실패로 끝났으면서도 일부 국가에서는 정부의 지원을 받아 살아 있으며, 그 결과, 핵 확산, 핵테러리즘 그리고 사용후핵연료 저장조 화재의 위험이 증가하고 있음을 설명한다. 또한 재처리와 사용후핵연료 밀집저장조 모두를 그만두면 이러한 위험을 줄일 수 있다는 것을 설명한다.

주

1 1947년 원자력에 관한 강연에서 실러드는 연간 400t의 천연우라늄을 수입하는 것이 가능할 것이라고 가정했는데, 이는 오늘날 두 기의 1000MWe 경수로에만 핵연료를 공급하기에 충분한 양이다. Leo Szilard, "Atomic Energy, a Source of Power or a Source of Trouble," speech at Spokane, Washington, 23 April 1947, 2019년 1월 15일 접속, http://library.ucsd.edu/dc/object/bb43701801/_1.pdf.

2 이 책에서 't(톤)'은 '메트릭톤'을 의미하며 1000kg이다.

3 William Lanouette, "Dream Machine: Why the Costly, Dangerous and Maybe Unworkable Breeder Reactor Lives On," *The Atlantic*, April 1983, 35.

4 평균적으로 핵분열당 세 개 미만의 중성자가 방출되는 반면, 천연우라늄의 140개 핵 중 한 개(0.7%)만이 U-235다. 따라서 천연우라늄에서 핵분열 연쇄반응을 유지하려면 중성자가 U-235에 우선적으로 흡수되어야 한다. 중성자 흡수는 낮은 중성자 에너지 영역에서 충분하고 우선적으로 일어난다. 중성자의 감속 없이 연쇄반응을 유지하려면 약 20% 이상으로 농축된 우라늄을 사용하거나 천연우라늄 또는 열화우라늄과 약 15% 이상의 플루토늄 혼합물을 사용해야 한다. H. Sztark et al., "The Core of the Creys-Malville Power Plant and Developments Leading Up to Superphenix 2," in *Fast Breeder Reactors*: Experience and Trends, Proceedings of a Symposium, Lyons, 22-26 July 1985, 275-287, Table 2, 2019년 1월 15일 접속, https://inis.iaea.org/collection/NCLCollectionStore/_Public/17/036/17036858.pdf.

5 Leo Szilard, "Liquid Metal Cooled Fast Neutron Breeders," 6 March 1945, in *The Collected Works of Leo Szilard*, Vol. 1, Scientific Papers, ed. Bernard T. Feld and Gertrud Weiss-Szilard(Cambridge, MA: MIT Press, 1972), 369-375.

6 러시아는 납냉각(용융점, 328℃) 고속로 BREST-300을 건설할 계획이다.

7 Leo Szilard, "Atomic Energy."

8 John G. Fuller, *We Almost Lost Detroit*(New York: Reader's Digest Press, 1975); Gil Scott-Heron, "We Almost Lost Detroit," 1990, 2019년 1월 15일 접속, https://www.youtube.com/watch?v=b54rB64fXY4. 1978년 다쿠보가 그 책을 일본어로 번역하였다.

9 International Atomic Energy Agency, "PRIS(Power Reactor Information System): The Database on Nuclear Reactors," 2019년 1월 15일 접속, https://www.iaea.org/PRIS/home.aspx.

10 캐나다 원자로는 산소와 중수소('무거운' 수소)로 구성된 '중수'로 냉각된다. 양성자만 하나를 가진 일반 수소핵과 달리 중수소핵은 양성자와 중성자를 가지고 있다. 산소와 일반 수소로 구성된 물을 '경수'라 한다. 자연에서 6400개의 수소 원자 중 한 개가 중수소 원자다. 중수소는 일반 수소보다 두 배 무겁기 때문에 분리하기가 비교적 쉽다.

11 2018년 기준 천연우라늄 가격은 약 60달러/kg이다. 원자로를 위한 저농축 핵연료로 처리되는 1kg의 천연우라늄 중 약 7g의 U-235 중에서 약 4.5g이 핵연료로 사용되고 하루 약 4.5MWt의 열을 방출하며 이는 하루 1.5MWe, 즉 3만 6000kWh의 전력을 생산한다. 따라서 1kWh의 전력비용에 대한 천연우라늄의 기여는 약 0.0017달러/kWh(60달러/3만 6000kWh)다.

12 R. B. Fitts and H. Fujii, "Fuel Cycle Demand, Supply and Cost Trends," *IAEA Bulletin* 18, no. 1(February 1976), 19-24.

13 US Atomic Energy Commission, *Liquid Metal Fast Breeder Reactor Program: Environmental Statement*, 1974, Figure 11. 2-27.

14 International Atomic Energy Agency, "PRIS."

15 "Wackersdorf Nuclear Reprocessing Plant, Baviera, Germany," Environmental Justice Atlas, 2019년 1월 15일 접속, https://ejatlas.org/conflict/wackersdorf-nuclear-reprocessing-plantg-baviera-germany.

16 "German Nuclear Waste Arrives to Big Protests," Reuters, 6 March 1997, 2019년 1월 15일 접속, https://www.nytimes.com/1997/03/06/world/german-nuclear-

waste-arrives-to-big-protests.html.

17 International Atomic Energy Agency, "PRIS."

18 Mycle Schneider and Yves Marignac, *Spent Nuclear Fuel Reprocessing in France*, International Panel on Fissile Materials, 2008, 2019년 1월 15일 접속, http://fissilematerials.org/library/rr04.pdf.

19 International Panel on Fissile Materials, *Plutonium Separation in Nuclear Power Programs: Status, Problems, and Prospects of Civilian Reprocessing Around the World*, 2015, endnote 16, 2019년 1월 15일 접속, http://fissilematerials.org/library/rr14.pdf.

20 International Panel on Fissile Materials, *Plutonium Separation*, 51.

21 National Audit Office, *The Nuclear Decommissioning Authority: Progress with Reducing Risk at Sellafield*, 2018, 2019년 1월 15일 접속, https://www.nao.org.uk/wp-content/uploads/2018/06/The-Nuclear-Decommissioning-Authority-progress-with-reducing-risk-at-Sellafield.pdf.

22 Nuclear Decommissioning Authority, "End of Reprocessing at Thorp Signals New Era for Sellafield," 16 November 2018, 2019년 1월 15일 접속, https://www.gov.uk/government/news/end-of-reprocessing-at-thorp-signals-new-era-for-sellafield.

23 Nuclear Decommissioning Authority, *Business Plan: 1 April 2018 to 31 March 2021*, March 2018, 2019년 1월 15일 접속, https://assets.publishing.service.gov.uk/government/uploads/system/uploads/attachment_data/file/695245/NDA_Business_Plan_2018_to_2021.pdf.

24 International Panel on Fissile Materials, *Global Fissile Material Report 2015: Nuclear Weapon and Fissile Material Stockpiles and Production*, 2015, 2019년 1월 15일 접속, http://fissilematerials.org/library/gfmr15.pdf; Hans M. Kristensen and Robert S. Norris, "Status of World Nuclear Forces," Federation of American Scientists, June 2018, 2019년 1월 15일 접속, https://fas.org/issues/nuclear-weapons/status-world-nuclear-forces/; International Atomic Energy Agency,

"Communication Received from Certain Member States Concerning Their Policies Regarding the Management of Plutonium," INFCIRC/549, 16 March 1998, 2019년 1월 15일 접속, https://www.iaea.org/publications/documents/infcircs/communication-received-certain-member-states-concerning-their-policies-regarding-management-plutonium.

25 Mohamed ElBaradei, "Seven Steps to Raise World Security," International Atomic Energy Agency, 2 February 2005, 2019년 1월 15일 접속, https://www.iaea.org/newscenter/statements/seven-steps-raise-world-security.

26 Randall Gauntt et al., *Fukushima Daiichi Accident Study(Status as of April 2012)*, Sandia National Laboratories, SAND2012-6173, 2012, chapter 8, 2019년 3월 15일 접속,https://prod-ng.sandia.gov/techlib-noauth/access-control.cgi/2012/126173.pdf.

제1부
꿈

에너지 커뮤니티(전력회사, 기업, 대학, 정부)에 있는 우리는 우리의 증식로 개발 프로그램을 통해 자연의 선물, 즉 향후 수천 년에 걸쳐 우리의 수요를 충족시킬 수 있는 풍부하고 비용이 저렴한 원자력의 활용을 위해 이미 꾸준히 노력해 오고 있다.

– 글렌 시보그(1970. 10. 5)*

* Glenn T. Seaborg, "The Plutonium Economy of the Future," speech at the Fourth International Conference on Plutonium and Other Actinides, Santa Fe, New Mexico, 5 October 1970, http://fissilematerials.org/library/aec70.pdf.

증식로 프로그램 타임라인

시작		완료
인도, 프로토타입 고속 증식 원자로?	2020	**추정**(2018)
러시아, BN-800	2015	**일본**, 몬주, 폐쇄
중국, 실험용 고속 원자로		
	2010	
	2005	
	2000	
		프랑스, 슈퍼피닉스, 폐쇄
	1995	
		영국, 프로토타입 고속 원자로, 폐쇄
		독일, SNR-300, 포기
	1990	
		체르노빌, 원자력발전 성장 정체
인도, 고속 증식 시험용 원자로	1985	
		미국, 클린치 리버 원자로, 취소
구소련, BN-600	1980	
독일, KNK II **일본**, 조요		
	1975	
시보그 플루토늄 경제 연설	1970	
구소련, BOR-60 **프랑스**, 랍소디		
	1965	
영국, 돈레이 고속 원자로	1960	
	1955	
미국, 실험용 증식 원자로 I		
	1950	
실러드의 증식로 발명	1945	

제2장

꿈:
플루토늄을 동력원으로 하는 미래

제2차 세계대전 비밀 핵무기 계획 시, 플루토늄을 생산할 시설을 설계한 소그룹의 과학자들은 핵무기가 인류의 미래를 위해 무엇을 의미하는지에 대해 깊이 우려했다. 그들은 핵분열의 평화적 활용으로 인한 이익이 핵무기의 위험을 보충하기를 바랐다.

그 그룹의 일부 사람들은 1909년 독일의 화학자 프리츠 하버가 공기 중의 질소를 사용하여 암모니아를 생산하는 실질적인 산업 공정을 개발한 것과의 유사성에 희망을 품었다. 제1차 세계대전 중 독일은 화약과 폭약 생산을 위한 질산염을 생산하기 위해 이 과정을 처음으로 적용했다. 그러나 전쟁이 끝난 후, 동일한 프로세스가 비료용 질산염을 생산하기 위해 전 세계적으로 사용되었다. 이로써 칠레의 자연 퇴적물 고갈에 대한 우려를 없애고, 농업 생산성과 세계 인구의 대폭적인 성장을 가능하게 하였다. 하버는 제1차 세계대전 중 화학무기 사용 시작과 관련하여 지도적 위치에 있었기 때문에 전후 한때 전범으로 추적되었지만, 그럼에도 불구하고 1920년 노벨 화학상을 수상했다.[1]

제2차 세계대전 후 많은 핵 과학자들은 핵분열도 처음에는 전쟁에서 사용되었지만, 심지어 사막에 꽃을 피우는 해수 담수화에도 이용될 수 있는, 풍부하고 값싼 에너지원으로 인류에게 큰 보탬이 되기를 희망했다. 그러나 이 꿈은 우라늄에 잠재한 핵분열 에너지를 충분히 활용할 수 있는 플루토늄 증식로의 성공에 달려 있었다.

하버와의 유사성은 1945년 또 한 명의 독일인 과학자 오토 한이 1938년 핵분열의 공동 발견자로 노벨 화학상을 수상했다는 것까

지는 살아 있었다.[2]

2.1 이중 목적 원자로

1950년대부터 60년대에 걸쳐 건설된 최초의 산업 규모의 발전용 원자로는 이중 목적 원자로였다. 그 주요 목적은 영국과 프랑스의 핵무기용 플루토늄을 생산하는 것이었다. 생산된 핵분열 열은 부산물로서 전력 생산에 사용되었다.[3]

영국은 네 기의 칼더 홀 '마그녹스'[4] 원자로와 군사용 재처리 공장을 영국 북서부 해안의 시스케일 근처 셀라필드 부지에 건설했다. 원자로들은 1956년, 57년, 58년, 59년에 전력망에 연결되었다. 프랑스는 G-2 및 G-3 가스 냉각로를 건설하여 1959년과 60년에 전력망에 연결했다. 프랑스 원자로 역시 군사용 재처리 공장과 동일 부지인 프랑스 남부 론 강변 마쿨 부지에 지어졌다.

이들 원자로는 미국 워싱턴주 콜롬비아 강가에 세워진 플루토늄 생산로와 마찬가지로 페르미의 최초 공랭식 '파일pile'의 직계 후손이었다. 원자로들은 흑연으로 이루어진 거대한 노심에 핵연료 채널을 통해 거기에 우라늄 핵연료가 삽입된 채널 안을 통과하는 냉각재가 핵분열에서 발생하는 열을 멀리 운반하는 구조였다. 미국과의 차이점은, 프랑스와 영국의 원자로는 물의 비점보다 높은 온도까지 가열할 수 있는 이산화탄소 가스로 냉각되어 전력을 생산하는 증기를 발생시키는 데 사용될 수 있다는 것이었다.[5] 핵연료는 천연우라늄 금속을 마그네슘 합금 피복관에 넣은 것으로, 플루토늄 회수를 위해 녹이기 쉬운 설계로 되어 있었다.

2.2 플루토늄의 생성

우라늄-235(U-235)의 핵분열은 1회당 두 개에서 세 개 중성자를 방출한다. 평균적으로 중성자 중 하나가 또 다른 U-235 핵분열을 일으킬 수 있으면 연쇄반응을 유지하는 것이 가능하다. 그러나 천연우라늄에는 한 개의 U-235 원자에 대해 연쇄반응을 일으키지 않는 U-238 원자가 140개의 비율로 있다. 만약 U-235와 U-238이 중성자를 같이 흡수한다면 천연우라늄에서 U-238은 중성자의 99% 이상을 흡수하기 때문에 연쇄 반응을 유지하기에 충분한 만큼의 U-235 핵분열은 일어나지 않는다.

흑연 감속 원자로에서 하나의 핵연료 채널에서 다른 핵연료 채널로 이동하는 중성자는 흑연 감속재의 탄소 핵과 충돌해 느려진다. 저속 중성자는 U-238보다 U-235에 훨씬 더 강하게 흡수된다. 흑연 감속 원자로가 천연우라늄에서도 연쇄 반응을 유지할 수 있는 것은 이 때문이다.

천연우라늄 연료에서 플루토늄이 풍부하게 생성되는 것은 연쇄 반응을 유지하지 않는 중성자의 대부분이 U-238의 원자핵에 포획

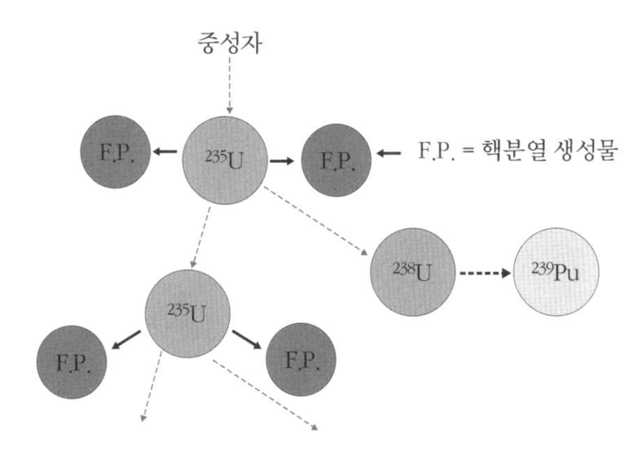

[그림 2.1] 우라늄 내에서의 핵분열 연쇄 반응과 플루토늄의 생성

일정한 출력에서는 평균적으로 한 개의 U-235 원자의 핵분열에서 방출되는 중성자 중 하나가 또 다른 핵분열을 일으킨다. 나머지 중성자의 대부분은 연쇄반응을 일으키지 않는 U-238에 흡수되어 U-239로 변환된다. U-239 원자핵은 불안정하여 평균적으로 며칠 이내에 두 개의 중성자가 양성자로 변환된다. 이에 따라 그 핵은 핵분열 연쇄반응을 일으키는 플루토늄 239(Pu-239)가 된다. 그러나 U-235의 한 번의 핵분열로 만들어지는 플루토늄은 평균 한 개 미만이므로 우라늄을 핵연료로 하는 원자로는 핵분열한 원자의 수보다 많은 연쇄반응을 하는 원자를 '증식'할 수는 없다(저자들).

되기 때문이다(그림 2.1).

영국은 마그녹스 원자로를 이탈리아와 일본에 한 기씩 수출했다. 프랑스도 가스 냉각로 한 기를 스페인에 수출했다.[6] 이탈리아와 일본은 마그녹스 사용후핵연료를 영국으로 보내 재처리했다. 이탈리아는 재처리에서 분리된 플루토늄을 프랑스의 프랑스-독일-이탈리아 증식로 협력 프로젝트에 기증했다. 영국은 일본의 마그녹스 사용후핵연료에서 분리된 총 3.3t의 플루토늄 중 약 0.8t을 1970년부터

81년에 걸쳐 플루토늄 증식로 프로그램용으로 일본에 반환했다. 나머지는 2018년 말 기준 영국에서 보관 중이다.[7]

스페인은 프랑스가 건설한 가스 냉각로의 사용후핵연료를 프랑스에 돌려보냈다. 이들 사용후핵연료를 재처리하고 회수된 플루토늄은 프랑스의 핵무기 프로그램에 사용되었을 수 있다.[8]

북한의 핵무기용 플루토늄을 생산한 영변 원자로는 영국의 칼더 홀형 원자로의 축소판이다. 칼더 홀형 원자로의 설계 정보는 자세히 공표되어 있었다. 공표의 첫 번째 기회가 된 것은 미국의 드와이트 아이젠하워 대통령의 1953년 '평화를 위한 원자력Atoms for Peace' 연설에 대응하는 형태로 1955년에 개최된 '원자력의 평화적 이용에 관한 제1회 국제회의'에서의 일이다.[9]

캐나다는 흑연 대신에 '중수heavy water'에 의해 감속되는 천연우라늄 핵연료 사용 원자로를 개발했다. 기초가 된 것은 전쟁 전 파리에서의 핵 연구다. 이 연구는 독일이 프랑스를 침공한 후 보관되어 있던 중수와 함께 캐나다로 옮겨졌다.

중수에서 수소 원자의 핵은 양성자 이외에 중성자를 포함한다. 이 핵은 '중양자'라고 부르며, 무거운 수소는 '중수소'라고 불린다. 자연계에서 중수소 원자는 수소 원자의 약 0.01%에 불과하다. 그러나 원자로에서 사용되는 중수는 그 농도를 99.75%까지 증가시켜야 한다. 중수소핵은 보통 수소의 양성자 핵보다 들어오는 중성자를 흡수할 가능성이 훨씬 적다. 보통의 '가벼운' 물로 감속되는 원자로는 천연우라늄 핵연료로 핵분열 연쇄반응을 유지할 수 없는데 비해, 중

수 감속 원자로가 천연우라늄 핵연료로 핵분열 연쇄반응이 가능한 것은 이러한 특성 때문이다.

제2차 세계대전 중 독일 핵 프로그램에서 일하던 물리학자들은 흑연에서 중성자 흡수를 측정했다. 그러나 그들은 이 흑연이 매우 강력한 중성자 흡수제인 붕소를 미량 함유하고 있음을 이해하지 못했던 것이다. 그래서 그들은 천연우라늄 핵연료 원자로 감속재로 흑연을 사용할 수 없다고 확신하여[10], 실험용 원자로의 감속재로 사용하기 위해 점령한 노르웨이로부터 충분한 중수를 입수하는 데 전념했다. 영국 정보국은 이러한 독일의 노력에 대해 알게 되었고, 영국에 본거지를 둔 노르웨이 특공대는 노르웨이로 잠입, 낙하하여 중수를 생산하는 장비를 파괴하고 독일로 중수를 수송하는 연락선을 침몰시켰다.[11]

캐나다는 자국의 핵무기를 만들려고 하지 않았지만 1947년 운전 개시한 첫 번째 중수로NRX는 원래 미국의 핵무기 프로그램에 사용될 플루토늄을 생산하기 위해 설계된 것이었다. 그 계획은 조사된 우라늄 금속 사용후핵연료를 미국에 보내 재처리하는 것이었다. 그러나 머지않아 중수로의 플루토늄 생산량은 미국의 플루토늄 생산 원자로의 생산량에 비해 많이 떨어졌다. 중수로의 사용후핵연료를 재처리하기 위해 미국에 수송하는 어려움에 비해서 얻는 것이 적다고 결정되었고, 중수로는 캐나다 최초의 연구로가 되었다.

캐나다의 모든 발전용 원자로는 천연우라늄을 핵연료로 사용하고 중수에 의해 감속되고 냉각되는 중수로의 자손들이다. 그것들은 캐나다 중수소-우라늄CANDU: CANadian Deuterium-Uranium으로 불린다. 그들의 핵연료는 부식 저항성 지르코늄 합금관에 넣어진 세라믹 우라늄 산화물의 원통형 펠렛으로 구성된다. 이 핵연료는 물속에 장기간 저장할 수 있다. CANDU의 냉각수 채널의 중수는 가압되어 있어서 가압되지 않은 물의 비등 온도보다 훨씬 높은 온도에서도 액체 상태로 머문다. 그 열은 일반 물로 전달되어 증기를 발생시키고, 그 증기가 터빈 발전기를 가동시킨다.

이러한 첫 세대 원자로는 모두 천연우라늄을 핵연료로 했다. 왜냐하면 첫 번째 세대의 우라늄 농축 공장은 비용이 막대했고, 처음에는 핵무기용 고농축 우라늄HEU을 생산하기 위한 전용시설이었기 때문이다.

2.3 경수로와 우라늄 농축

영국과 프랑스의 흑연 감속 가스 냉각 발전용 원자로의 시작이 빨랐음에도 불구하고 얼마 지나지 않아 다른 유형의 발전용 원자로인 경수로가 주력이 되었다. 이것은 미국 잠수함의 추진을 위해 개발한 원자로로, 제1장에서 언급한 바와 같이 1957년 운전을 개시한 미국 최초의 원자력발전소 쉬핑포트는 항공모함의 동력원으로 하기 위해 설계된 것이었다.

플루토늄 생산로와 그것에서 파생된 첫 번째 세대의 발전용 원자로는 천연우라늄을 연료로 하고 있다. 그러나 흑연과 중수 속에서 중성자의 감속에 필요한 거리가 길기 때문에 원자로 노심이 클 수밖에 없었다. 미국은 '가벼운(일반)' 물을 감속 및 냉각재로 하는 원자로를 해군용으로 사용하는 것을 선택했다. 왜냐하면 가벼운 수소의 원자핵은 양성자 한 개로만 이루어져 중성자와 충돌 1회당 훨씬 더 큰 반동 에너지를 흡수하기 때문에 짧은 거리에서 중성자의 속도를 떨어뜨릴 수 있다. 따라서 경수로의 노심을 훨씬 더 소형화할 수 있으며, 이는 잠수함 원자로에 결정적으로 중요하다. 그러나 경수에서는 중성자의 흡수 확률이 높기 때문에 경수로에서 흑연 및 중수 감속 원자로와 같은 감속을 달성하려는 중성자 손실이 너무 커서 연쇄반응의 유지, 즉 '임계'를 달성할 수 없다. 경수로에서 임계를 이루려면 우라늄 연료의 U-235를 농축시킬 필요가 있다. 대형 발전용 경수로에서 사용하는 산화 우라늄 연료는 U-235의 농축도가 3-5%다. 미국 해군의 소형 원자로는 농축도가 90% 이상이다.

우라늄 농축은 발전용 원자로에게 추가 비용을 의미하지만, 잠수함의 경우에는 더 소형화한 노심에 의한 '압력 용기' 크기의 축소, 그리고 탑재 원자로의 경량화에 의한 잠수함 선체의 소형화 관련 비용 절감이 우라늄 농축의 추가적 비용을 상쇄하는 효과가 있다.

미국이 경수로를 개발할 수 있었던 것은 매우 큰 우라늄 농축 능력을 가지고 있었기 때문이다. 이 능력은 원래 1950년대에 수만 기의 핵무기용으로 U-235의 함유율 90% 이상의 핵무기급 우라늄을 생산하기 위해 확보된 것이었다. 1960년대 미국의 핵탄두 보유량의 성장이 완만해지다 결국에는 그쳤기 때문에 다른 용도로 사용할 수 있게 된 것이다. 여러 세대의 핵무기 제조가 냉전의 종말까지 계속되었지만 그에 필요한 고농축 우라늄은 퇴역 핵무기로부터 꺼낸 것이 재활용되었다.

제2차 세계대전 중 개발되어 러시아, 영국, 프랑스, 중국이 복사한 미국의 주요 농축 기술은 '가스 확산'을 이용한 것이었다. 육불화 우라늄 가스가 수백 개의 다공성 격막을 통과할 때, U-235를 성분으로 하는 가벼운 분자가 U-238을 성분으로 하는 분자보다 약간이지만 빨리 움직이고, 그 결과 각각의 막 너머로 약간이지만 농축되는 구조다. 공장은 거대하고 엄청난 비용이 소요되었다. 제2차 세계대전 중의 맨해튼 프로젝트에 200억 달러(2017년 달러 환산)가 테네시주 오크리지에서 고농축 우라늄 제조에 사용되었다.[12] 1950년대에 같은 규모의 농축 공장이 테네시주와 오하이오주에 추가되어 총 세 곳이 되었다.

미국이 핵무기용 고농축 우라늄 생산을 위해 건설한 이 세 개의 공장을 합친 농축용량이 매우 커서, 미국은 구소련 연방 이외의 발전용 원자로에 사용되는 저농축 우라늄 공급을 1970년대에 들어서까지도 독점하고 있었다.[13]

1970년대 구소련은 가스 원심분리기에 의한 농축으로 전환했지만, 구소련권 외에서 원심분리 농축이 중요해진 것은 네덜란드-독일-영국 유렌코 컨소시엄이 등장하는 90년대가 되어서였다. 일단 이 기술을 습득해 버리면 소규모의 원심분리 공장을 비교적 저렴한 비용으로 눈에 띄지 않게 건설할 수 있다. 원심분리 농축에 의한 핵확산은 1980년대에 문제가 되었는데, 처음에는 파키스탄과 브라질, 이어 2000년대에 이란과 북한이 문제가 되었다.[14]

2.4 플루토늄 증식로

1970년대까지 흑연로와 중수로에 대한 경수로의 승리가 명백했음에도 불구하고, 모든 선진국의 원자력계는 이 원자로 유형에 기반한 원자력발전은 거의 10년마다 두 배로 증가하는 세계 전력 수요를 충족시킬 수 없다고 확신했다. 경수로의 주요 핵연료인 U-235는 천연우라늄의 0.7%에 불과하고, 이 원자로를 경제적으로 경쟁력 있게 만들 고품위 우라늄광은 부족한 것으로 생각되었다.

제2차 세계대전 후 페르미와 실러드가 시카고 대학에서 편성한 원자로 설계그룹은 시카고 교외로 가서 미국원자력위원회의 아르곤 국립연구소를 설립했다(페르미와 실러드 두 사람은 기초 연구에 복귀했다). 몇 년 내 플루토늄을 핵연료로 소비한 이상의 플루토늄을 풍부한 U-238에서 증식하는 나트륨 냉각로라는 실러드의 아이디어가 연구소의 주요 과제가 되었다. 핵분열되는 플루토늄을 대체하기에 충분한 비율로 U-238을 플루토늄으로 전환하려면 핵분열당 한 개 이상의 플루토늄 원자가 생성되어야 한다. 이것은 플루토늄 핵분열당 더 많은 중성자가 발생할 것을 필요로 했다(그림 2.2).

실러드가 증식로에 대한 최초의 제안에서 언급했듯이,[15] 1회 핵분열당 더 많은 중성자가 만들어지기 위해서는 핵분열 반응이 '고속 중성자, 즉 발생 시 속도의 상당 부분을 유지하고 있는 핵분열 중성자를 매개로 일어날 필요가 있다. 그러기 위해서는 중성자가 에너지를 너무 잃지 않고 반사하는 무거운 원자핵을 가진 냉각재가 필요하다. 선정된 냉각재는 실러드가 제안한 대로 액체 나트륨이었다. 왜냐하면 액체 나트륨은 중성자를 흡수하지 않고 비교적 낮은 온도(98℃)에서 녹고, 금속이므로 열을 매우 효율적으로 전달하기 때문이다.

그런데 나트륨의 문제점은 반응성이 대단히 높고 공기나 물과 접촉하면 탄다는 것이다. 물리학자들은 성공적인 기술적 조치에 의해 나트륨이 누출되거나 원자로의 연료 교환 시 공기나 물과 접촉할 수 없도록 할 수 있다고 생각했다. 다른 형태의 것은 훨씬 오래 전부터 있었지만, '실패할 여지가 있다면 그렇게 된다'는 머피의 법칙은 아직 언급되지 않았다.[16]

세계 원자력계의 증식로에 대한 열광이 정점에 달한 것은 1960년대 글렌 시보그가 막강한 힘을 가진 미국원자력위원회의 위원장이었던 때다. 시보그는 플루토늄과 기타 초우라늄 원소의 발견으로 1951년 노벨 화학상을 공동 수상했다. 그의 위원장 기간 동안 미국의 원자력 발전용량은 기본적으로 0에서 가동 중, 건설 중, 발주된 원전 포함 총 7만 5000MWe(75GWe)로 늘어났다. 이것은 1970년 미국의 총 발전용량의 20% 이상에 해당하는 양이었다.[17]

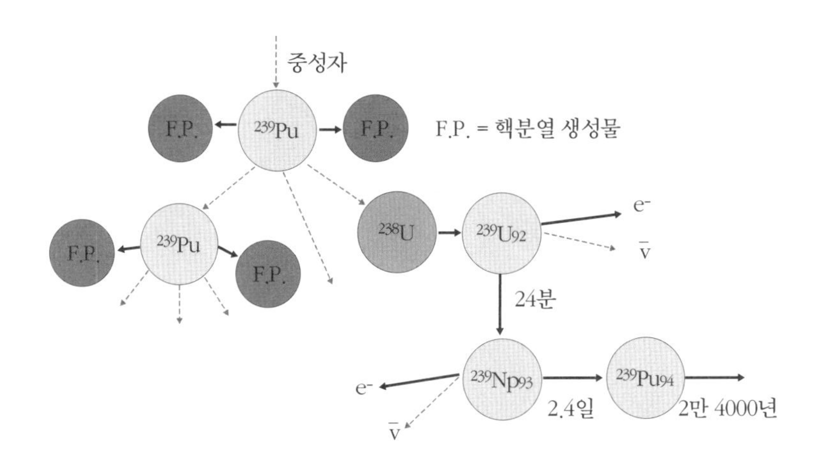

[그림 2.2] 플루토늄 핵분열 연쇄반응과 증식

고속 중성자가 플루토늄 원자핵을 핵분열시킬 경우 느린 중성자에 의한 핵분열 경우보다 많은 중성자가 방출된다. 따라서 핵분열 플루토늄 원자 한 개당 평균 한 개보다 많은 플루토늄 원자를 생산하는 것이 가능하다. 이 예에서 한 개의 플루토늄 239(Pu-239)의 핵분열에서 나온 한 개의 중성자에 의해 한 개의 플루토늄 239의 원자핵이 만들어지고 있다. 실제 증식로에서는 평균은 1보다 약간 많은 정도다. 따라서 원래의 플루토늄 양의 두 배 이상을 생산하려면 10년 이상 걸린다.[18] 이 그림은 또 U-238의 중성자 흡수에 의해 만들어진 U-239가 Pu-239로 '변환'되는 과정이 표시되어 있다. 원자핵 속의 중성자가 2회 연이어 양성자로 바뀌고, 각각의 변환 시 전자와 반중성미자가 방출되는 것을 알 수 있다. 그림에 표시된 분, 일, 년은 반감기, 즉 주어진 방사성 핵종의 양의 절반이 붕괴하여 다른 원소로 될 때까지의 시간이다(저자들).

당시 석탄은 미국 전력의 55%를 생산하고 있었고,[19] 그 기여율은 이후 1973년 아랍 국가의 원유 금수조치에 이어진 석유 가격 상승으로 인해 증가했다. 시보그는 미국의 발전용량이 2000년까지 네

배로 늘어날 것으로 예상했다. 당시 이미 대기오염의 주요 요인 중 하나인 석탄에 발전의 대부분을 의지하는 것은 용납하기 어려운 일이라고 그는 생각했다.

그리고 다른 국가들도 있었다. 1970년 세계 인구의 5.5%인 미국은 세계 경제생산의 37%를 차지했고,[20] 나머지 국가들은 미국을 따라잡으려 노력했다. 1972년 《성장의 한계》[21]가 출간되어 30개 언어로 3000만 부가 판매되었다.[22] 시보그가 보기에는 "역사적으로 볼 때 원자력은 겨우 때맞춰 등장했다"였다.[23]

그의 생각으로 문제는 천연우라늄에 잠재하는 핵분열 에너지를 이용하는 데 있어서의 경수로의 비효율성이었다:

> 현재 경수로는 우라늄 핵연료의 잠재적 에너지 중 1-2%밖에 꺼내지 못한다. 화석연료 발전소와 경제적으로 경쟁력을 가지기 위해서 경수로는 발전비용을 줄이기 위해 저렴한 비용의 우라늄광을 대량으로 확보하지 않으면 안 된다.[24]

좀더 구체적으로 말하면, 경수로에서 U-238의 일부를 플루토늄으로 전환하여 이것을 분열시키기도 하지만, 경수로는 거의 천연우라늄에 0.7%밖에 포함되지 않은 연쇄 반응을 일으키는 U-235의 에너지밖에 효율적으로 사용할 수 없다. 예상되는 원자력의 성장률을 감안할 때, 필요한 규모의 저비용 우라늄광을 발견하는 것은 희박하다고 생각되었다.

시보그는 증식로에서 생산된 플루토늄이 인류 문명의 주요 연료가 될 '플루토늄 경제'를 구상했다. 퇴임하기 1년 전인 1970년 4월 플루토늄과 다른 초우라늄 원소에 관한 회의에서 그는 참가자들에게 다음과 같이 말했다.

> 에너지 커뮤니티(전력회사, 기업, 대학, 정부)에 있는 우리는 우리의 증식로 개발 프로그램을 통해 자연의 선물, 즉 향후 수천 년에 걸쳐 우리의 수요를 충족시킬 수 있는 풍부하고 저렴한 비용의 원자력의 활용을 위해 이미 꾸준히 노력해 오고 있다.[25]

그는 증식로의 수를 7-10년마다 두 배로 할 수 있다고 생각했다. 가동 중인 증식로에서 생산되는 여분의 플루토늄을 신규 증식로의 초기 핵연료로 사용할 수 있다는 것이다.

시보그는 '1980년대 초 증식로의 대규모 도입을 지원'하기 위해 경수로 사용후핵연료에 충분한 양의 Pu-239가 축적되고 있다고 덧붙였다.

이것은 설득력 있는 비전이었다. 그리고 당시 가장 권위 있는 원자력 연구개발 조직 책임자의 표현이었다. 시보그가 원자력의 미래에 대해 강연한 1970년 미국은 전 세계 원자력 발전용량의 거의 전부를 차지하고 있었다. 5년 후인 1975년이 되어도 미국의 점유율은 여전히 60%를 차지했다.[26] 50년 가까이 지난 2018년에도 1960년대와 1970년대에 미국에서 시작된 모든 원자력발전소 건설의 결과로 미국은 전 세계의 약 4분의 1에 해당하는 세계 최대의 원자력 발전용량을 가지고 있었다. 프랑스가 2위였다. 중국은 3위를 차지했지만, 미국과 프랑스와 달리 대규모 건설 계획이 진행 중이며, 양국에 다가가고 있다.[27]

에너지의 미래에 대한 미국원자력위원회의 비전은 다른 선진국의 원자력계에 증식로 계획을 출범시키는 효과를 가졌다. 그들은 더 이상 미국에 뒤처지고 싶지 않았기 때문이다. 프랑스, 독일, 이탈리아, 일본, 구소련은 증식로 개발 계획을 시작하고, 적어도 파일럿 규모의 재처리 공장을 건설했다. 경수로 및 가스 냉각 원자로의 사용후핵연료에서 플루토늄을 꺼내 증식로의 초기 장전 핵연료로 사용하기 위해서였다. 벨기에, 네덜란드, 스위스도 자국의 사용후핵연료를 프랑스와 영국에서 재처리하도록 계약을 체결하여 증식로 개발의 노력에 기여했다.

주

1 Å. G. Ekstrand, "Award Ceremony Speech"(speech at the Royal Swedish Academy of Sciences, Stockholm, 1 June 1920), 2019년 1월 15일 접속, https://www.nobelprize.org/nobel_prizes/chemistry/laureates/1918/press.html; Sarah Everts, "Who Was the Father of Chemical Weapons?" *Chemical & Engineering News*, 2017, 2019년 1월 15일 접속, http://chemicalweapons.cenmag.org/who-was-the-father-of-chemical-weapons/; Paul Barach, "The Tragedy of Fritz Haber: The Monster Who Fed the World," Medium.com, 2 August 2016, 2019년 1월 15일 접속, https://medium.com/the-mission/the-tragedy-of-fritz-haber-the-monster-who-fed-the-world-ec19a9834f74.

2 이 노벨상은 유대인 여성 리제 마이트너와 공유되지 않았기 때문에 논란이 되었다. 마이트너는 핵분열 발견으로 이끈 실험 착수에 협력한 매우 존경받는 물리학자였다. 1938년 그녀는 살기 위해 독일로 도망가야 했지만 편지를 통해 한에게 계속 조언을 했고, 처음으로 우라늄의 중성자 폭격으로 중간 무게의 바륨이 생산되고 있다는 한의 수수께끼를 설명하기 위해 조카 오토 프리슈와 함께 핵분열을 제안했다. Ruth Lewin Sime, *Lise Meitner: A Life in Physics*(Berkeley, CA: University of California, 1996).

3 1954년 초 구소련 연방의 실험용 오브닌스크 흑연감속 수냉식 원자력발전소가 전력망에 연결되었다. 영국과 프랑스 원자로의 약 10분의 1 규모의 발전용량이었다.

4 '마그녹스'라는 단어는 우라늄 금속 핵연료의 마그네슘-알루미늄 합금 피복재 '산화되지 않는 마그네슘' 합금에서 파생되었다. 이 피복재는 1994년 북한이 핵연료 재처리를 하지 않겠다고 합의한 후 북한 영변 마그녹스 원자로의 사용후핵연료 저장조에서 관찰되었듯이 물과 접촉하면 비교적 빠르게 부식된다. '마그녹스'라는 단어는 마그네슘-지르코늄 합금 피복재를 사용하는

프랑스 가스로에도 사용된다. "Magnox," Wikipedia, 2019년 1월 29일 접속, https://en.wikipedia.org/wiki/Magnox.

5 S. E. Jensen and E. Nonbøl, *Description of the Magnox Type of Gas Cooled Reactor(MAGNOX)*, Nordic Nuclear Safety Research, 1998, 2019년 1월 15일 접속, https://inis.iaea.org/collection/NCLCollectionStore/_Public/30/052/30052480.pdf.

6 International Atomic Energy Agency, "PRIS(Power Reactor Information System): The Database on Nuclear Reactors," 2019년 1월 15일 접속, https://www.iaea.org/PRIS/home.aspx.

7 「英再処理問題専門家逝く－日本のプルトニウムの謎解明に協力」'核情報' 2020年. http://kakujoho.net/npt/pu_mrtnf.html.

8 Albright, Berkhout, and Walker, *Plutonium and Highly Enriched Uranium 1996*, 150.

9 William H. Richardson and Frances Strachwitz, comps., "Sandia Corporation Bibliography: Gas-Cooled Reactors," Sandia Corporation, SCR-86, September 1959, 2019년 1월 15일 접속, https://www.osti.gov/servlets/purl/4219213.

10 Hans A. Bethe, "The German Uranium Project," *Physics Today* 53 no. 7(2000), 34, 2019년 3월 18일 접속, https://physicstoday.scitation.org/doi/pdf/10.1063/1.1292473.

11 *The Heavy Water War*, Norwegian Broadcasting Corporation, 2015.

12 Stephen I. Schwartz, ed., *Atomic Audit: The Costs and Consequences of U.S. Nuclear Weapons Since 1940*(Washington, DC: Brookings Institution Press, 1998), 58.

13 1960년대 초 공장 세 곳의 연간 생산량은 약 1600만SWU(농축역무단위)였으며, 이는 약 160GWe 총용량의 경수로들을 지원하기에 충분했다. Thomas B. Cochran, William M. Arkin, Robert S. Norris, and Milton Hoenig, *Nuclear Weapons Databook, Vol. 2, U.S. Nuclear Warhead Production*(Cambridge, MA: Ballinger, 1987), 184.

14 북한의 첫 번째 핵무기용 재료는 플루토늄이었다. 생산 프로그램의 건설과 운전은 미국이 위성을 사용하여 모니터링해 왔다. 이후 파키스탄에서 이전된 원심분리 기술에 의해 북한은 고농축 우라늄을 모니터링하기 어려운 동시 병행적 프로그램에서 제조할 수 있는 능력을 얻었다.

15 Leo Szilard, "Liquid Metal Cooled Fast Neutron Breeders," 6 March 1945, in *The Collected Works of Leo Szilard*, Vol. 1, *Scientific Papers*, ed. Bernard T. Feld and Gertrud Weiss-Szilard(Cambridge, MA: MIT Press, 1972), 369-375.

16 "Murphy's Laws Site," 2019년 1월 15일 접속, http://www.murphys-laws.com/murphy/murphy-true.html.

17 Glenn T. Seaborg, "Nuclear Power: Status and Outlook"(speech at the American Power Conference, Institute of Electrical and Electronic Engineers, Chicago, 22 April 1970) in *Peaceful Uses of Nuclear Energy: A Collection of Speeches by Glenn T. Seaborg*(Germantown, MD: US Atomic Energy Commission, 1971), 9-15.

18 International Nuclear Fuel Cycle Evaluation, *Fast Breeders: Report of Working Group 5*(Vienna: International Atomic Energy Agency, 1980), Tables 2, 4, 6.

19 US Bureau of the Census, *Statistical Abstract of the United States*: 1991(Washington, DC: US Department of Commerce, 1991), Table 972, 2019년 1월 15일 접속, https://www.census.gov/library/publications/1991/compendia/statab/111ed.html.

20 World Bank, "GDP(current US$)," 2019년 1월 15일 접속, https://data.worldbank.org/indicator/NY.GDP.MKTP.CD?end=2017&start=1968&year_low_desc=false.

21 Donella Meadows et al., *The Limits to Growth*(New York: Universe Books, 1972).

22 Jørgen Stig Nørgård, John Peet, and Kristín Vala Ragnarsdóttir, "The History of The Limits to Growth," Solutions 1, no. 2(March 2010), 59-63.

23 Glenn T. Seaborg, "The Need for Nuclear Power," Testimony before the Joint

Committee on Atomic Energy, 29 October 1969, in *Peaceful Uses of Nuclear Energy*, 3.

24 Seaborg, "Nuclear Power."

25 Glenn T. Seaborg, "The Plutonium Economy of the Future"(speech at the Fourth International Conference on Plutonium and Other Actinides, Santa Fe, New Mexico, 5 October 1970), 2019년 1월 15일 접속, http://fissilematerials.org/library/aec70.pdf.

26 US Bureau of the Census, *Statistical Abstract of the United States*: 1980(Washington, DC: US Department of Commerce, 1980), Table 1043, 2019년 1월 15일 접속, https://www.census.gov/library/publications/1980/compendia/statab/101ed.html; R. B. Fitts and H. Fujii, "Fuel Cycle Demand, Supply and Cost Trends," *IAEA Bulletin* 18 no. 1(February 1976), 19–24.

27 International Atomic Energy Agency, "PRIS," 2019년 1월 15일 접속, https://www.iaea.org/PRIS/home.aspx.

제 2 부

악몽

전 세계에 4000기의 원자로를 가진 시스템의 비전은 진지하게 받아들여야 할까. 1944년 엔리코 페르미는 원자력의 미래는 방사능 문제로 지장을 주고, 핵무기 제조에 밀접하게 연결되어 있는 에너지원에 대한 일반인들의 수용 여부에 달려 있다고 경고했다.

– 앨빈 와인버그(2003)*

* Alvin Weinberg, "New life for nuclear power," Issues of Science and Technology, Vol. 19, No. 4, Summer 2003, https://issues.org/weinberg/.

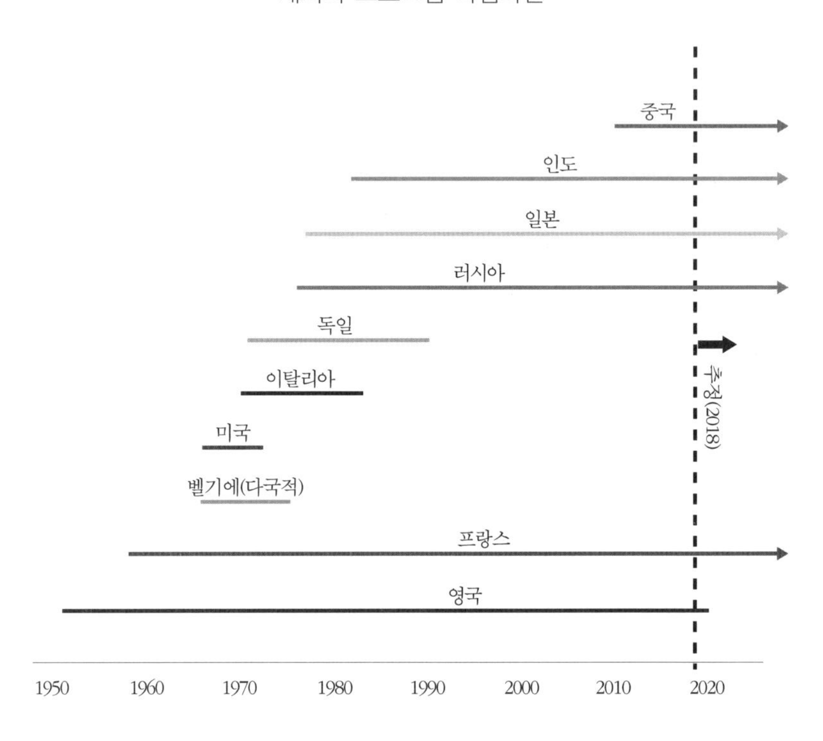
재처리 프로그램 타임라인
중국
인도
일본
러시아
독일
이탈리아
미국
벨기에(다국적)
프랑스
영국
추정(2018)
1950
1960
1970
1980
1990
2000
2010
2020

제 3 장

민간용 플루토늄 분리와 핵무기 확산

국제 연합은 제2차 세계대전 종결 직후에 핵무기를 사용한 더욱 파멸적인 전쟁이 일어나는 것을 방지하기 위해 설립되었다. 따라서 1946년 1월 유엔 안전보장이사회 상임이사국 5개국(중국, 프랑스, 구소련, 영국, 미국)이 제안한 유엔 총회 최초의 결의는 '유엔 원자력위원회UNAEC'를 설립하는 것이었다. 위원회는 안전보장이사회의 이사국 모두의 대표로 구성되며, 목표는 '원자력의 발견에 의해 초래된 문제를 다루는 것'이었다.[1]

위원장은 미국 대표의 버나드 바루크였다. 투자자로 성공을 거둔 75세의 인물로, 제1차 세계대전 중에는 전시 산업위원회 위원장을 지냈다. 그리고 해리 트루먼 상원 선거전의 주요 자금 제공자였다. 이후 트루먼은 1944년 부통령에 선정되고, 1945년 4월 프랭클린 D. 루즈벨트의 사망으로 대통령이 되었다.

1946년 6월 위원회의 첫 회의에서 바루크는 원자력 기술의 국제 통제에 관한 미국의 제안을 발표했다.[2] 기술적 세부사항은 미국 국무부에 의한 보완 보고서 〈원자력의 국제 통제에 관한 보고서〉에서 제시하였다.[3] 이 보고서는 〈애치슨-릴리엔솔 보고서〉로 알려져 있다. 국무장관이 설치한 원자력에 관한 위원회의 위원장을 맡은 국무차관 딘 애치슨과 보고서를 작성했던, 자문위원회의 위원장을 지낸 데이비드 릴리엔솔의 이름을 딴 것이다. 릴리엔솔은 같은 해 후반에 신설된 미국원자력위원회의 초대 위원장에 임명되었다. 자문위원회의 일원으로 핵 기술에 대해 가장 자세히 알았던 사람은 전시 중 뉴멕시코 로스알라모스에 설립된 핵무기 설계 연구소의 카리스마 소장 J. 로버트 오펜하이머였다.

자문위원들의 기본적인 제언은 원자력의 '위험한' 측면을 통제하기 위해 국제 원자력개발기구를 설립하는 것이었다. 그들이 우려했던 위험은 원자로 사고가 아닌 핵 기술의 보급이 핵무기의 확산을 촉진할 가능성이었다. 이 관점에서 자문위원들은 천연우라늄 및 저농축 우라늄을 핵연료로 사용하는 원자로는 비교적 안전하다고 생각했지만, 우라늄의 채굴과 농축, 그리고 사용후핵연료에서의 플루토늄 분리는 기관이 관리해야 한다고 권고했다.

우라늄 광산을 운영하는 국가는 비밀 군사용 플루토늄 생산로에 핵연료를 공급하기 위해 일부 우라늄을 전용할 수 있다. 우라늄 농축 공장을 가진 국가는 히로시마형 원폭용 고농축 우라늄을 제조할 수 있다. 원자로에서 중성자에 조사된 우라늄을 화학적으로 재처리할 수 있는 공장을 가진 국가는 나가사키형 원폭용 플루토늄을 신속하게 분리할 수 있다.[4]

미국의 제안은 어쨌든 사라질 운명에 있었지만, 바루크는 개회연설에서 〈애치슨-릴리엔솔 보고서〉의 제언에 두 가지 비생산적인 방안을 덧붙였다. 첫째, 원자력개발기구가 설립되어 사찰관들이 위험한 핵 관련 활동을 하고 있는 나라는 없다고 확인하기 전까지는 그가 '승리의 무기'라고 부른 핵무기를 계속 생산할 권리를 미국은 가지고 있다고 주장했다. 둘째, 유엔 안전보장이사회가 핵무기 물질을 생산하려는 정부를 처벌하고, 필요하다면 그 체제 전복을 하는 것에 대해 상임이사국은 어느 나라든 거부권을 행사할 수 없다고 하는 합의를 요구했다. 이것은 다수결 투표에서 구소련이 미국과 그 동맹국들에 의해 부결될 수 있음을 의미했다.

이미 비밀 핵무기 계획에 착수했던 구소련은 이러한 조건에 반대하고 유엔 원자력위원회의 논의에 더 이상 참여하는 것을 거부했다. 이후 2년간에 걸쳐 다른 회원국은 핵 활동의 국제적 통제에 관한 아이디어를 정교히 다듬었다. 그러나 결국 1948년 구소련의 강경 자세 앞에서 "원자력 위원회에서 협상을 중단한다"라고 제언했다.[5]

이듬해 1949년 구소련은 최초의 핵 실험을 실시했다. 이후 미국과 치열한 군비 경쟁이 이어지면서 20년 후에는 각각 1만 발의 핵무기를 보유하기에 이르렀다. 개별 핵무기의 위력은 히로시마와 나가사키에 투하된 원폭의 1000배에 달하는 것도 있었다.[6] 양국은 모두 상대국과 동맹국에 전면적인 핵공격을 명령함으로써 인류문명을 종식시킬 수 있게 되었다.

3.1 핵 확산

핵무기를 금지하려는 시도가 실패한 이후, 문제는 얼마나 많은 국가가 핵무기를 획득할 것인가로 바뀌었다.

영국이 구소련의 뒤를 이었다. 영국에 있던 두 명의 유럽 망명 물리학자 오토 프리슈와 루돌프 파이얼스는 1940년 세계 최초로 U-235의 임계질량을 추정하였다. 그 당시 제2차 세계대전이 이미 유럽에서 시작되어 있었지만, 미국과 일본은 참전하기 전이었다. 일본은 1941년 말 하와이 진주만에서 미국의 함대를 폭격했다

프리슈와 파이얼스는 핵폭탄 한 기를 만들기에 충분한 고농축 우라늄을 생산하는 것이 타당할 것이라고 결론지었다.[7] U-235가 1kg이면 핵무기를 만들 수 있다는 그들의 예상은 실제로는 히로시마 원폭으로 사용된 양의 약 50분의 1이었지만, 그들의 메모를 계기로 미국은 핵무기 계획을 단행하게 된다. 일본의 진주만 공격 직후의 일이다.

프리슈, 파이얼스 외 영국의 물리학자들은 전쟁 중에 로스알라모스 연구소의 그룹에 가입하게 됐다. 거기에서는 히로시마, 나가사키에 사용된 고농축 우라늄 핵폭탄과 플루토늄 핵폭탄이 설계되고 제조되었다. 전시의 핵무기 프로젝트는 영미 공동 프로젝트였던 것이다. 이를 공식화한 것은 윈스턴 처칠 총리와 루즈벨트 대통령이 1943년과 44년에 공동 서명한 합의서다.[8]

그러나 미국과 영국의 전시하의 핵 협력은 1946년 미국 원자력법에 의해 종료되었다. 따라서 1947년 영국은 독자적인 핵무기 프로그램에 착수하였다. 미-영 간 공동 프로젝트에 참여한 영국의 최상위 물리학자들의 경험 덕분에 영국의 프로그램은 매우 빠르게 진행되었다. 두 기의 흑연 감속 공랭식 플루토늄 생산로 윈즈케일 I 및 II 운전이 각각 1950년과 51년에 시작되었고, 영국의 첫 번째 핵 실험이 1952년 호주에서 실시되었다. 그때 처칠의 당은 종전 시 선거에서 경제 살리기에 관심이 쏠린 국민에 의해 패배로 기울었는데,

그는 총리의 자리를 탈환했다.

프랑스는 지도적인 물리학자들이 핵무기에 반대했기 때문에 시간이 더 걸렸다. 그들 중 일부는 프랑스 공산당의 일원이었다.[9] 그러나 증식로가 플루토늄 생산과 분리를 위한 타협안으로 정당성을 제공했다. 프랑스는 첫 번째 핵 실험을 1960년 실시했다. 샤를 드골이 프랑스의 독립을 보장하기 위해 핵 억지력을 취득하는 데 초점을 맞추고 대통령으로 선출되고 나서 2년 후의 일이었다.

1962년 쿠바 미사일 위기 이후 1963년 3월 기자회견에서 미국의 존 F. 케네디 대통령은 다음과 같이 고백하였다.

> "우리가 전면 핵실험금지조약의 체결에 성공하지 못하면 핵보유국의 수가 1970년까지 미국, 구소련, 영국, 프랑스의 4개국 대신 10개국, 그리고 1975년에는 15개국 또는 20개국이 되어 버릴지도 모른다는 생각이 머리에서 떠나지 않는다."[10]

케네디가 두려워했던 최악의 상황은 현실화되지 않았지만, 1970년까지 중국과 이스라엘이 핵무기를 취득하여 핵보유국은 6개국이 되었다. 1974년에 인도가 그 수를 7개국으로 늘렸다.

신흥국인 중국은 1964년 최초의 핵 실험을 실시했다. 미국으로부터 핵 공격의 위협을 받은 후의 일이었다. 처음에는 한국전쟁 당시, 다음은 1954-55년 위기 때다. 1954-55년의 위기는 원래 중국 정부의 지배하에 있던 대만해협의 두 전략적 섬을 둘러싸고 대만에 패

배하면서 대만으로 넘어갔을 때 발생하였다.[11]

이스라엘은 1960년대 핵무기를 취득했다. 프랑스가 제공한 플루토늄 생산로와 재처리 공장이 사용되었다. 1956년 양국은 영국의 수에즈 운하 지배권 탈환 계획의 일환으로 영국과 협력하여 이집트를 침공했지만 구소련의 핵 위협 아래 이들 3개국은 계획을 포기했다.[12] 이스라엘이 핵무기를 획득한 정확한 시기는 확실하지 않다. 이스라엘이 공개적 핵실험을 실시하지 않았고,[13] 핵무기의 지위에 대해 '불투명성' 정책을 유지해 오고 있기 때문이다. 이것은 주로 이웃나라의 국민들 사이에서 이스라엘의 핵 억지력에 대항하는 조치를 취하도록 목소리가 높아지는 것을 막기 위해서다.[14]

그러나 1974년 인도가 핵무기를 취득하고 나서 반세기 동안, 핵보유국은 2개국 늘어났다. 파키스탄이 1980년대에, 북한이 2000년대에 참여해 그 수는 9개국이 되었다.

돌이켜 보면, 핵보유국의 확산 속도는 다음 두 사건에 의해 둔화된 것 같다:

1 냉전. 냉전이 있었기 때문에 북반구의 대부분의 국가들은 자발적 여부와는 별개로 미국이나 구소련과 동맹 관계를 맺었다. 군사적 초강대국이 지배하는 두 동맹의 분할이 핵무기의 확산을 상당히 둔화시켰다. 왜냐하면 두 초강대국도 핵 확산은 스스로의 동맹의 지배를 위협하는 것으로 간주했기 때문이다.
2 1968년 핵확산금지조약. 이 조약은 핵무기 철폐를 궁극적으로

세계 대부분의 나라가 공유하는 목적으로 체결하였다.[15] 이것이 원자력 프로그램을 가진 다수의 선진국에서 핵무기를 향한 움직임을 억제하는 결과를 가져왔다. 독일, 이탈리아, 일본, 스페인, 스웨덴, 스위스 등의 국가다. 여기에는 핵무기 개발 프로그램을 진행하고 있던 곳도 있었다.

3.2 미소 짓는 부처의 경종

글렌 시보그를 비롯한 세계의 많은 사람들이 가졌던, 플루토늄 증식로를 세계 경제의 동력원으로 하는 비전이 국제 안보에 대한 위협이란 것은 그것이 플루토늄의 분리를 필요로 하고 있다는 사실에서 온다.

시보그가 자신의 열정이 핵 확산 측면에서 갖는 의미에 무관심했다는 것은 놀라운 일이다. 그는 조사 후 우라늄에서 플루토늄을 분리하는 첫 번째 방법을 개발한 경험이 있었다. 1945년 7월 16일 뉴멕시코에서 첫 번째 핵폭발 실험, 그리고 1개월도 지나지 않아 나가사키에 투하된 원폭으로 사용된 플루토늄을 얻기 위하여 사용된 방법이었다.

'플루토늄 경제'라는 시보그의 비전은 대규모 플루토늄 분리를 전제로 하고 있었다. 원자로의 핵연료에서 플루토늄과 함께 만들어지는 핵분열 생성물에서 나오는 강렬한 감마선 때문에 사용후핵연료 내의 플루토늄은 쉽게 꺼낼 수 없다. 두꺼운 차폐벽 뒤에서 원격 장비를 사용해야만 회수가 가능하다. 분리된 후에도 플루토늄은 역시 유해하다. 왜냐하면 플루토늄 금속은 공기 중에서 산화하고 그 결과 생기는 산화 플루토늄은 흡입하면 매우 위험하기 때문이다. 플루토늄은 방사성 붕괴 시 비정이 짧은 알파입자(헬륨 원자핵)를 방출한다. 이것은 폐에서 그리고 혈액에 의해 플루토늄이 운반되면서 다른 장기에 암을 발생시킬 수 있다.

그러나 분리된 플루토늄의 방사선 위험은 쉽게 피할 수 있다. 질소 또는 아르곤을 충전하고 봉인한 투명 플라스틱 '글로브 박스'에서 금속 플루토늄을 취급하는 것이다. 작업자는 박스의 구멍에서 끝이 장갑 모양으로 되어 있는 밀폐된 연질 플라스틱 소매에 팔을 넣고 플루토늄을 화학적, 물리적으로 처리할 수 있다. 작업자는 상자의 투명한 벽을 통해 마치 상자 없이 실험실 작업대에서 작업을 하고 있는 것처럼 자신이 하고 있는 것을 볼 수 있다.

분리된 플루토늄을 취급하는 글로브 박스는 작고, 만드는 것도 사용하는 것도 간단하며, 거의 모든 건물 내부의 공간에 설치할 수 있다. 따라서 플루토늄이 분리되어 버리면 매우 신속하게 눈에 띄지 않는 형태로 핵무기의 구성 요소로 마무리할 수 있다.

글로브 박스 내에서 플루토늄을 사용하여 핵무기의 '피트pit'를 제조하고, 그 피트를 산화로부터 보호하기 위해 내식성 피막으로 덮어 버리면 같은 크기의 다른 물건처럼 쉽게 운반할 수 있다.

시보그가 관직을 사임하고 나서 몇 년 후 1974년 인도가 최초의 핵 실험을 실시했다. 그 폭발장치에 장전된 플루토늄을 생산한 인도 최초의 원자로는 캐나다의 중수로 원자로의 복사본으로 미국이 제공한 중수가 들어 있었다. 이 때문에 그 원자로를 CIRUSCanadian-Indian Reactor, US라고 했다. 이 원자로는 미국의 드와이트 아이젠하워 대통령이 1953년 유엔에서 행한 '평화를 위한 원자력Atoms for Peace' 연설에 의해 시작된 프로그램에서 제공한 것이었다.[16]

2010년 폐쇄된 CIRUS는 중수로 감속되고 천연우라늄을 핵원료로 사용했기 때문에 U-235에서 연쇄반응을 유지하는 데 사용되지 않았던 중성자의 대부분은 U-238에 흡수되어 플루토늄을 만들었다. 정격 열 출력 40MWt에서 연간 200일 운전되면 매년 나가사키 원폭 안에 들어 있던 약 6kg 이상의 플루토늄을 생산할 수 있다. 미국은 인도의 증식로 프로그램에 플루토늄을 분리하는 재처리 공장을 위한 훈련과 설계 지원 또한 제공했다.[17]

1974년 5월 18일 인도의 핵 실험은 부처님의 생일에 실시되어 '미소 짓는 부처Smiling Buddha'라는 코드 네임이 붙여졌다. 인도는 이 핵폭발 장치를 '평화적 핵폭발 장치'라고 불렀다. 미소의 핵무기 연구소가 핵실험금지조약에 반대하는 가운데, 항구와 운하의 건설 등으로 핵폭발을 사용한다는 아이디어를 이용한 것이다. 그러나 미국 정부는 인도가 왜 핵폭발 장치의 실험을 원했는가에 대해 환상을 품고 있지 않았다.

미국의 '평화를 위한 원자력' 프로그램이 인도의 핵무기 프로그램을 촉진시켰다는 것은 미국을 당혹스럽게 만들었다. 제럴드 포드

미 대통령은 관계 부처 검토를 요청했다. 그 결과 당시 군사 정권하에 있던 다른 4개국이 재처리 공장을 취득하려 하고 있던 것을 즉시 발견했다. 브라질은 독일에서 재처리 공장을 구입하는 계약을 체결했다. 한국과 파키스탄은 프랑스에서 재처리 공장을 구입하는 계약을 체결했다. 그리고 대만은 벨기에와 독일에서 작은 재처리 공장의 건설에 필요한 장비를 구하고 있었다.

당시 헨리 키신저가 이끌던 미 국무부는 이 거래들을 취소시키기 위해 강력하게 개입했다. 이러한 개입은 한국, 파키스탄, 대만에 대해서는 성공했다.[18] 독일은 브라질과의 거래를 취소하지 않았지만, 이 재처리 공장도 결국 브라질에 인도되진 않았다.[19]

3.3 카터 정부의 미국 증식로 프로그램 재검토

미 해군에서 원자력공학을 배운 지미 카터는 미국이 인도 핵무기 프로그램을 추진한 것을 1976년 미국 대통령 선거 캠페인의 외교 정책 문제 중 하나로 삼았다.

일부 의심 재처리 프로그램을 저지하는 데 있어서 포드 정부의 성공에도 불구하고, 카터는 미국은 증식로 프로그램을 지원하기 위하여 국내에서 재처리의 상용화를 진행하면서 다른 나라에 재처리 공장을 취득하지 말라고 하는 미국의 정책을 장기적으로 유지할 수 있는가에 의문을 제기했다.

카터가 대통령에 취임할 무렵 '미국원자력위원회'는 사라졌다. 미국원자력위원회는 무모한 프로젝트로 적을 많이 만들었다. 예를 들어, 수천 번의 핵폭발에 의해 깊은 지하의 셰일층에 균열을 만들고 갇혀 있던 천연가스를 방출시키는 1960년대의 방안이다. 이것은 현재 수압을 사용해 채굴하고 있는 방식이다.[20] 1974년 워터 게이트 이후 개혁적인 미 의회가 미국원자력위원회를 '원자력규제위원회NRC'와 '에너지연구개발청ERDA'으로 분리하기로 결정했다. 에너지연구개발청은 핵무기 제조, 핵 정화작업, 에너지 연구개발에 대한 책임을 맡았다(1977년 에너지연구개발청은 연방에너지청FEA과 합병하여 에너지부DOE가 된다). 에너지연구개발청이 물려받은 것들 중 하나가 미국원자력위원회의 증식로 개발 프로그램이었다.

1977년 취임 직후, 카터 대통령은 미국의 미래 에너지 공급에 있어 증식로가 필수적이라는 주장에 대한 재검토를 시작했다. 카터 정부의 재검토는 각기 다른 비정부기구NGO들에 의해 착수된 미국의 증식로 프로그램에 대한 독립적인 비판에 의해 촉진되었다:

- 환경단체인 '천연자원방호협의회'가 1973년에 획득한 연방법원의 명령에 따라, 미국원자력위원회는 환경평가 보고서를 작성하여야 했다. 보고서에는 플루토늄 증식 프로그램을 정당화하는 비용 편익 분석도 포함되어 있었다.[21]
- 전 핵무기 설계자 시어도어 B. 테일러는 미국원자력위원회가 2000년까지 매년 미국의 고속도로를 통해 수송될 것으로 예측

했던 수천t의 분리된 플루토늄 중 단지 몇 kg만 있으면 테러 그룹이 나가사키형 원자폭탄을 제조할 가능성이 있다는 우려를 공개적으로 표명했다.[22]

- 이 책의 저자 중 한 명(반히펠)을 포함한 프린스턴의 물리학자 그룹은 증식로 프로그램을 정당화하기 위해 미국원자력위원회가 사용하던 원자력발전 성장 예측에 이의를 제기했다(그림 3.1 참조).[23]
- 1977년 3월 포드 재단이 자금을 제공한 최상위 전문가 그룹이 증식로에 대해 매우 비판적인 보고서를 발표했다. 〈원자력의 과제와 선택〉이라는 제목의 이 보고서는 그 자금 제공 단체 및 프로젝트 운영 조직의 이름을 따서 〈포드-마이터 보고서〉로도 알려졌다.[24]

카터 정부의 백악관은 미국의 증식로 상용화 프로그램에 대해 재검토를 실시하기 위해 외부 위원회를 소집하도록 에너지연구개발청에 지시했다. 운영위원회는 원자력발전회사의 증식로 지지자가 다수를 차지했고, 의장은 증식 원형로가 건설될 부지에 인접한 오크리지 국립연구소의 부소장이었다. 그러나 운영위원회에는 천연자원방호협의회 직원이자 물리학자인 토마스 코크런, 환경보호국EPA 전 장관 러셀 트레인, 프린스턴 대학의 프랭크 반히펠과 로버트 윌리엄스 등 네 명의 비판적 학자도 포함되어 있었다.

운영위원회는 결국 다수파 보고서와 소수파 보고서를 작성했

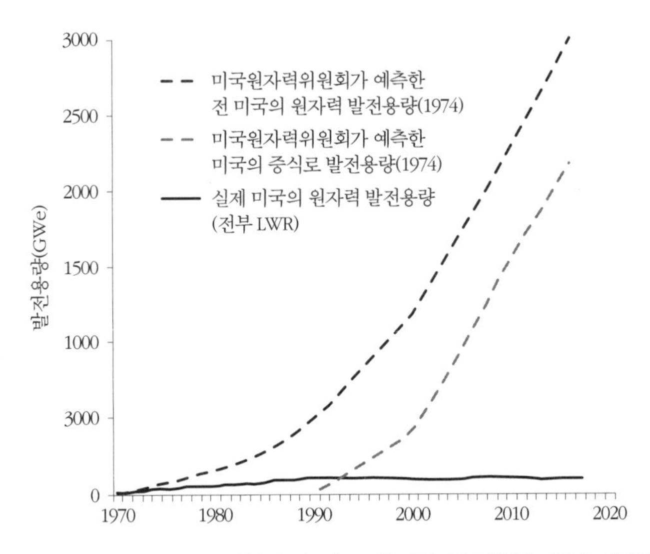

[그림 3.1] 1974년 미국원자력위원회의 미국 원자력 발전용량 성장 예측(실측치와 비교)

미국원자력위원회의 예측이 얼마나 현실과 동떨어져 있는지 이해하는 데 도움이 되는 하나의 사실이 그림에서 읽힌다. 2017년에 500GWe의 발전용량의 원자력발전소가 미국에 있고, 이들이 평균 90%의 가동률로 운전한다면, 그 발전 전력량은 그 해에 미국이 모든 발전소에서 발전한 전력량과 동일하다(저자들, 미국원자력위원회[25]).

다. 백악관이 더 설득력이 있다고 판단한 소수파 보고서의 보다 현실적인 원자력발전의 성장 예측에 따르면, 저비용 천연우라늄 공급량은 경수로에 재처리 없이 '비순환(once-through)' 핵연료 주기로 연료를 공급하기에 적어도 한 세기에 걸쳐 충분하리라는 것이었다.[26]

카터는 US NRC에 미국의 증식 원형로인 클린치 리버 증식로 건설 작업을 중단할 것을 요청했다. 또한 캘리포니아주 사바나 리버의 군사용 플루토늄 생산 부지에 인접한 사우스 캐롤라이나 반웰에서 거의 완성 중인 대형 상업용 재처리 공장 운전을 허용하지 않도록 요청했다. 그러나 미 의회는 두 결정을 모두 반대했으며 클린치리버 증식로의 장비 구입 자금을 계속 제공했다.

1981년 레이건 정권은 외국에서의 재처리 확산에 반대하는 미국이 자국의 재처리를 중단해야 한다는 카터 정부의 견해를 공유하지 않았다. 그러나 상업용 핵연료 주기에 대해 정부가 보조금을 지급하는 정책도 옹호하지 않았다. 레이건 정권은 미국의 원자력발전회사에 대해 정부는 반웰 재처리 공장 완공이나 운영에 보조금을 지급하지 않을 것이라고 통보했다. 그 결과, 전력회사는 재처리 포기를 결정하고 의회를 설득하여 1982년 핵폐기물 정책법NWPA을 통과시켰다. 이 법은 연방 정부가 사용후핵연료 처분장을 건설하고, 그 자금은 원자력발전에 의한 전력에 부과하는 과징금으로 충당하기로 정했다. 그 과징금의 당초 설정 금액은 kWh당 0.1센트 수준으로 설정되었고[27] 오바마 행정부의 유카마운틴 처분장 건설 중단으로 인해 과징금도 중단된 2014년까지 그 수준에 머물렀다.[28]

비용 문제는 클린치 리버 증식로도 멈추었다. 1982년까지 증식로의 건설비용 견적은 다섯 배로 증가했다. 건설 계약을 통해 미 에너지부가 증가 비용을 모두 지불하게 되어 있었다. 따라서 원래는 정부와 전력회사의 컨소시엄이 비용을 절반씩 부담하는 것이었지만, 비용이 증가한 결과, 부담 비율은 90 대 10이 되었다.[29] 1983년 미 의회는 이 프로젝트를 취소했다.[30]

카터 정부는 1977–80년에 열린 국제핵연료주기평가INFCE 회의에서 재처리와 증식로에 반대하는 주장을 전개했다. 그 기간 동안 비엔나에 68개국 전문가들이 모여 2회의 전체 회의와 134회의 실무그룹 회의가 열렸다.[31] 그러나 프랑스, 일본, 구소련은 이미 증식 실험로를 건설하고 있었으며, 독일과 인도의 원자력계도 건설 계획을 가지고 있었다. 발전용 원자로가 한 기밖에 없던 브라질조차도 2000년까지 20기의 증식로를 건설할 계획이었다.[32]

이러한 국가를 비롯해 국제핵연료주기평가에 대표단을 보냈던 여러 국가의 원자력계는 미국의 주장을 받아들이지 않았다. 국제핵연료주기평가에 대해서는 8장에서 좀더 설명한다.

3.4 전력 소비 증가의 둔화와 원자력의 정체

40년 내에 수천 기의 고속 증식로가 운영된다는 시보그의 '플루토늄 경제' 비전은 전력 수요의 급속한 성장의 지속이 더 급속한 원자력 발전용량의 증가를 필요로 한다는 가정에 기반한 것이었다.

그러나 1970년 이후 원자력발전의 성장률은 크게 둔화되었고 시보그가 예측한 우라늄 공급 위기는 현실화되지 않았다. 여기에는 두 가지 이유가 있었다:

1 전력소비 증가율이 크게 둔화되어 모든 유형의 추가 발전용량

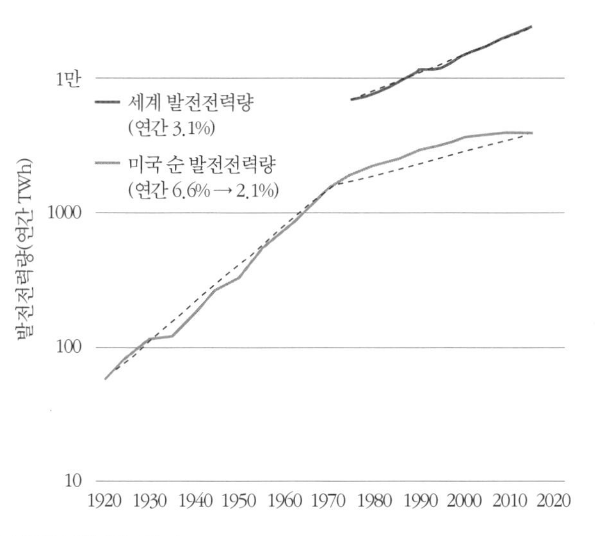

[그림 3.2] 발전 전력량 증가

1960년대부터 70년대 초에 걸쳐 이뤄진 원자력 성장 예측은 전력 수요가 경제보다 훨씬 빠르게 성장하는 가정에 기반한 것이었다. 실제로, 이 급속한 성장은 1970년 무렵에 끝났다(저자들, 미 상무부, 미 에너지부, 국제에너지기구[33]).

필요성이 줄었다(그림 3.2).

2 원자력발전이 지배적인 전력원이 되지 못했다.

전력 소비 증가의 둔화

1920년부터 1970년까지 미국의 발전량은 거의 10년에 두 배(연간 6.6%)의 비율로 증가했다. 경제성장률의 두 배 속도였다. 1970년 이전 성장의 가장 중요한 원동력은 전력회사에 의한 규모의 경제 결과, 전력의 실제 가격이 하락했다는 사실이다(그림 3.3 참조). 그러나

1970년 이후에는 극적인 가격 하락은 끝났다. 한 원인은 원자력발전소의 높은 건설비용이었다. 따라서 발전량이 두 배로 증가한 기간은 약 10년에서 30년으로 늘어났다(연간 성장률 2.1%).

1970년대에 미국의 전력회사와 미국원자력위원회가 예상했던 대로 발전량 증가율이 1970년 이전의 상태로 계속 증가했다면 미국

[그림 3.3] 미국의 평균 전력가격(미국 국내총생산GDP 디플레이터를 사용하여 2017년 달러로 환산)

1970년까지 전력가격은 규모의 경제의 결과 급격히 떨어졌다. 이것이 미국의 전력 소비 성장을 촉진하는 효과를 가져왔다. 전력 소비는 경제성장률보다 훨씬 빠르게 성장해 갔다. 1970년대에 나온 미국의 원자력 발전용량의 성장 예측은 암묵적으로 가격 하락이 지속될 것으로 예상했다. 그러나 그렇게 되지 않았다(저자들, 미 에너지부 자료[34]).

의 발전량은 2015년 실제 수치의 여덟 배가 되었을 것이다. 1975년부터 세계 발전량 증가율은 미국의 성장률에 비해 1% 정도 높았다(그림 3.2 참조). 개발도상국, 특히 중국의 급속한 성장 때문이었다. 그러나 이것도 1970년 이후 크게 둔화되었다. 이유는 마찬가지로 급속한 가격 하락이 끝난 것이다.

원자력발전의 정체

풍력이나 태양광발전에 의한 전력비용은 소위 '학습 곡선' 효과의 예로서 시간이 지나면서 극적으로 내려갔다. 반면 신규 원자력발전소의 비용은 일반적인 물가상승률보다 더 빠르게 상승했다. 이것이 먼저 주목된 것은 1981년 미국에서의 일이었다.[35] 그리고 세계에서 두 번째로 많은 원자력발전소를 보유한 프랑스에서였다.[36]

비용의 상승은 우선 원자력 규제가 점점 엄격해지고 있었기 때문이다. 이유는 1970년대에 많은 나라에서 발생한 '내 뒷마당엔 안 돼!NIMBY'라는 원자력 건설 반대 주민 운동의 압력, 그리고 원자력발전소에서의 일련의 중대 사고, 즉 1979년 미국의 스리마일섬 원전 사고, 1986년 구소련의 체르노빌 원전 사고, 그리고 2011년 일본 후쿠시마 원전 사고 때문이었다.

이러한 사고는 원자력은 위험한 이웃이라는 이미지를 강화시키고, 안전성 강화를 요구하는 압력을 유지하게 했다.

최근 원자력발전소의 비용 상승뿐만 아니라, 상황을 더욱 악화시키고 있는 것이 대부분의 국가에서 원전 건설 수가 부족한 데서

오는 건설 전문 능력의 상실이다. 그런데 가장 두드러진 예외는 중국이다.[37]

비용 상승과 체르노빌 사고 이후 일반 시민의 반대로 신규 발전용 원자로 건설 수는 1990년대에 격감했다. 같은 시기 다른 유형의 발전 특히, 천연가스, 풍력, 태양광발전은 증가했다. 그 결과 세계 발전량에서 차지하는 원자력의 비율은 1990년대 절정인 17%에서 2018년 10%로 떨어졌다(그림 3.4).

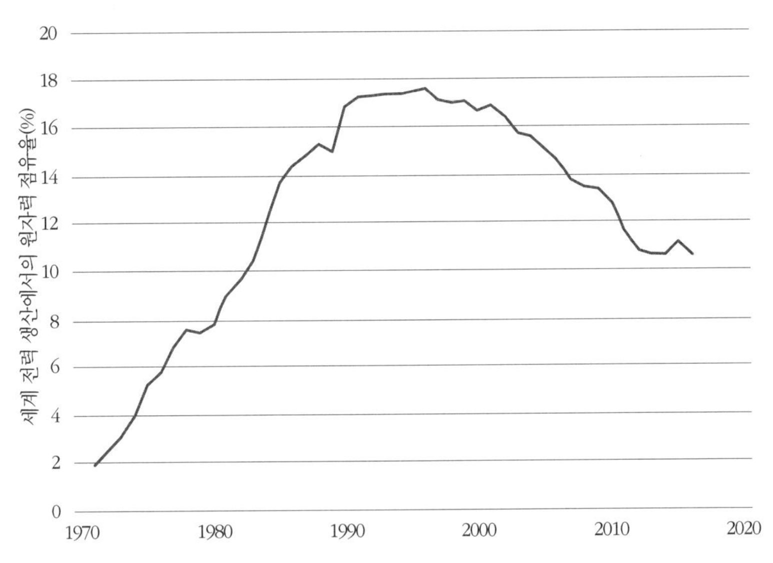

[그림 3.4] 세계 전력 생산에서의 원자력 점유율

1986년 체르노빌 사고 당시 건설 중이던 원자로의 대부분이 완성된 2000년 이후 원자력의 점유율은 줄어들기 시작했다. 그 후 원자로 폐쇄 수가 신규 건설을 상쇄했다. 한편, 다른 에너지원에 의한 발전량은 계속 증가했다(저자들, 세계은행, 국제원자력기구[38]).

우라늄 가격은 주기적으로 변화했지만 물가 상승을 감안한 실질 가격의 추세는 상승하지 않았다. 1979년 스리마일섬 원전 사고와 2011년 후쿠시마 원전 사고 전에 최고치가 있었다. 원자력 발전용량의 성장에 대한 기대가 높았던 시기다(그림 3.5). 신규 원자력발전소의 실질 자본비용이 상승하는 가운데 천연우라늄의 비용에 귀속되는 원자력 발전비용의 비율은 계속 하락하고 있다. 이 때문에 고비용을 들여 사용후핵연료 안에 있는 플루토늄을 추출하여 재활용하는 경제적 인센티브가 더 떨어졌다. 그 결과 상대적 자본비용이 더 높은 증식로의 경제적 성공 가능성은 사라져 갔다.

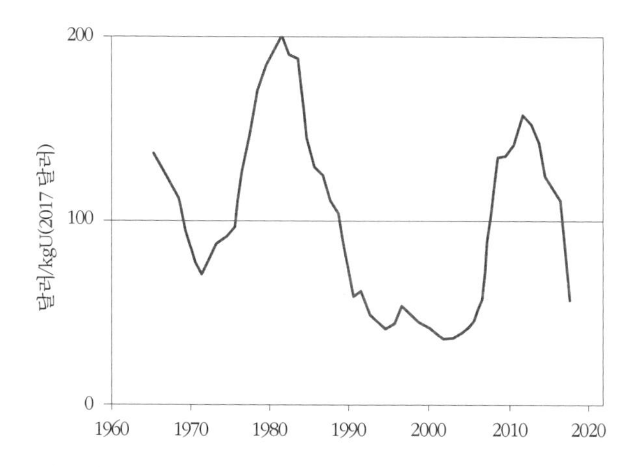

[그림 3.5] 미국 원자력발전회사가 지불한 평균 우라늄 가격

1979년 미국의 스리마일섬 사고와 2011년 일본의 후쿠시마 사고 이전 우라늄 가격 인상은 원자력 발전용량이 증가할 것이라는 기대를 반영한다(저자들, 미 에너지부[39]).

3.5 사라져가는 증식로의 꿈

국제핵연료주기평가 이후 증식로 개발 프로그램을 가진 대부분의 국가는 이를 포기했거나 논문 연구에서만 유지시켜 나가고 있다. [그림 3.6]은 증식로 개발에 노력을 가장 강력하게 유지한 영국, 러시아, 프랑스, 일본 등 4개국의 최대 용량의 증식 원형로의 타임라인을 보여주고 있다.[40]

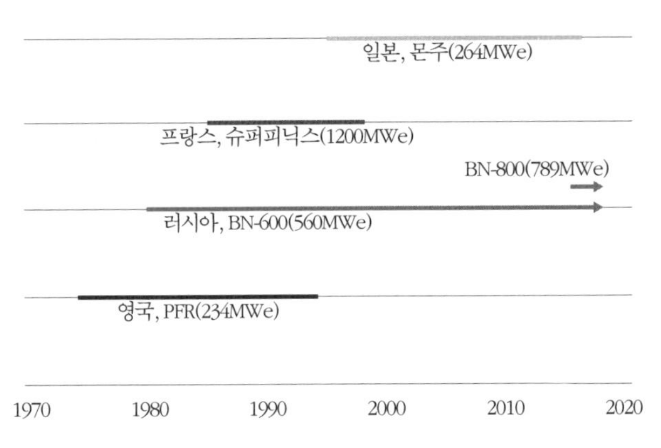

[그림 3.6] 4개국의 증식 원형로 타임라인

러시아 송전망에 연결된 BN-600은 상당한 가동률을 달성하고 있다는 의미에서 기술적인 성공을 거두고 있다. 2015년 러시아의 두 번째 원형로 BN-800이 건설되었다. 그러나 모두 러시아 경수로와의 경쟁력은 없다. 인도는 전기출력 0.01GWe의 고속 증식 실험로에 이어, 전기출력 0.47GWe의 고속 증식 원형로PFBR를 건설했다. 그러나 2019년 말 기준 고속 증식 원형로는 운전 개시에 이르지 못하고 있었다. 2016년 12월 일본은 지속적인 운전을 달성하려고 20년 이상에 걸쳐 시도한 끝에 고속 증식 원형로 몬주를 포기했다(저자들, IPFM[41]).

독일은 약 60억 달러(2017년 달러 환산)를 지출하여 증식 원형로 SNR-300을 완성시켰으나, 안전성에 관한 우려 때문에 가동하지 않고 1991년 이 원자로를 포기했다.[42] 이 시설은 운영되지 않는 시설이라 방사능에 오염되지 않았기에 네덜란드 사업가가 수백만 달러에 구입하여 유원지로 개조하였다(그림 3.7).[43]

증식로를 운전한 다른 국가들은 러시아를 제외하고 모두 간헐적으로만 가동하였다. 물이나 공기에 접촉하면 발화하는 나트륨 냉각재와 관련된 문제에 시달리고 있었던 것이다. 각국의 프로그램은 미국 원자력 잠수함의 경수로 개발자인 하이먼 리코버 제독이 1956년 그의 두 번째 원자력 잠수함 시울프에 나트륨 냉각 원자로를 설치한 후 경험한 것을 배우게 된다. 나트륨 냉각 원자로는 '건설이 비싸고, 운전이 복잡하며, 경미한 고장에 의해 장기 운전이 정지되기 쉽고, 그리고 수리는 어렵고 시간이 오래 걸린다'.[44] 리코버는 시울프의 나트륨 냉각 원자로를 경수로로 교체했다.[45]

나트륨 문제의 영향은 송전선에 연결된 증식로의 평생 '이용률capacity Factor'에서 볼 수 있다. 국제원자력기구는 '부하율load factor'이라고 부르는 이용률은 발전소가 실제로 만들어낸 전력을 그 발전소가 상업 수명기간 전체에 걸쳐 최대 용량으로 운전하는 경우에 생산한 전력량으로 나눈 값이다.

이용률이 적은 경우 해당 원자로의 자본비용은 적은 발전량에 부과되는 요금에 지불해야 할 수밖에 없다. 예를 들어, 100만kWe, 즉 1GWe 발전용량의 원자로 건설비용이 50억 달러이고, 매년 자본,

[그림 3.7] 유원지로 개조된 증식로

60억 달러의 비용을 들여 운전되지 않고 끝난 독일 증식로 SNR-300은 현재 유원지가 되었다. 뒤쪽의 건물은 원자로 압력용기가 수납되어 있지만, 노심이 장전되어 있는 것은 아니다. 앞의 건물은 냉각탑이지만, 현재 내부에는 회전 그네가, 외부에는 등반벽이 설치되어 있다(Alamy[46]).

세금, 이자 비용이 합계 10%라고 하면 매년 자본비용은 약 5억 달러가 된다. 세계적으로 증식로의 경쟁자인 경수로의 이용률은 평균 약 80%다.[47] 이 이용률을 가정하면, 위의 가상의 100만kWe급 원자로는 연간 약 70억kWh의 전력을 생산하기 때문에 자본비용은 약 0.07달러/kWh(5억 달러/70억kWh)가 된다. 이용률이 20%일 경우, kWh당 자본비용은 네 배인 약 0.28달러/kWh가 된다.

따라서 경제적 경쟁력을 갖춘 전력원으로서의 신뢰성이라는 관점에서 볼 때 영국의 고속 원형로 PFR(1974-90년), 프랑스의 슈퍼피닉스(1985-98년), 일본의 몬주(1995-2017년)의 이용률이 각각 18%, 3%, 0%였던 것은 파멸적이라고 말할 수 있다(표 3.1).

러시아와 인도의 원자력계는 증식로의 상업화를 추구하고 있다. 러시아에서는 발전용량 560MWe 증식로 BN-600이 1980년, BN-800은 2015년에 각각 운전을 개시했다. BN-600은 처음 10년간 14회의 나트륨 화재를 겪었지만 운전자들은 운전 정지 기간을 최소화하기 위해 이러한 화재를 신속하게 처리했다.[48] 결과적으로 BN-600은 송전선 연결 증식로로서 가장 신뢰할 수 있는 것이며, 2017년 말 현재 누적 이용률은 76%였다. 그러나 BN-600의 핵연료는 플루토늄이 아닌 17%와 26% 농축 우라늄이다. 즉, 증식로로 운전하지는 않았다. 고속 중성자로 핵분열을 일으킨 경우에도 U-235는 1회 분열당 한 개보다 많은 플루토늄 원자를 생산하기에 충분한 중성자를 방출할 수 없다. 부분적으로 MOX 핵연료를 장전하는 BN-800은 2016-19년 누적 이용률 68%를 달성했다.

이용률이 괜찮음에도 불구하고 러시아의 전력망에 연결된 증식로 어느 것도 일반 경수로보다 경제적으로 경쟁력이 없다. 2018년 8월 러시아의 국영 원자력공사Rosenergoatom는 정부지원금 삭감에 직면하여, 고출력의 증식로 BN-1200를 건설할지 말지 여부의 결정을 2021년까지 연기했으며, 엄격하게 경제성에 따라 결정될 것이라고 강조했다. 그리고 이후 건설 결정이 된다고 해도 운전은 2036년 이후로 연기되게 될 것이라고 보도되었다.[49]

〈표 3.1〉 전력망에 연결된 13기 증식 원형로

두 기는 운전되지 않고 끝났다. 두 기는 2018년 말 기준 미완성이었다. 두 기가 2015년에 운전을 개시했다. 경수로의 세계 평균 이용률 80%에 필적하는 이용률로 운전되고 있는 것은 러시아뿐이다.[50]

전력망에 연결된 증식로 (국가)	출력 (MWe)	운영기간	운영기간 이용률 (%)
DFR(영국)	11	1962–77	35
페르미-1(미국)	61	1966–72	0.9
피닉스(프랑스)	130	1973–2010	40
PFR(영국)	234	1976–94	18
BN-600(러시아)	560	1980–	76
클린치 리버 증식로(미국)	350	취소, 1983	–
슈퍼피닉스(프랑스)	1200	1986–98	3
SNR-300(독일)	300	운영개시 않음, 1991	–
몬주(일본)	246	1995–2017	0
BN-800(러시아)	789	2015–	68(2016–19)
중국 고속 실험로(중국)	20	2011–	0.002(2011–16)
고속 증식 원형로(인도)	470	건설 시작, 2004	–
중국 고속로(중국)	600	건설 시작, 2017	–

2004년 인도원자력국DAE은 전기출력 500MWe 고속 증식 원형로의 건설을 시작했다. 완공은 2010년이었다. 2018년 원자력국의 세카루 바수 국장은 고속 증식 원형로는 2019년에 임계를 달성하고 2030년까지 추가로 20기의 증식로를 건설할 계획은 예정대로 진행되고 있다고 선언했다.[51] 지금까지 원자력국은 증식로 프로그램이 지연될 때마다 같은 성장 예측 미래를 늦추는 대응을 반복해 왔다.[52] 그러나 증식로 건설을 조성하는 자금에 한계가 있어, 인도도 러시아와 마찬

가지로 경제성이 입증되기 전까지는 기껏해야 한 번에 한 기의 증식 원형로 건설을 계속할 것으로 보인다.

2010년 CNNC는 전기출력 0.02GWe 중국 고속 실험로CEFR를 완성하고, 2017년 전기출력 0.6GWe 중국 고속로CFR와 중형 규모 재처리 공장(200t/년) 건설을 시작했다.[53] CNNC는 프랑스로부터 일본의 롯카쇼무라 재처리 공장과 유사한 상용 재처리 공장 구매 또한 계획하고 있다. 그러나 프랑스의 재처리 기술과 러시아의 증식로 기술을 취득하려는 CNNC의 시도는 가격 문제와 주민의 반대 운동에 의해 지연되고 있다. 2016년 해안 지대인 롄윈강시 주민들의 항의 행동의 결과 프랑스의 재처리 공장을 그곳에 세우지 않기로 결정했다.[54]

3.6 실패한 증식로-꿈의 유산

제4장에서 보듯이 실패로 끝난 증식로의 꿈이 남긴 것으로, 대량의 분리된 플루토늄, 영국과 프랑스의 고속 증식 원형로 포기 후 수년에 걸쳐 계속된 재처리, 몬주 고속 증식 원형로 포기 결정 후에도 계속되고 있는 일본의 롯카쇼무라 재처리 공장 완공과 운전 개시를 향한 움직임 등이 있다. 2019년 말 기준 롯카쇼무라 재처리 공장 건설 계획은 예정보다 약 사반세기 지연된 상태다.

또 다른 유산은 증식로 프로그램을 시작한 몇 개 국가의 계속적인 관심이다. 중국은 이미 언급되었다. 중국은 이미 핵무기를 보유하고 있기 때문에 증식로 프로그램을 핵무기 프로그램의 덮개로 사용하는 것으로 의심할 수는 없다. 우리의 믿음은 중국의 상황이 러시아와 인도의 상황과 유사하다는 것이다. 중국의 원자력계는 증식로 연구개발R&D 프로그램에 자금을 계속 지원받기 위해, 여전히 정부 고위직과 친분이 깊다.

재처리를 계속하는 데 관심이 있는 비핵무기국의 숨은 의도에 대한 의구심은 커진다. 일본 정부가 전력 소비자들에게 무의미한 재처리 프로그램에 매년 수천 억 엔을 부담지우는 것에 있어서 다른 의도가 없다고 한다면 이해하기 어렵다. 한편, 핵무기 옵션을 유지하기 위해 매년 나가사키형 핵무기 1000기 분량의 플루토늄을 분리하는 능력을 가진 재처리 공장을 갖고자 하는 이유도 설명하기 어렵다. 인도가 보여준 것처럼, 훨씬 소규모에 비용도 적게 드는 연구개발 프로그램으로 충분하다.

오늘날 재처리에 관심을 갖고 있는 다른 유일한 비핵무기국가는 한국이다. 이 관심의 원동력이 되고 있는 것은 한국원자력연구원KAERI 기술자들로서, 발단은 1974년 인도의 핵 실험 이후 포드 정권이 저지한 핵무기 프로그램으로 거슬러 올라간다. 한국원자력연구원은 재처리와 연구 프로그램에 계속해서 관심을 가졌고, 그 연구 프로그램은 한국의 주요 안보 파트너인 미국을 허용 한계에까지 도달하게 했다. 2004년 한국원자력연구원은 1980년대 초에 실험실 규모의 재처리 실험을 실시했다고 국제원자력기구에 인정했다. 한국 정부는 한국원자력연구원에 의한 재처리 실험과 우라늄 농축 관련 소규모

실험은 "정부 몰래 허가를 받지 않고 실시했다"고 해명했다.[55]

2008년부터 한국원자력연구원은 파이로 프로세싱이라는 재처리에 초점을 맞추고 있다. 증식로의 핵연료로 플루토늄을 재활용하기 위해 미국 아르곤 국립연구소가 개발한 이 파이로 프로세싱 과정에서 사용후핵연료는 산에 용해하는 대신 용융염 속에 녹인다. 그리고 플루토늄은 용융염에서 전해 추출된다. 전류를 사용하여 플루토늄을 전극에 부착시키는 방법이다.

표준 습식 재처리에서 분리된 플루토늄과 달리 파이로 프로세싱에서 분리된 플루토늄은 우라늄, 넵투늄, 아메리슘, 큐륨, 거기에 일부 핵분열 생성물이 섞여 있다.

2001년 미국 에너지부 아르곤 국립연구소의 장윤일 공학연구 담당 부소장이 파이로 프로세싱을 사용하면 미국의 사용후핵연료 문제를 해결할 수 있을 거라고 딕 체니 부통령의 국가에너지정책개발 그룹을 설득했다. 장 박사는 또한 파이로 프로세싱은 '핵 확산 저항성'이 있고, 따라서 다른 국가에 제공할 수 있다고 그룹을 설득했다. 순수한 플루토늄을 분리하지 않기 때문이라는 것이 그 이유였다. 체니는 장 박사의 주장을 다른 전문가에게 검토받지 않고 아르곤 국립연구소에게 파이로 프로세싱 연구개발을 한국원자력연구원과 협력하는 것을 허용했다. 부시-체니 정권 말기에 비로소 파이로 프로세싱의 핵 확산 측면에 대해 아르곤 국립연구소 등 여섯 개 국립 연구소의 전문가로 구성된 위원회에서 독립적으로 평가하기 시작했다. 2009년 딕 체니가 퇴임한 후 국립연구소 합동위원회는 파이로 프로세싱에 대한 평가를 발표했다. 평가의 결론은 "기존 퓨렉스PUREX 기술과 비교했을 때의 핵 확산 위험 감소면에서 약간의 개선이 있으며, 그 약간의 개선은 주로 비국가 행위자에게만 적용된다".[56] 퓨렉스 기술은 세계 민간용 프로그램에서 사용되는 표준 재처리 방법으로 원래 미국이 핵무기용 플루토늄을 분리하기 위해 개발하였다.[57]

그럼에도 불구하고 한국원자력연구원과 장 박사는 파이로 프로세싱이 '핵 확산 저항성'을 갖고 있다고 계속 주장했다.[58] 2018년 기준 장 박사는 두 프로젝트의 책임자였다. 하나는 나트륨 냉각 고속중성자로의 아르곤-한국원자력연구원 공동연구 프로젝트, 다른 하나는 버지니아에 본사를 두고 지역문제에만 관심이 있던 재단의 자금 제공에 의한 파이로 프로세싱 공장 설계 프로젝트였다.[59]

파이로 프로세싱은 1974년 한미 원자력협력협정(2014년 만료)을 대체하는 신 협정의 협상 과정에서 주요 쟁점이 되었다. 한국의 재처리 추진파는 미국이 일본과의 1988년 협정에서 일본에 재처리를 허용한 반면, 한국은 재처리할 수 없다고 하는 것은 받아들이기 어렵다고 주장했다. 캠페인의 슬로건은 '핵 주권'이었다.[60] 결국 양국이 분쟁을 해결할 수 없었기 때문에 원래의 협정을 2년간 연장하게 되었다. 그러나 2년이 지나도 합의할 수 있었던 것은 '사용후핵연료의 관리 및 처분 기술의 기술적, 경제적, 핵 비확산(안전조치 포함) 측면에 대해 검토하기 위한 공동연구(10년 기한)'뿐이었다.[61] 이 공동연구 기간 동안 실제로 플루토늄의 분리가 관련된 공동 실험은 미국에서만 허용된다. 그러나 연구기간 종료 예정인 2021년 한국은 다시 한국에서의 파이로 프로세싱을 인정할 것을 미국에 요청할 수 있다.[62]

한편, 다음 장에서 논의하는 바와 같이 고속 증식로의 개발을 포기한 모든 국가에서 플루토늄 분리가 중지된 것은 아니다.

주

1 UN General Assembly, "Establishment of a Commission to Deal with the Problems Raised by the Discovery of Atomic Energy," 1946, 2019년 1월 17일 접속, http://www.un.org/en/ga/search/view_doc.asp?symbol=A/RES/1(I). 캐나다는 안전보장이사회의 회원이 아닌 때에도 유엔 원자력위원회의 회원으로 유지되었다.

2 Bernard Baruch, "Speech before the First Session of the United Nations Atomic Energy Commission"(speech at Hunter College, New York, 14 June 1946), 2019년 1월 17일 접속, http://www.plosin.com/BeatBegins/archive/BaruchPlan.htm.

3 David E. Lilienthal et al., "A Report on the International Control of Atomic Energy," US State Department, 1946, 2019년 1월 17일 접속 9, http://fissilematerials.org/library/ach46.pdf.

4 〈애치슨-릴리엔솔 보고서〉에서 가장 중요한 기술적 오류는 핵무기용 플루토늄을 '변성(denature)'시켜 핵무기에 사용할 수 없게 할 수 있을지도 모른다는 생각이다. 이것은 저농축 우라늄 중 U-238이 핵분열성 U-235를 '변성'시키듯, 핵무기용 플루토늄에 비분열성 플루토늄 동위원소를 섞어 희석해 버리면 된다는 것이다. 그러나 최신형 핵무기 설계에서는 어떤 동위원소 조성의 플루토늄도 핵폭발을 일으킬 수 있다. Lilienthal et al., "A Report on the International Control of Atomic Energy"; and US Department of Energy, *Nonproliferation and Arms Control Assessment of Weapons-Usable Fissile Material Storage and Excess Plutonium Disposition Alternatives*, DOE/NN-0007, 1997, 37-39, 2019년 1월 21일 접속, https://digital.library.unt.edu/ark:/67531/metadc674794/m2/1/high_res_d/425259.pdf.

5 "Third Report of the Atomic Energy Commission to the Security Council," *In-*

ternational Organization 2(1948): 564-567. See also Bertrand Goldschmidt, "A Forerunner of the NPT? The Soviet Proposals of 1947," *IAEA Bulletin*, 28(Spring 1986), 58-64.

6 Hans M. Kristensen and Robert S. Norris, "Global Nuclear Weapons Inventories, 1945-2013," *Bulletin of the Atomic Scientists* 69, no. 5(2013), 75-81, 2019년 1월 17일 접속, https://www.tandfonline.com/doi/pdf/10.1177/0096340213501363?needAccess=true.

7 O. R. Frisch and R. Peierls, "On the Construction of a 'Super-Bomb' Based on a Nuclear Chain Reaction in Uranium," March 1940, 2019년 1월 17일 접속, http://www.atomicarchive.com/Docs/Begin/FrischPeierls.shtml.

8 Franklin D. Roosevelt and Winston S. Churchill, "Articles of Agreement Governing Collaboration Between the Authorities of the U.S.A. and the U.K. in the Matter of Tube Alloys"(Quebec Agreement), 19 August 1943, 2019년 1월 17일 접속, http://www.atomicarchive.com/Docs/ManhattanProject/Quebec.shtml; Franklin D. Roosevelt and Winston S. Churchill, "Aide-Mémoire Initialed by President Roosevelt and Prime Minister Churchill," 19 September 1944, 2019년 1월 17일 접속, https://history.state.gov/historicaldocuments/frus1944Quebec/d299.

9 Bertrand Goldschmidt, *Atomic Rivals*(New Brunswick, NJ: Rutgers University Press, 1990), 338-347.

10 John F. Kennedy, Press Conference, 21 March 1963, *Public Papers of the Presidents of the United States, John F. Kennedy: 1963*, University of Michigan Digital Library, 273-282, 2019년 1월 31일 접속, https://quod.lib.umich.edu/p/ppotpus/4730928.1963.001/336?rgn=full+text;view=image.

11 1949년 중국 공산군은 국민당 정부를 물리쳤고, 국민당 정부는 대만으로 후퇴하였다. H. W. Brands, Jr. "Testing Massive Retaliation: Credibility and Crisis Management in the Taiwan Strait," International Security 12, no. 4(1988): 124-151, 2019년 1월 17일 접속, https://www.jstor.org/stable/2538997?seq=1#metadata_info_tab_contents.

12 Rose McDermott, *Risk-Taking in International Politics: Prospect Theory in American Foreign Policy*(Ann Arbor: University of Michigan Press, 1998), 135-164, 2019년 1월 17일 접속, https://www.press.umich.edu/pdf/0472108670-06.pdf.

13 1979년 이스라엘이 남아프리카 해안에서 비밀 핵실험을 수행했다는 상당한 상황 증거가 있다. Lars-Erik De Geer and Christopher M. Wright, "The 22 September 1979 Vela Incident: Radionuclide and Hydroacoustic Evidence for a Nuclear Explosion," *Science & Global Security* 26, no. 2(2018): 20-54, 2019년 1월 17일 접속, http://scienceandglobalsecurity.org/archive/sgs26degeer.pdf.

14 Avner Cohen, *Israel and the Bomb*(New York: Columbia University Press, 1998).

15 2018년 기준 191개국이 핵확산금지조약 회원국이었다. "Status of the Treaty," United Nations Office for Disarmament Affairs, 2019년 1월 17일 접속, http://disarmament.un.org/treaties/t/npt. 핵무기를 보유한 9개국 중 인도, 이스라엘, 북한, 파키스탄 4개국은 핵확산금지조약 회원국이 아니다.

16 George Perkovich, *India's Nuclear Bomb*(Berkeley, CA: University of California Press, 1999).

17 *Plutonium Separation in Nuclear Power Programs: Status, Problems, and Prospects of Civilian Reprocessing Around the World*, International Panel on Fissile Materials, 2015, 52, 2019년 1월 17일 접속, http://fissilematerials.org/library/rr14.pdf.

18 10년 후 파키스탄은 A. Q. 칸이 네덜란드 소재 네덜란드-독일-영국 유렌코Urenco 컨소시엄에서 비밀리에 입수한 원심분리기술로 우라늄을 농축해 핵무기를 획득할 수 있었다. "Pakistan Nuclear Milestones, 1955-2009," Wisconsin Project on Nuclear Arms Control, 2019년 1월 17일 접속, http://www.wisconsinproject.org/pakistan-nuclear-milestones-1955-2009/. 대만의 핵무기 프로그램을 폐쇄하려 한, 궁극적으로 승리한 미국 노력의 역사를 위해서는 다음을 참조. David Albright and Andrea Stricker, *Taiwan's Former Nuclear Weapons Program: Nuclear Weapons On-Demand*(Washington, DC: Institute for Science

and International Security, 2018), 2019년 2월 28일 접속, https://www.isis-online.org/books/detail/taiwans-former-nuclear-weapons-program-nuclear-weapons-on-demand/15.

19 Joseph Cirincione, "A Brief History of the Brazilian Nuclear Program," Carnegie Endowment for International Peace, 2004, 2019년 1월 17일 접속, http://carnegieendowment.org/2004/08/18/brief-history-of-brazilian-nuclear-program-pub-15688; José Goldemberg, "Looking Back: Lessons From the Denuclearization of Brazil and Argentina," *Arms Control Today*, April 2006, 2019년 1월 17일 접속, https://www.armscontrol.org/act/2006_04/LookingBack.

20 Peter Metzger, "Project Gasbuggy and Catch-85," *New York Times Magazine*, 22 February 1970, 26-27, 79-82.

21 *Scientists' Institute for Public Information, Inc. v. Atomic Energy Commission* et al., 481 F.2d 1079(D.C. Cir. 1973), 2019년 1월 17일 접속, http://law.justia.com/cases/federal/appellate-courts/F2/481/1079/292744/.

22 Mason Willrich and Theodore B. Taylor, *Nuclear Theft: Risks and Safeguards*(Ballinger, 1974); John McPhee, *The Curve of Binding Energy: A Journey into the Awesome and Alarming World of Theodore B. Taylor*(New York: Farrar, Straus and Giroux, 1974).

23 Harold A. Feiveson, Theodore B. Taylor, Frank von Hippel, and Robert H. Williams, "The Plutonium Economy: Why We Should Wait and Why We Can Wait," *Bulletin of the Atomic Scientists* 32, no. 10(December 1976), 10-14, 2019년 1월 17일 접속, https://doi.org/10.1080/00963402.1976.11455664.

24 Spurgeon M. Keeny Jr. et al., *Nuclear Power Issues and Choices: Report of the Nuclear Energy Policy Study Group*,(Ballinger, 1977).

25 US Atomic Energy Commission, *Proposed Final Environmental Statement: Liquid Metal Fast Breeder Reactor Program*, 1974, Fig.11.2-27; US Energy Information Administration, Monthly Energy Review, December 2018, Table 8.1, 2019년 1월 17일 접속, https://www.eia.gov/totalenergy/data/monthly/pdf/mer.pdf.

26 이러한 논의는 후에 에너지연구개발청의 검토에 대한 설명과 함께 발표되었다. Harold A. Feiveson, Frank von Hippel, and Robert H. Williams, "Fission Power: An Evolutionary Strategy," *Science*, 203, issue 4378(26 January 1979), 330-337; Frank von Hippel, "The Emperor's New Clothes, 1981," *Physics Today* 34, no. 7(July 1981) 34-41, 다음 참고문헌에서 재인쇄되고 업데이트. Frank von Hippel, *Citizen Scientist*(New York: Simon and Schuster, 1991).

27 "Nuclear Waste Policy Act of 1982, as Amended," Office of Civilian Radioactive Waste Management, US Department of Energy, 2004, Section 302, 2019년 1월 17일 접속, https://www.energy.gov/downloads/nuclear-waste-policy-act.

28 Hannah Northey, "U.S. Ends Fee Collections with $31B on Hand and No Disposal Option in Sight," *E&E News*, 16 May 2014, 2019년 1월 31일 접속, https://www.eenews.net/stories/1059999730.

29 US General Accounting Office, "Interim Report on GAO's Review of the Total Cost Estimate for the Clinch River Breeder Reactor Project," EMD-82-131, 23 September 1982, 2019년 1월 17일 접속, https://www.gao.gov/assets/210/205719.pdf; US Congressional Budget Office, "Comparative Analysis of Alternative Financing Plans for the Clinch River Breeder Reactor Project," Staff Working Paper, 20 September 1983, 2019년 1월 17일 접속, https://www.cbo.gov/sites/default/files/cbofiles/ftpdocs/50xx/doc5071/doc22a.pdf.

30 James E. Katz, "The Uses of Scientific Evidence in Congressional Policymaking: The Clinch River Breeder Reactor," *Science, Technology, & Human Values* 9, no. 1(Winter 1984): 51-62, 2019년 1월 17일 접속, https://www.jstor.org/stable/688992.

31 R. Skjöldebrand, "The International Nuclear Fuel Cycle Evaluation-INFCE," *IAEA Bulletin* 22, no. 2(1980), 30-33, 2019년 1월 17일 접속, https://www.iaea.org/sites/default/files/22204883033.pdf.

32 Brazilian representative to INFCE, personal communication to Frank von Hippel, December 1977. 당시 반히펠은 그 실무그룹 중 하나인 미국의 대표였다.

33 US Bureau of the Census, *Historical Statistics of the United States: Colonial Times to 1970*(Washington, DC: US Department of Commerce, 1975), 820, 2019년 1월 17일 접속, https://www.census.gov/library/publications/1975/compendia/hist_stats_colonial-1970.html; US Energy Information Administration, Monthly Energy Review, February 2019, Table 7.1, 2019년 2월 28일 접속, https://www.eia.gov/totalenergy/data/monthly/pdf/mer.pdf; International Energy Agency, "Key World Energy Statistics: 2017," 30, 2019년 1월 17일 접속, https://www.iea.org/publications/freepublications/publication/KeyWorld2017.pdf.

34 US Bureau of the Census, *Historical Statistics*, 827; US Energy Information Administration, Annual Energy Review 2011, US Department of Energy, 2012, Table 8.1, DOE/EIA-0384(2011), 2019년 1월 17일 접속, https://www.eia.gov/totalenergy/data/annual/showtext.php?t=ptb0810; USEnergyInformationAdministration,Electric Power Monthly, Table 5.3, 2019년 1월 17일 접속, https://www.eia.gov/electricity/monthly/epm_table_grapher.php?t=epmt_5_3.

35 Charles Komanoff, *Power Plant Cost Escalation: Nuclear and Coal Capital Costs, Regulation and Economics*(New York: Komanoff Energy Associates, 1981).

36 Arnulf Grubler, "The Costs of the French Nuclear Scale-Up: A Case of Negative Learning by Doing," *Energy Policy* 38, no. 9(September 2010): 5174-5188; Jessica R. Lovering, Arthur Yip, and Ted Nordhaus, "Historical Construction Costs of Global Nuclear Power Reactors," *Energy Policy* 91(April 2016): 371-382, 2019년 1월 17일 접속, https://ac.els-cdn.com/S0301421516300106/1-s2.0-S0301421516300106-main.pdf?_tid=7c8ce57f-ffd8-4fca-9295-00a56bdfc0f3&acdnat=1547740389_537aeb40a807a5d5c73decf74bd99adf.

37 International Atomic Energy Agency, "PRIS(Power Reactor Information System): The Database on Nuclear Power Reactors," 2019년 1월 17일 접속, https://pris.iaea.org/PRIS/home.aspx.

38 World Bank, "Electricity Production from Nuclear Sources(% of total)," 2019년 1월 17일 접속, https://data.worldbank.org/indicator/EG.ELC.NUCL.ZS?

end=2015&start=1960&view=chart; International Atomic Energy Agency, *Energy, Electricity and Nuclear Power Estimates for the Period up to 2050, 2016 Edition*(Vienna: International Atomic Energy Agency, 2016), Table 1, 2019년 1월 17일 접속, https://www-pub.iaea.org/MTCD/Publications/PDF/RDS-1-36Web-28008110.pdf; International Atomic Energy Agency, Energy, Electricity and Nuclear Power Estimates for the Period up to 2050, 2017 Edition(Vienna: International Atomic Energy Agency, 2017), Table 1, 2019년 1월 17일 접속, https://www-pub.iaea.org/books/iaeabooks/12266/Energy-Electricity-and-Nuclear-Power-Estimates-for-the-Period-up-to-2050.

39 US Bureau of the Census, *Statistical Abstract of the United States: 1975*(Washington, DC: US Department of Commerce, 1975), Table 905; US Bureau of the Census, *Statistical Abstract of the United States: 1991*(Washington, DC: US Department of Commerce, 1991), Table 981; Energy Information Administration, *Uranium Annual Report, 2017*, 2019년 1월 19일 접속, https://www.eia.gov/uranium/marketing/pdf/umartableS1bfigureS2.pdf.

40 어떤 경우에서는 증식 원형로는 처음 이 기술이 전력회사에 의해 채택될 준비가 되었음을 나타내는 '실증로'라고 선전되었지만, 경수로와의 상업적 경쟁력을 가지는 것을 입증하는 데는 성공하지 못했다. 따라서 우리는 이들 모두를 원형로라고 부른다.

41 Thomas B. Cochran et al., *Fast Breeder Reactor Programs: History and Status*, International Panel on Fissile Materials, 2010, Table 1.1, 2019년 1월 17일 접속, http://fissilematerials.org/library/rr08.pdf; InternationalPanelonFissileMaterials,"JapanDecidestoDecommissiontheMonjuReactor," IPFM Blog, 21 December 2016, 2019년 1월 17일 접속, http://fissilematerials.org/blog/2016/12/japan_decides_to_decommis.html; Masa Takubo, "Closing Japan's Monju Fast Breeder Reactor: The Possible Implications," *Bulletin of the Atomic Scientists* 73, no. 3(2017), 182-87, 2019년 1월 17일 접속, https://www.tandfonline.com/doi/full/10.1080/00963402.2017.1315040.

42 1983년에 완성까지의 비용 추정액은 65억 독일 마르크(DM)였다. 미국 국내 총생산 인플레이터를 사용하여 2017년 달러로 환산하면 약 60억 달러. Willy Marth, *The SNR−300 Fast Breeder in the Ups and Downs of Its History*(Karlsruhe Nuclear Research Institute, 1994), 102, 2019년 1월 17일 접속, https://publikationen.bibliothek.kit.edu/270037170/3813531.

43 유원지에 대한 묘사로는 다음을 참고. "About Wunderland Kalkar," 2019년 1월 17일 접속, https://www.wunderlandkalkar.eu/en/about−wunderland−kalkar. 구매비용에 대해서는 다음을 참고. "Kalkar's Sodium−Cooled Fast Breeder Reactor Prototype, a Bad Joke," *Environmental Justice Atlas*, 2019년 1월 31일 접속, https://ejatlas.org/conflict/kalkar−a−bad−joke−germany.

44 Richard G. Hewlett and Francis Duncan, Nuclear Navy: 1946−1962(Chicago: University of Chicago Press, 1974), 274.

45 "USS *Seawolf*(SSN−575)," Wikipedia, 2019년 1월 17일 접속, https://en.wikipedia.org/wiki/USS_Seawolf_(SSN−575).

46 "Wunderland Kalkar, Amusement Park, a Former Nuclear Power Plant Kalkar am Rhein, Core Water Wonderland Painted Cooling Tower, Kalkar am Rhein, Kalkar," Image ID: KFTY49, 2019년 1월 17일 접속, https://www.alamy.com/stock−image−wunderland−kalkar−amusement−park−a−former−nuclear−power−plant−kalkar−164661289.html.

47 "Load Factor Trend," International Atomic Energy Agency, "PRIS," 2019년 1월 17일 접속, https://pris.iaea.org/PRIS/WorldStatistics/WorldTrendinAverageLoadFactor.aspx.

48 Yu. K. Buksha et al., "Operation Experience of the BN−600 Fast Reactor," *Nuclear Engineering and Design* 173, no. 1−3(1997), 67−79, 2019년 1월 17일 접속, https://doi.org/10.1016/S0029−5493(97)00097−6.

49 "'The Decision to Build the First of a Kind BN−1200 Power Unit Can Be Made in 2021', the Head of Rosenergoatom Andrey Petrov," Rosenergoatom, 3 August 2018, 2019년 1월 17일 접속, http://www.rosenergoatom.ru/en/for−journalists/

news/28143/.

50 International Atomic Energy Agency, "PRIS."

51 "Kalpakkam Fast Breeder Reactor May Achieve Criticality in 2019," *Times of India*, 20 September 2018, 2019년 1월 17일 접속, https://timesofindia.indiatimes.com/india/kalpakkam-fast-breeder-reactor-may-achieve-criticality-in-2019/articleshow/65888098.cms.

52 M. V. Ramana, *The Power of Promise: Examining Nuclear Energy in India*(Penguin, 2012); M.V. Ramana, "A Fast Reactor at Any Cost: The Perverse Pursuit of Breeder Reactors in India," *Bulletin of the Atomic Scientists*, 3 November 2016, 2019년 1월 17일 접속, https://thebulletin.org/2016/11/a-fast-reactor-at-any-cost-the-perverse-pursuit-of-breeder-reactors-in-india/.

53 "China Begins Building Pilot Reactor," *World Nuclear News*, 29 December 2017, 2019년 1월 17일 접속, http://www.world-nuclear-news.org/NN-China-begins-building-pilot-fast-reactor-2912174.html; Matthew Bunn, Hui Zhang, and Li Kang, *The Cost of Reprocessing in China*(Cambridge, MA: Harvard Kennedy School, 2016), 32-33, 2019년 1월 17일 접속, https://www.belfercenter.org/sites/default/files/files/publication/The%20Cost%20of%20Reprocessing-Digital-PDF.pdf.

54 Chris Buckley, "Thousands in Eastern Chinese City Protest Nuclear Waste Project," *New York Times*, 8 August 2016, 2019년 1월 17일 접속, https://www.nytimes.com/2016/08/09/world/asia/china-nuclear-waste-protest-lianyungang.html.

55 "Implementation of the NPT Safeguards Agreement in the Republic of Korea," International Atomic Energy Agency, GOV/2004/84, 11 November 2004, 2019년 1월 17일 접속, https://www.iaea.org/sites/default/files/gov2004-84.pdf.

56 R. Bari et al., "Proliferation Risk Reduction Study of Alternative Spent Fuel Processing," BNL-90264-2009-CP(Upton, NY: Brookhaven National Laboratory, 2009), 2019년 1월 17일 접속, https://www.bnl.gov/isd/documents/70289.pdf.

57 "Plutonium Uranium Extraction Plant(PUREX)," 2019년 2월 15일 접속, https://www.hanford.gov/page.cfm/purex.

58 Yoon Il Chang, "Role of Integral Fast Reactor/Pyroprocessing on Spent Fuel Management"(presentation for the Public Engagement Commission on Spent Nuclear Fuel Management, Seoul, South Korea, 3 July 2014); In-Tae Kim, "Status of R&D Activities on Pyroprocessing Technology at KAERI," SACSESS International Workshop, Warsaw, 22 April 2015, 2019년 2월 12일 접속, http://www.sacsess.eu/Docs/IWSProgrammes/04-SACSESSIWS-IT%20Kim(KAERI).pdf.

59 See "Yoon Il Chang," Argonne National Laboratory, 2019년 1월 17일 접속, https://www.anl.gov/profile/yoon-il-chang.

60 Toby Dalton and Alexandra Francis, "South Korea's Search for Nuclear Sovereignty," *Asia Policy*, no. 19(2015): 115-136, 2019년 1월 17일 접속, https://www.jstor.org/stable/24905303.

61 "Agreement for Cooperation Between the Government of the Republic of Korea and the Government of the United States of America Concerning Peaceful Uses of Nuclear Energy," 2015, 2019년 1월 17일 접속, https://www.state.gov/documents/organization/252438.pdf.

62 Robert Einhorn, "U.S.-ROK Civil Nuclear Cooperation Agreement: Overcoming the Impasse," Brookings Institution, 11 October 2013, 2019년 1월 17일 접속, https://www.brookings.edu/on-the-record/u-s-rok-civil-nuclear-cooperation-agreement-overcoming-the-impasse/.

제 4 장

증식로 없이 계속되는 플루토늄 분리

액체 나트륨 냉각 고속 중성자 증식로FBR는 높은 비용과 기술적 문제 때문에 발전용 원자로로 널리 이용되지는 못했다. 따라서 핵무기 수십만 기 분량에 해당하는 플루토늄이 매년 미국과 다른 국가들의 고속도로를 통해서 수송되게 될 것이라는 미국원자력위원회의 '플루토늄 경제'의 비전은 현실화되지 못했다. 그러나 일부 국가에서 재처리가 계속되었다. 그 규모는 원래 예상된 것보다는 작지만 잠재적인 핵무기의 숫자로 환원하면 여전히 거대한 것이었다:

- 프랑스에서 분리된 플루토늄은 보통 경수 냉각 원자로용 플루토늄 · 우라늄 MOX 핵연료의 제조에 사용되었다. 이를 위해 플루토늄을 분리하는 것은 비경제적이지만, 프랑스 정부는 마치 프랑스의 전력비용의 증가는 수천 명의 고용을 의미하는 거대한 재처리 시설의 유지를 위해 허용되는 대가로 생각하는 것처럼 보인다. 이에 대해서는 이 장의 마지막 부분에서 다시 검토한다.
- 영국에서 재처리가 계속된 것은 정부 소유의 영국 핵연료공사BNFL를 프랑스 코제마와 경쟁하는 국제 재처리 서비스 공급자로서 확립하기 위함이다.[1] 영국의 분리된 플루토늄 재고는 사용할 계획이 없는 채로 계속 증가했다.
- 일본은 카터 정부의 반대에도 불구하고 파일럿 재처리 공장의 운전을 계속하였고, 산업 규모의 재처리 공장 건설 계획을 바꾸지 않았다. 그리고 증식로가 없기 때문에 프랑스의 예를 본받아

잉여 플루토늄을 경수로의 핵연료로 사용하기로 결정했다.

- 러시아 원자력계는 고집스럽게 증식로 개발을 추구했다. 그리고 그 증식로 구상을 지원하기 위하여 BN-600 증식 원형로의 핵연료는 플루토늄이 아닌 농축우라늄임에도 불구하고 재처리를 계속했다.

그 결과, 이들 4개국이 보유한 민간용 미조사 플루토늄의 양은 계속 증가해 2018년 기준 총 300t에 달하고 있다(그림 4.1).

1997년 분리된 민간용 플루토늄이 가장 많은 4개국(프랑스, 일본,

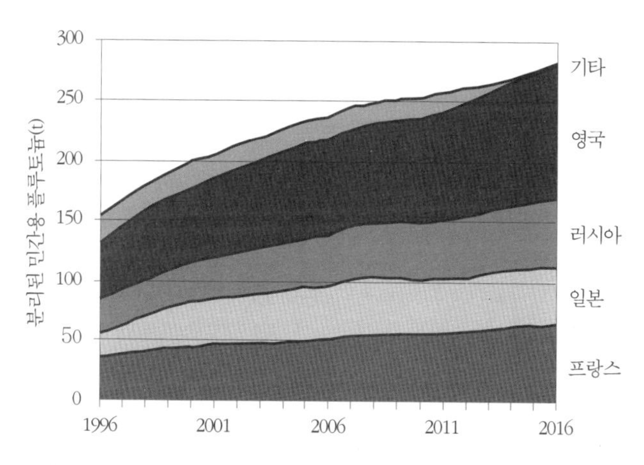

[그림 4.1] 민간용 미조사 플루토늄의 누적(1996–2016년)

기타 국가 중 3개국, 즉 벨기에, 독일, 스위스는 프랑스 및 영국과의 재처리 계약을 갱신하지 않았다. 네 번째 국가, 네덜란드는 유일한 전기출력 0.5GWe 발전용 원자로에 대한 재처리 계약을 갱신했다[2](저자들, 국제원자력기구에 제출한 국가보고서에 근거[3]).

러시아, 영국)은 선진 원자력 프로그램을 운영하는 5개국(벨기에, 중국, 독일, 스위스, 미국)과 함께 '핵 확산 위험 증가를 피할 필요성'을 인식하고 '플루토늄 관리지침'에 합의했다.[4] 이 지침 중 하나는 '원자력 사업에 대한 합리적인 작업 재고의 수요를 포함하여 가능한 한 조기에 수급 균형을 달성하는 것의 중요성'이었다. 또한 각국이 균형을 어느 정도 달성하고 있는지를 세계가 모니터링할 수 있도록 9개국은 각각 국제원자력기구에 민간용 미조사 플루토늄의 재고에 대한 연례 공개 보고서를 제출할 것을 약속했다. 본 장의 그림 중 일부는 이러한 보고에 기초하고 있다.

그러나 프랑스, 일본, 러시아, 영국은 분리된 플루토늄 보유량을 합리적인 작업 재고 수준까지 줄이는 데 성공하지 못했다. 이하, 이들 국가의 상황을 하나하나 검토한다.

4.1 프랑스: 경수로에서의 플루토늄 재순환

프랑스 원자력위원회CEA(2010년 명칭이 원자력 및 대체에너지 위원회로 변경되었지만 약자 표기는 그대로)는 더 이상 나트륨 냉각 원자로가 발전용으로 경제적이라고 말하지 않는다. 그러나 새로운 고속 중성자 원자로 건설에 관심을 계속 가지고 있다. 플루토늄만 아니라, 사용후핵연료 속에 있는 우라늄의 중성자 포획에 의해 형성되는 소량의 다른 장수명 '초우라늄' 원소(넵투늄, 아메리슘, 큐륨)들을 핵분열시킬 수 있음을 입증하려는 것이다.

프랑스 원자력위원회는 장수명 원소를 방사성폐기물과 함께 지하에 묻는 것은 용납하기 어렵다고 정부를 설득하는 데 성공했다. 2006년 초우라늄 원소를 핵분열시키기 위한 차세대 원자로, 즉 가속기 구동 원자로를 2020년까지 운전 상태로 하는 것을 정한 법률이 통과되었다.[5] 2012년 프랑스 원자력위원회는 산업 실증용 개량형 나트륨 기술 원자로ASTRID의 건설을 제창하여, 소듐 냉각 고속로의 아이디어를 부활시켰다. 그러나 2016년 프랑스 원자력위원회가 보여줄 수 있었던 것은 세부 설계 작업을 2020년에 시작하는 것을 상정한 '토의용 플랜'뿐이었다.[6] 그 해 일본 정부는 실패로 끝난 원형로 몬주의 폐지 조치를 결정했을 때, 고속로 연구개발 프로그램은 ASTRID 프로그램에의 참여를 통해 계속된다고 설명했다.

그러나 ASTRID 계획은 계속 지연되었다. 2018년 1월 견적 비용이 너무 높아서 프랑스 원자력위원회는 ASTRID 전기출력 600MWe를 100-200MWe로 줄일 것을 제안했다. 프랑스가 1998년 폐쇄한 나트륨 냉각 증식로 슈퍼피닉스 출력의 약 10분의 1이다.[7] 5개월 후, 프로그램의 책임자가 도쿄에서 "이정표는 2024년에 설정되고, 이 시점에서 세부설계를 시작하기로 결정하는 조건이 충족되는지 여부를 확인한다"고 말했다.[8]

2018년 11월 28일 일본 경제지인 〈닛케이 신문〉이 프랑스 정부가 ASTRID 프로젝트의 동결 의사를 일본에 전달했다고 보도했다. 프랑스와 일본 양국 정부는 이 뉴스를 부정했지만, 1년 후 프랑스 원자

력위원회는 이를 인정했다.[9]

ASTRID 정당화에 대한 반론은 이미 2012년 프랑스 방사선방호원자력안전연구소IRSN에서, 그리고 2013년 프랑스 원자력안전국ASN에서 나왔다. 둘 다 사용후핵연료 내의 장수명 방사성 핵종을 소멸시키는 비용이 많이 드는 프로그램은 깊은 지하에 매설된 사용후핵연료로 인한 원래 작은 위험을 더욱 감소시킬 필요성에 의해 정당화할 수 없다고 선언했다.[10] 미국 국립과학아카데미NAS가 미 에너지부를 위해 실시한 심층연구도 1996년 같은 결론에 도달했다. "(방사성 폐기물 처분장에서)피폭 선량의 감소는 그것만으로는 핵변환(사용후핵연료 내의 장수명 방사성 핵종을 핵분열시키는) 비용과 추가적인 운전 위험을 정당화하지 못한다."[11]

이 이슈는 제7장에서 자세히 설명한다.

그러나 경수로 핵연료로 재활용하기 위한 플루토늄 분리는 프랑스의 200억 달러 대규모 재처리 공장에서 계속되었다(그림 4.2).[12] 재처리 공장이 프랑스 서북부 노르망디 시골에 있는 라하그에서 5000명의 근로자를 고용하고 있다는 사실이 고려사항일 것이다.[13] 다른 하나는 프랑스의 재처리 중지는 중국에 재처리 공장을 팔려고 하고 있는 프랑스 정부 소유 기업 아레바의 시도에 걸림돌이 될 것이라는 점이다.

라하그에서 분리된 플루토늄은 육로로 프랑스 남부에 수송되어 마쿨 핵 부지에서 우라늄 농축 공장의 부산물인 열화우라늄에 희석시켜 경수로용 MOX 핵연료를 제조한다. 이 MOX 핵연료는 프랑스의

[그림 4.2] 프랑스 라하그의 200억 달러 규모 재처리 공장(구글 어스, 49.68°N, 1.88°W, 2015. 6. 17).

경수로에 사용하는 핵연료의 약 10%를 제공한다. 그러나 2000년 프랑스 총리에게 보고된 연구에 따르면, MOX 핵연료의 제조는 그것에 의해 대체되는 저농축 우라늄 핵연료 비용의 다섯 배가 든다.[14]

2003년 프랑스는 '균등 흐름equal flow' 정책을 발표했다(이것은 이후 '유량 적합성 원칙'[15]으로 불리게 된다). 그 목적은 '사용할 수 없는 분리된 플루토늄 재고 누적을 방지'하기 위한 것이었다.[16] 그러나 프랑스의 연례 공개 보고서에서 "원자로 부지나 기타 장소에서 미조사 MOX 핵연료 또는 다른 생산 제품에 들어 있는" 것으로 발표된 미조사 플루토늄의 양은 20년에 걸쳐 평균적으로 매년 1t 이상의 비율로 꾸준히 증가하고 있다.[17] 이것은 주로 사용 불능의 MOX 핵연료의 누적에 의한 것으로 보인다. 이유는 MOX 핵연료 제조 시에 장전 대상이 된 원자로가 더 이상 존재하지 않거나(프랑스와 독일의 증식로) 또는 MOX 핵연료의 품질관리 기준을 충족하지 못했기 때문인 것으로 보인다.[18] 그 결과, 프랑스의 미조사 민간용 플루토늄의 총량은 1995년 약 30t에서 2016년 65t으로 두 배 이상 증가했다(그림 4.3).

경수로에서 MOX 핵연료를 1회 조사하는 것만으로는 포함된 플루토늄의 양은 3분의 1 정도밖에 줄지 않는다. 그러나 프랑스는 경수로에서의 두 번째 재활용을 위해 플루토늄을 다시 분리하지 않는다. 왜냐하면 MOX 핵연료를 1사이클 사용하면 Pu-239와 Pu-241이 약 60% 감소함에 따라 동위원소 조성이 경수로에서는 효율적으로

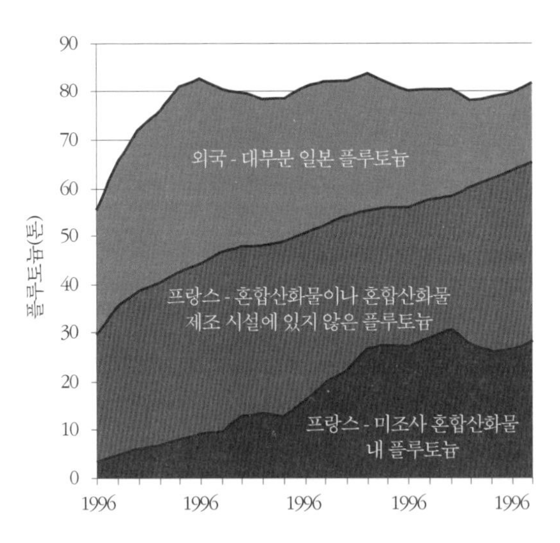

[그림 4.3] 프랑스의 민간용 미조사 플루토늄의 재고 추이(저자들, 프랑스의 국제원자력기구 보고서에 근거[19])

핵분열될 수 없는 플루토늄 동위원소 Pu-238, Pu-240, Pu-242 비율이 높아진 플루토늄이 되기 때문이다.[20] 따라서 사용후 MOX 핵연료는 미래에 고속로가 건설되면 다시 처리할 수 있도록 저장된다. 이론적으로는 여러 번 재활용을 반복하더라도 고속 중성자는 플루토늄의 모든 동위원소를 핵분열시킬 수 있다.

그러나 현재 프랑스가 나트륨 냉각 원자로의 비용이 그 이익을 상회한다고 판단한다면, 결론적으로 사용후 MOX 핵연료는 지하 처분장에 직접 처분해야만 될 것이다. 이것은 초우라늄 원소를 지하에 묻는 것은 허용할 수 없기 때문에 재처리가 필요하다는 프랑스 원자력위원회의 주장의 토대를 무너뜨리는 것이다.

4.2 영국: 재처리 프로그램 마침내 폐막으로

> "이 공장은 처음부터 건설되어서는 안 되었고, 계획대로 운전된 적도 없고, 아무도 어찌할 수 없는 대량의 조사된 우라늄과 플루토늄을 유산으로 남겨 두었다."
>
> – 마틴 포우드, 방사성 환경에 반대하는 컴브리언CORE[21]

영국의 경우는 독특하다. 영국은 증식로 프로그램을 포기하고 1994년 이후 다른 이용 계획이 없는 상태에서 장기간에 걸쳐 민간용 플루토늄의 분리를 계속했다. 2010년 프랑스 EDF가 영국의 2세대 및

3세대 발전용 원자로의 소유권을 얻었다. 원래 소유자인 브리티시 에너지가 도산한 뒤의 일이다.[22] EDF는 프랑스에서 정부에 의해 사용후핵연료를 라하그에서 재처리할 것을 강요당하고 있지만, 영국 정부는 EDF에 대해 영국에서 보유한 원자로에서 나오는 사용후핵연료 재처리 계약의 갱신을 거절하는 것을 허락했다.

제2장에서 설명한 바와 같이, 영국은 1952년 잉글랜드 북서부 해안의 윈즈케일에서 핵무기용 플루토늄을 얻기 위해 재처리 프로그램을 시작했다. 윈즈케일 부지는 나중에 셀라필드로 개명된다. 이 부지에 건설된 최초의 플루토늄 생산로 두 기 중 하나에서 1957년 화재가 발생하여 대량의 휘발성 방사성 핵분열생성물 요오드-131(I-131)을 방출하여 바람을 타고 광범위한 지역의 목초지를 오염시키고 우유 또한 오염시켰다.[23]

영국의 핵무기용 플루토늄의 수요는 1995년 무렵에는 이미 만족되었다.[24] 그럼에도 불구하고 재처리가 계속된 데는 두 가지 이유가 있는 것 같다.

1 영국의 1세대 마그녹스 원자로에 사용된 금속우라늄 핵연료는 물속에서 부식되기 쉽다. 마그녹스 핵연료 건식 저장 방법이 개발되었지만, 마그녹스 원자로 부지 열두 곳 중 한 곳에서만 활용되고 있을 뿐이었다.[25]

2 1970년대 말 정부 소유 영국 핵연료공사는 영국이 외국의 경수로용 재처리 서비스 공급자로 프랑스와 경쟁하기 위해 THORP

를 건설할 것을 제안했다. 영국의 2세대 개량 가스 냉각로AGR의 세라믹 핵연료는 경수로 핵연료처럼 물속에서 오랜 기간 보관하는 것이 가능하지만, 영국 정부는 영국 핵연료공사를 지원하기 위해 국립원자력공단NNC에 대해 개량 가스 냉각로 핵연료를 THORP에서 재처리 계약을 맺도록 압력을 가했다.[26]

영국은 AGR 사용후핵연료의 플루토늄이 마그녹스 핵연료와 마찬가지로 영국의 고속 증식로 프로그램을 위해 필요하다고 주장했다. 그러나 영국은 1994년 고속로 프로그램을 포기했다. 바로 THORP가 운전을 개시한 연도다. 그럼에도 불구하고, AGR 사용후핵연료의 재처리 계약은 수행되었다.[27]

1993년 책 저자 중 한 명(반히펠)은 백악관에서 근무하는 동안 영국에 THORP의 운전을 시작하지 않도록 호소하는 메시지의 초안을 작성했다. 이것을 빌 클린턴 미 대통령 과학 자문 존 기븐스가 영국 측 담당자 윌리엄 월데그레이브 공공 서비스 및 과학부 장관에게 전화로 낭독했다. 기븐스는 영국 THORP의 운전에 의해 분리된 플루토늄 보유량을 늘리고 방사능에 오염되는 시설을 추가하여 제염 작업을 늘리는 대신에 '가상 재처리'에 따라 외국 고객과의 재처리 계약을 이행할 수 있다고 지적했다. 즉, 고객에게 사용후핵연료에 대한 대가로 마그녹스 핵연료 재처리 공장에서 이미 발생한 분리된 플루토늄 및 고준위 폐기물을 제공하는 것이다.[28] 나중에 밝혀진 것이지만, 이 통화 몇 달 전에 영국 내각부에서 비슷한 제안이 논의되고

있었다는 것이다.[29]

2001년까지 THORP의 건설비용을 충당하는 데 사용된 '최저소요baseload' 계약을 넘어서는 추가 재처리 계약이 있을 것 같지 않은 상황에서 영국 핵연료공사의 부채가 예상되는 수익보다 훨씬 큰 것으로 밝혀지고 있었다. 이 때문에 2004년 영국 정부는 새로운 정부 소유 조직인 원자력해체기관NDA을 설립하기로 결정했다. NDA는 재처리 공장을 포함한 영국 핵연료공사의 부채를 인수하고 기존 계약을 이행한 후, 셀라필드 부지를 폐쇄, 제염한다.

THORP는 수많은 기술적 문제를 겪었는데, 2005년에는 고준위 방사성 액체 폐기물의 심각한 유출 사고로 두 가지 공정 라인 중 하나를 영구적으로 중단시켰다. 2012년 NDA는 기존의 계약이 종료된 시점에서 THORP를 폐쇄하기로 결정했다.[30] THORP는 2018년 폐쇄되었다.[31] NDA는 미래에 발생할 AGR 사용후핵연료의 관리 책임을 진다. NDA 계획은 깊은 지하 처분장을 사용할 수 있게 될 때까지 폐쇄된 재처리 공장의 저장조에 저장한다는 것이다.[32]

2018년 기준 THORP와 같은 셀라필드 부지에 있는 이전 버전의 재처리 공장 B205의 마그녹스 핵연료의 재처리는 이후 2년 더 지속될 예정이었다. 1세대의 마그녹스형 원자력발전소의 마지막이 될 웨일즈의 와일파 발전소는 2015년 폐쇄되었지만 처리되지 않은 사용후핵연료가 남겨졌다. 이 재처리가 2021년에 완료될 것으로 기대된다.[33]

2017년 말 기준 영국에서 보관 중인 분리된 민간용 플루토늄의 총량은 다른 국가 소유의 23t을 포함해 136t에 달했다.[34] 이 총량은 셀라필드의 재처리가 종료될 때까지 약 140t으로 증가할 것으로 추정되었다.[35]

영국 핵연료공사는 외국 전력회사 고객과 분리된 플루토늄을 각 회사의 경수로용 MOX 핵연료로 제조하는 계약을 맺었다. 파일럿 공장, 이어 산업 규모의 셀라필드 MOX 공장이 이 목적을 위해 건설되었다. 후자의 MOX 제조는 2001년에 시작되었다. 그러나 설계 결함으로 인해 공장은 이후 9년간 평균하여 설계 용량의 1%밖에 운영되지 못했다.[36]

NDA는 MOX 핵연료 제조 계약의 대부분을 수행하지 않았기 때문에 대부분 프랑스와 벨기에 공동 MOX 제조회사 COMMOX에 위탁했다.[37] 2010년 5월 12일, NDA는 일본의 원자력발전 전력회사 열 개사와 그 플루토늄을 사용한 MOX 핵연료를 셀라필드 MOX 공장에서 생산하기로 합의했다고 발표했다. 이 제조 계약은 '공장의 상당한 설계 변경을 지원'하는 것이 기대되었다.[38] 그러나 NDA는 1년 후, 후쿠시마 사고를 거쳐 '변화된 상업성 위험 측면'에 비추어 셀라필드 MOX 공장을 폐쇄한다고 발표했다.[39] 이로써 20t 이상 일본의 분리된 플루토늄이 오도 가도 못 하고 영국에 남게 되었다.[40]

2011년 12월, 영국은 향후 협상할 가격으로, 외국 플루토늄의 소유를 영국으로 옮겨 영국의 플루토늄과 함께 처분할 것을 제안했다.[41] 2017년 1월 기준 영국 정부는 영국 내 8.5t의 외국 플루토늄을 보유하고 있다.[42] 2018년 11월, 일본은 영국과 플루토늄 처분에 대한 논의를 시작했다. 의제에는 일본의 플루토늄 소유의 영국에 대한 이전의 아이디어도 포함되어 있을 수도 있다.[43]

그러나 2018년 말 기준 영국은 플루토늄의 처분 방법을 결정하지 못했다. 영국은 2014년 우선 옵션은 플루토늄을 핵연료로 사용하는 것이라고 발표했다.[44] 그러나 2016년 MOX 핵연료 사용에 국내 전력회사들의 관심이 없기 때문에 최종 결정은 2025년 이전에 이루어지지 않을 것이라고 하고, 플루토늄을 비교적 용해도가 낮은 모재에 고정화한 후 지하에 묻는 것도 검토되고 있음을 밝혔다(그림 4.4).[45]

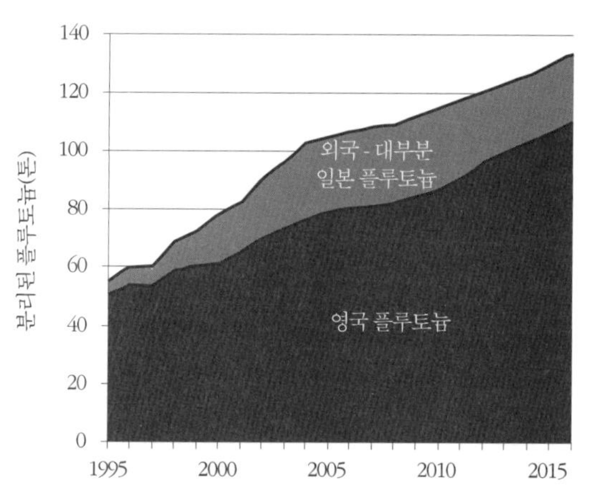

[그림 4.4] 영국의 민간용 미조사 플루토늄의 재고 추이

영국은 외국의 플루토늄에 대한 MOX 공장을 건설했지만, 공장은 가동에 실패했고, 영국은 자국에 좌초된 외국 플루토늄의 소유를 맡아도 좋다고 제안했다. 2018년 기준 영국은 자국의 분리된 플루토늄의 처분 방법을 결정하지 못했다(저자들, 국제원자력기구에 제출한 영국의 보고에 근거[46]).

영국 재처리 프로그램의 또 다른 잔재는 재처리 부지의 폐지조치의 엄청난 비용이다. 2018년 기준 셀라필드의 플루토늄 생산 및 재처리 부지의 제염 비용 견적은 약 910억 파운드(약 1200억 달러)에 달한다.[47]

4.3 일본: 재처리 프로그램을 가진 유일한 핵무기 비보유국

재처리 프로그램을 가진 유일한 핵무기 비보유국 일본은 1969년부터 2001년까지 국내에서의 파일럿 재처리 공장 운전에 더하여 약 7100t의 사용후핵연료를 재처리하기 위해 영국과 프랑스에 보냈다(가스 냉각 도카이 다이이치 원자력발전소에서 발생한 1500t과 경수로에서 발생한 5600t). 그 결과 2018년 말 기준 일본의 분리된 플루토늄은 약 46t에 달했다. 그중 영국 보관이 22t[48], 프랑스 보관이 15.5t[49]이다.

또한 일본은 1980년대에 연간 약 8t의 플루토늄 분리 능력을 가진 대형 재처리 공장 계획을 발표했다.[50] 혼슈의 최북단에 위치한 아오모리현 롯카쇼무라에 건설할 계획이다. 국제원자력기구의 계산 방법에 의하면, 플루토늄 8t은 나가사키형 핵무기 1000기 제조에 충분한 양이다.[51]

1993년 롯카쇼무라 재처리 공장의 건설이 시작되었을 무렵에는 1997년에 완공될 예정이었고, 비용은 7600억 엔으로 추정했다.[52] 그러나 기술적인 문제로 운전 개시는 지연을 반복했다. 그리고 2011년 이후는 후쿠시마 사고 이후 안전 강화라는 과제 때문이다. 2019년 말 기준 운전 개시는 2022년 초 예정으로, 2019년 3월까지의 설비 투자는 약 2조 6000억 엔에 도달했다.

일본원자력위원회JAEC 위원장 등은 일본의 원자력발전소를 가진 전력회사들이 스스로의 의사로 재처리하기로 결정했다고 주장해 왔지만,[53] 일본 정부는 프랑스 정부와 마찬가지로 실질적으로 재처리를 의무화했다. 일본의 1957년 '핵원료물질, 핵연료물질 및 원자로의 규제에 관한 법률(원자로 등 규제법)'은 신규 발전용 원자로 건설의 신청에 있어서 '사용후핵연료의 처분 방법'을 명기하기를 요구했다. 또한, 사용후핵연료 관리 방법이 일본의 '원자력 개발 및 이용의 계획적인 수행에 지장을 미칠 우려가 없을 것'을 요구했다. 일본 정부의 장기계획은 일본 원자력의 미래는 재처리와 증식로에 근거한다는 것이었다. 때문에 이것은 재처리를 의무화하는 것이었다.[54] 따라서 일본의 원자력발전소를 가진 전력회사는 1980년에 상업용 재처리 공장의 건설 및 운전을 위한 회사를 공동으로 설립했다. 이 회사는 1992년에 다른 회사와 합병하여 일본원연JNFL이 되었다.

후쿠시마 사고 이후 2012년 새로운 독립기관으로 원자력규제위원회를 설립하기 위해 원자로 등 규제법이 개정되었을 때, 원자력발전소를 가진 전력회사가 일본의 재처리 정책을 따르도록 정한 문구는 삭제되었다. 따라서 이론적으로는 향후 건설되는 원자로에 관해서는 사용후핵연료의 직접 처분의 선택이 가능해졌다. 그러나 2000년 '특정 방사성폐기물의 최종 처분에 관한 법률'에 의해 재처리는 여전히 암묵적으로 강제되어 있다. 이 법은 일본의 지층 처분시설에 들어갈 수 있는 것은 재처리와 MOX 핵연료 제조 과정에서 생긴 고준위 폐기물 및 초우라늄 원소TRU 폐기물만을 규정하고 있다. 즉, 사용후핵연료는 그대로 처분되지 않는다는 것이다.

2016년 일본 정부는 사용후핵연료 재처리기구NuRO를 설립했다. 만약 일본의 자유화된 전력시장 속에서 원자력발전소를 가진 전력회사가 파산하더라도 사용후핵연료가 꾸준히 재처리되는 것을 보장하기 위해서였다(도쿄전력TEPCO은 후쿠시마 사고로 실질적으로 파산했고 정부의 자금에 의존하고 있다).[55] 일본의 원자력발전소를 가진 전력회사는 핵연료가 아직 원자로 안에 있을 때에 사용후핵연료 재처리기구에 미래의 재처리 비용을 지불해야 한다. 법이 바뀌지 않는 한 이 기금은 중간 저장 또는 직접 처분에 사용할 수 없다.

일본은 다른 산업 국가와 마찬가지로 원래는 플루토늄 증식로의 초기 장전 노심의 플루토늄을 제공하기 위해 경수로의 사용후핵연료의 재처리가 필요하다고 생각했다. 그러면 적어도 원자력에 관해서는 핵연료의 수입에서 거의 자유로워질 수 있다는 생각을 일본은 받아들인 것이다

1961년 일본원자력위원회는 상업용 증식로의 도입이 1970년대 후반에 시작될 것으로 예측했다.[56] 이 예측은 실현되지 않았지만, 적어도 공식적으로 원자력위원회는 상업화 실현에 대한 확신을 유지했다. 위원회는 그 예측을 단순히 미래로 미루었다. 장기 계획에 의한 예측이 마지막으로 갱신된 2005년까지 그 예측의 차이의 누적은

90년에 달했다(그림 4.5).

롯카쇼무라 재처리 공장의 건설이 시작되기 2년 전인 1991년, 플루토늄의 누적 수요는 2010년까지 약 130t에 달할 것으로 예측됐다. 이 공장은 약 75t을 공급하고, 나머지는 유럽에서의 재처리가 조달하는 것이었다. 증식로가 30-50t을 사용하여 나머지 대부분을 경

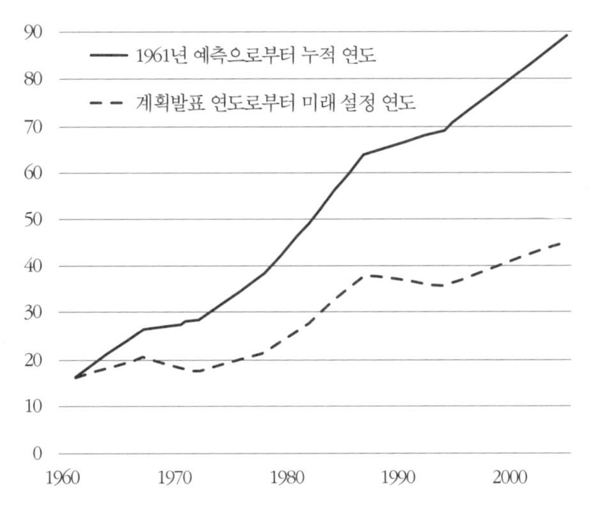

[그림 4.5] 계속 지연된 일본의 증식로 상용화 목표시기

일본원자력위원회는 '원자력의 연구, 개발 및 이용에 관한 장기계획'을 1956년부터 2005년까지 거의 5년에 한 번꼴로 책정했다. 마지막 계획은 '원자력 정책 대강'이라고 했다. 1961년 이후 각각의 계획은 고속 증식로의 상용화 목표시기가 매번 미래로 멀어져 갔다. 그림이 그런 모습을 두 형태로 나타낸다. 하나(점선)는 목표를 각각 계획 발표 연도부터 몇 년 앞에 설정되어 있는지를 나타내고, 다른 하나(실선)는 1961년의 예측으로부터 누적 몇 년 앞에 있는가를 보여주고 있다. 몇 가지 예측에서 일본원자력위원회는 목표시기의 폭을 제시하고 있다. 이 경우는 폭의 중앙에 위치하는 연도가 표시되어 있다(저자들, 일본원자력위원회의 각 계획으로부터[57]).

수로가 MOX 핵연료로 사용할 계획이었다.[58] 이러한 계획은 어느 것도 유럽의 재처리를 제외하고는 실현되지 않았다.

1995년 일본의 증식로 프로그램은 큰 타격을 받았다. 전기출력 0.25GWe 소형 증식 원형로 몬주에 나트륨 화재가 발생하였다. 일본원자력연구개발기구JAEA의 전신인 동력로 핵연료개발사업단PNC에 의한 사고 규모의 무마를 둘러싼 스캔들이 사태를 더 악화시켰다. 그 후 20년간 동력로 핵연료개발사업단 그리고 후속 기관 JAEA는 몬주 운전 재개를 시도했다. 2015년 일본의 원자력규제위원회는 JAEA가 몬주를 안전하게 운영하기에 자질이 없다고 선고했다.[59] 1년 후, 일본 정부는 몬주의 폐로를 결정했다.

그러나 동시에 일본 정부는 고속로 개발사업 방침을 재확인하고, 2018년까지 고속로 개발 '전략 로드맵'을 수립한다고 발표했다.[60] '고속로 개발 회의'가 이미 설치되어 있었다.[61]

사실, '증식로'라는 말은 2014년 내각에서 결정했던 '에너지 기본계획'에서 모습을 감추었다. 대신 일본의 고속로 지지자들은 프랑스의 고속로 추진파에 합류하여, 재처리 그리고 분리된 플루토늄 및 다른 초우라늄 원소의 고속로에서의 사용 목적은 지하 처분장에 보내질 폐기물의 양과 위험을 줄이기 위함이라고 주장했다. 이를 위해 사용후 MOX 핵연료를 재처리하는 두 번째 재처리 공장과 거기서 회수한 플루토늄과 다른 초우라늄 원소를 핵분열시키기 위해 다수의 고속 중성자 '연소로' 건설이 필요하다. 이 상상의 프로그램의 과학적 근거의 부족에 대해서는 제7장에서 논의한다.

2018년 말 고속로 개발회의가 고속로 개발을 위한 전략 로드맵을 수립하고 일본 정부가 이를 결정했다. 프랑스와 미국은 모두 이 시험의 국제 협력의 가능성이 있는 상대로 언급되었다.[62] 프랑스 ASTRID 프로젝트는 사라지고 있었지만, 미 에너지부의 아이다호 국립연구소는 연구소의 미래를 보장받기 위해 고속 중성자 시험로 건설을 제창하고 미 의회의 지지를 받았다.[63]

거슬러 올라가 1997년, 일본은 프랑스를 본받아 플루토늄의 일부를 MOX 핵연료로 사용하는 구체적인 계획을 발표했다. 이 계획에 따르면, 2010년까지 연간 약 9t의 플루토늄이 16–18기의 발전용 원자로에 장전되게 되었다.[64] 2009년 목표 연도가 2015년으로 연기되었다. 2018년 말 기준 일본의 경수로에 장전된 플루토늄은 누적 합계 약 4t에 불과하다(그림 4.6).

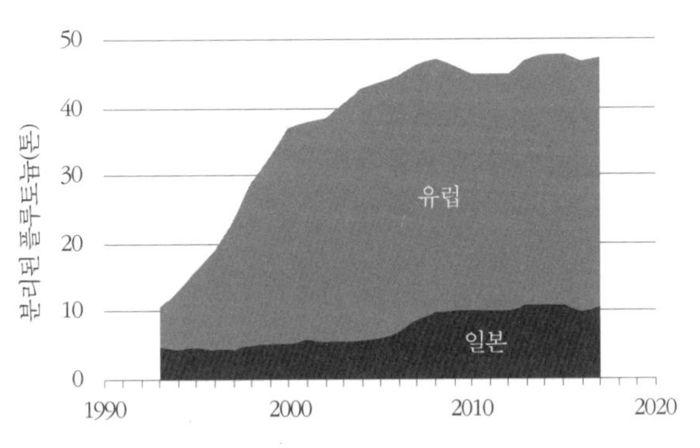

[그림 4.6] 일본 플루토늄의 재고 추이

롯카쇼 재처리 공장이 상업 가동을 시작하면 일본의 잉여 플루토늄 재고가 다시 증가할 것이다(저자, 국제원자력기구에 제출한 일본 보고서에 근거[65]).

2005년 발표한 장기계획의 준비 과정을 시작으로 일본원자력위원회는 재처리를 정당화하기 위해 또 다른 논의를 시작했다. 일본의 원자력발전소 부지가 선정되었을 때, 일본 정부는 지자체 및 현과 사용후핵연료는 부지 밖으로 실려 나갈 것이며 추가적인 사용후핵연료 저장 시설을 부지 내에 만들지 않을 것이라는 무언의 약속을 한 것이다. 그래서 지자체는 방사성폐기물이 원전 부지에 무기한 저장되는 것은 아니라고 안심할 수 있었던 것이다.

프랑스 및 영국과의 재처리 계약을 갱신하지 않겠다는 결정에 따라 일본의 사용후핵연료의 저장을 위해 이용할 수 있는 유일한 시설은 롯카쇼무라 재처리 공장이다. 하지만 이 공장의 운전 개시가 계속 늦어져 사용후핵연료를 수용하는 저장조는 곧 가득 찬다. 반출 시설이 부족하면 일본 원자력발전소의 사용후핵연료 저장조도 가득 찬다. 원자로에서 방출되는 사용후핵연료를 위한 저장공간이 부족하면 일본의 원자력발전소는 운전 정지할 수밖에 없다.

따라서 롯카쇼무라 저장조의 사용후핵연료는 최대한 빨리 재처리해야 한다고 주장했다. 각지의 원전 저장조에서 사용후핵연료를 받아들이기 위한 저장 공간을 만들기 위해서다.[66]

이 문제를 더욱 복잡하게 만든 것은 아오모리현 지사의 위협이다. 지사는 중앙정부가 재처리 정책을 포기한다면, 롯카쇼무라 저장조에 저장되어 있는 사용후핵연료를 원래 원자력발전소로 돌려보낼 것이라고 주장하고 있다.[67] 사용후핵연료의 원래 원전으로의 반출은 원자력발전소 소재 현이 그 주장을 수용할 수 없거나 또는 거절하면 일어날 수 없는 것이지만, 아오모리현 지사의 위협은 일본의 재처리 프로그램의 필요성을 궁극적으로 정당화하는 근거로 사용되고 있다.

실제로 일본의 재처리 중지의 장애는 정부가 의지를 가지면 대처할 수 있다. 제5장과 6장에서 논의한 대로, 미국을 비롯해 발전용 원자로를 가진 대부분의 국가에서는 사용후핵연료 저장조가 차면 공랭식 저장 캐스크를 도입하여 저장조에서의 냉각 기간이 긴 사용후핵연료들을 거기에 옮기고 있다. 일본에서도 이 해결책의 가능성이 높아지고 있는 것으로 보인다.

일본의 원자력발전소 소재 커뮤니티 및 현에서 사용후핵연료 건식 저장에 대한 지지가 확산되고 있는 이유 중 하나는 2011년 후쿠시마 사고 때 거의 일어날 뻔했던 사용후핵연료 저장조 화재 관련 안전성에 대한 우려 때문이다. 일본의 원자력규제위원회는 사용후핵연료가 저장조에서 5년 정도 이상 냉각된 이후에는 저장조 저장보다 안전한 건식 캐스크 저장을 추천해 왔다. 그리고 2018년 12월 규제위원회는 건식 저장을 추진하기 위해 새로운 규칙을 발표했다.[68] 대중과의 공개 협의 후 최종적으로 새로운 규칙이 2019년 초 확정되었다.[69]

중국은 상용 재처리 공장과 고속 증식로의 건설 계획을 추진하고 있지만, 일본의 분리된 플루토늄의 누적에 대한 미국과 중국의 비판이 높아지고 있다.[70] 그러나 일본의 재처리 추진파는 왜 비핵국가인 일본이 핵무기 수천 기 분량의 분리된 플루토늄을 누적해도 괜

찮은지에 대해 다양한 주장을 전개하고 있다.

1 경수로에서 생산된 '원자로급' 플루토늄은 핵무기에 적합하지 않다. 이 문제는 이 장 후반에서 별도로 다룬다.

2 "일본에서 수행하는 재처리는 우라늄과 플루토늄을 (50 대 50 비율로) MOX로 전환하는 방식이 채용되어 있다. … MOX는 그 자체로는 핵무기에 사용할 수 없으며, 핵 확산 저항성이 있다."[71] 그러나 실제로는 MOX는 사용후핵연료에서 플루토늄 분리를 어렵게 하는 감마선 방출 방사성 핵분열 생성물이 제거되어 있어서 간단한 글로브 박스를 사용하면 플루토늄을 쉽게 분리할 수 있다.[72]

3 일본은 핵무기를 제조할 의도를 가지고 있지 않다. 실제로 일본은 약 50년간에 걸쳐 핵무장을 하는 데 충분한 플루토늄을 가지면서도 그 방향으로 움직이지 않았다. 그러나 일본의 이웃국가와 핵무기와 재래식 무기를 포함한 모든 군사적 능력을 사용하여 일본을 방어한다는 의지를 표명하고 있는 미국은 일본이 위협을 느끼면 재빨리 핵무기를 제조할 수 있다는 것을 알고 있다.

일본의 전 경제산업성 원자력 정책 관련 고위 관료였던 다나카 노부오가 가상의 핵억지 이론의 중요성을 다음과 같이 주장하고 있다:

> 원자력은 안보 및 국방상의 이유로도 필요하다. 히로시마와 나가사키를 경험한 일본은 핵무기를 획득하려는 의도가 전혀 없지만, 북한 핵 미사일이 우리나라 위를 날아다니고 있는 현재, 핵 능력을 포기하는 것은 북한이 일본을 가볍게 여기게 하는 것을 의미할 것이다.[73]

그러나 불행히도 일본의 선례는 핵무기 보유국의 민간용 플루토늄 프로그램과 함께 핵 비확산 체제를 위협하고 있다. 잠재적인 핵무기 능력의 보유에 관심 있는 국가가 일본과 같은 재처리 능력을 취득하는 것을 정당화하기 때문이다. 예를 들어, 2017년 국민의 다수가 북한과의 핵 균형을 보장하기 위해 핵무기 보유를 지지하고 있는 한국에서는[74] 한국원자력연구원이 오랫동안 일본과 같이 한국도 사용후핵연료를 재처리하거나 우라늄을 농축할 '권리'를 가져야 한다는 주장을 전개해 오고 있다.

4.4 러시아: 증식로 개발 계속

1977년 구소련은 냉전시대의 첫 번째 비밀 플루토늄 생산 부지에서 군사용 재처리 공장 중 하나를 1세대 경수로(VVER-440)의 사용후핵연료를 재처리할 수 있도록 개조하였다.[75] 이 부지는 당시 우편함번호 첼랴빈스크 40(현재 오제르스크)으로만 알려져 있었다. 'RT-1'

이라는 이 공장의 설계용량은 연간 400t의 사용후핵연료의 처리였지만, 지금까지 발표된 민간용 플루토늄의 연간 분리량으로 보면 평균 처리량은 설계용량의 약 3분의 1로 운영되고 있었다.

한동안 RT-1에서 재처리된 사용후핵연료의 일부는 구소련이 동유럽과 핀란드에 수출한 원자로에서 유래했다. 운전 중인 VVER-440의 기수가 감소하는 가운데, 2017년 RT-1은 2세대 경수로 VVER-1000의 사용후핵연료도 재처리할 수 있도록 개조되었다.[76] RT-1이 운전되는 한편, 분리된 민간용 플루토늄이 전혀 사용되지 않았던 결과 2017년 말 기준 러시아의 플루토늄 보유량은 59t에 달하고 있다.[77] 이것은 영국과 프랑스에 이어 세계 세 번째로 많으며, 연간 1.5t의 비율로 증가하고 있다.

1976년 구소련은 RT-1보다 훨씬 큰 설계용량의 두 번째 재처리 공장을 시베리아 중앙부에 있는 또 다른 비밀 도시 크라스노야르스크-26(현재 젤레즈노고르스크)에 건설하기로 결정했다. 이 공장 RT-2는 VVER-1000의 사용후핵연료를 연간 1500t 재처리할 수 있는 설계용량을 갖추었다. 그러나 자금 부족으로 건설은 1990년대에 중단되었다.[78] 완성된 RT-2의 저장조는 나중에 사용후핵연료 8600t 용량의 중간저장 저장조로 개수되었다. 그리고 근처에서 설계 저장용량 3만 7785t의 거대한 사용후핵연료 건식 저장 시설의 건설이 시작되었다.[79]

러시아는 지금도 젤레즈노고르스크에 재처리 공장을 건설할 계획으로 다양한 기술을 실험하고 있다. 2018년 3월, 젤레즈노고르스크 파일럿 실증센터에서 첫 번째 경수로 사용후핵연료 집합체가 재처리되었다. 이 공장은 연간 250t의 사용후핵연료를 재처리할 수 있는 설계용량을 갖추고 있다.[80] 또한 이 공장에서 두 번째 라인을 설치할 계획이 발표되었다.[81]

러시아에는 경수로에 MOX 핵연료를 사용하는 프로그램이 없으므로 분리된 플루토늄을 거의 사용하지 않았다. 구소련이 건설한 고속로인 카자흐스탄의 BN-350과 우랄의 BN-600은 플루토늄이 아닌 17-26% 농축우라늄 핵연료를 장전했다.[82]

2015년 말 러시아는 BN-600에 인접하여 건설한 새로운 고속 중성자 원형로 BN-800의 운전을 개시했다(그림 4.7). BN-800의 초기 장전 노심의 16%만 MOX 핵연료이고 나머지는 농축우라늄 핵연료였다. 원래 계획은 원자로급 플루토늄이 들어 있는 MOX 핵연료를 사용하여 100% MOX 핵연료 노심을 달성하는 것이었다.[83] 그러나 비록 이 고속로의 사용후핵연료가 재처리되지 않더라도, 한 기의 증식로가 플루토늄을 사용한다고 해서 경수로 사용후핵연료의 재처리 확대로 인한 원자로급 플루토늄의 재고량 증가가 상쇄되지는 않는다. 또한 미국과 함께 러시아는 퇴역한 자국의 냉전시대 핵탄두에서 회수한 핵무기용 플루토늄 34t을 잉여분으로 선언했으며, 더 많은 양을 잉여분으로 선언할 수 있을 것이다.

미국과 러시아의 2000년 플루토늄 관리 및 처분 협정PMDA(2010년 프로토콜에 의해 개정)에 따라,[84] 러시아는 34t의 핵무기용 잉여 플루토늄을 BN-800과 BN-600에서 소비하게 되었다. 한편, 미국은 핵무기용 잉여 플루토늄 34t을 경수로에서 MOX 핵연료로 처리해야 한다. 이제 기대되는 각 나라의 플루토늄 조사량은 적어도 연간 1.3t이다. BN-800은 80%의 이용률로 운전하고, 핵연료 장전 또한 경제적으로 최선의 것보다 빠른 속도로 할 경우, Pu-239의 함유율 약 94%의 무기급 플루토늄을 최대 연간 1.8t, 비무기급 플루토늄으로 전환할 수 있다. 그 결과 얻어지는 Pu-239를 84% 함유하는 플루토늄은

[그림 4.7] 러시아의 BN-800 증식 원형로

2015년 운전 개시. 증식로의 노심은 물이 아닌 액체 나트륨으로 냉각된다. 나트륨은 원자로에서 방사성 물질이 되고 공기나 물과 접촉하면 화재가 발생하기 때문에 접촉하지 않도록 복잡한 구조가 필요하다. 원자로 위의 주황색 장치는 핵연료 집합체를 노심 내에 배치하기 위해 질소 또는 아르곤과 같은 불활성 가스가 차 있는 핵연료 장전장치다. 직경이 큰 배관의 루프에는 원자로 탱크의 1차 계통의 나트륨에서 열을 빼앗아 증기발생기로 열을 전달하는 2차 계통의 비방사성 액체 나트륨이 포함되어 있다. 그러나 이러한 꼼꼼한 설계에도 불구하고 나트륨 누설로 인해 대부분의 증식로가 대부분의 운영기간 중 운전 중단되었다(로스에네르고아톰[85]).

여전히 핵무기로 사용 가능하다.[86] 그러나 나중에 BN-800을 증식로로 운전하고, 러시아 증식로의 최종 의도대로 노심 주위에 배치된 열화 우라늄의 '블랭킷'을 재처리하면, 러시아의 분리된 무기급 플루토늄의 보유량 또한 증가하게 된다

그러나 2014년 막대한 비용 초과에 직면한 오바마 정부는 조지 W. 부시 정부가 34t의 잉여 핵무기 플루토늄 폐기의 처분방법으로 선택한 MOX 프로그램의 중단을 제안했다. 오바마 행정부는 비용이 덜 드는 옵션을 조사하기 시작했다.[87] 미국 정책 변경이 시작된 시기는 미국과 러시아 간 긴장이 고조된 시기와 맞물려 블라디미르 푸틴 러시아 대통령이 2016년 러시아의 협정 참여 중단을 정당화할 수 있는 근거를 제공했다.[88] 미국 MOX 프로그램은 트럼프 정부에 의해 2018년 중지되었다.[89] 트럼프 정부는 또한 미국의 잉여 플루토늄을 산화물로 전환하고, 분리하기 어려운 화학적 분말로 희석한 다음, 뉴멕시코의 지하 처분장 WIPP에 매몰하고자 하는 오바마 정부의 제안을 승인하였다.[90]

4.5 원자로급 플루토늄의 핵무기 유용성

제3장에서 논의한 바와 같이, 1974년 인도의 핵실험 이후 미국 정책은 플루토늄을 분리하여 핵연료로 사용하는 것에 대해 찬성에서 반대로 바뀌었다.

이에 큰 불만을 가진 플루토늄 경제 지지자들은 민간용 플루토늄을 인도의 경우처럼 핵무기에 사용할 수 있다는 견해에 대한 반론을 시도했다.

그들의 주장 중 하나는 핵무기용으로 생산된 플루토늄은 약 94% Pu-239 조성분인 플루토늄인 반면, 경수로에서 생산되는 플루토늄은 일반적으로 50% 이상의 Pu-239 조성분인 플루토늄이라는 사실에 근거하고 있다.

'원자로급' 플루토늄에 더 많은 비율로 존재하는 다른 플루토늄 동위원소 중 일부는 실제로 경수로 사용후핵연료에서 회수된 플루토늄이 '무기급' 플루토늄보다 바람직하지 않은 것으로 만든다:

- 원자로급 플루토늄의 약 2%를 차지하는 Pu-238은 Pu-239보다 반감기가 훨씬 짧아서 2만 4000년인 Pu-239에 비해 반감기가 90년이다. Pu-238은 더 빠른 붕괴로 인해 Pu-239보다 kg당 훨씬 더 많은 붕괴열을 방출한다.
- Pu-240은 무기급 플루토늄보다 원자로급 플루토늄(약 25% 대 6%)에 풍부하며,[91] 핵분열이 자발적으로 발생한다. 이것은 즉발중성자를 발생시켜 내폭과정의 초임계량 플루토늄에서의 핵분열 연쇄반응이 조기에 시작될 가능성을 증가시켜, 결과적으로 위력이 낮은 핵폭발을 일으킨다.
- 원자로급 플루토늄의 약 15%, 무기급 플루토늄의 1% 미만을 차지하는 Pu-241은 14년 반감기로 Am-241로 붕괴하여 원자로급

플루토늄으로 만든 핵무기 '피트'의 수명을 잠재적으로 떨어뜨린다.

위 성질들은 핵무기 설계자가 무기급 플루토늄을 선호하는 것을 설명하는 실제 차이점이다.

그러나 1970년대 이래로 미국의 핵무기 설계자들은 이러한 차이가 원자로급 플루토늄을 핵무기에 사용할 수 없게 만들 정도로 충분히 크지 않다고 공개적으로 밝혔다. 핵무기 설계자들은 비밀문제 때문에 설계 세부 사항에 대해 설명하는 데 제약을 받았지만, 제약을 받지 않는 재처리 옹호자들은 논쟁의 여지가 있는 주장을 특히 프랑스와 일본에서 소리 높여 계속했다. 이것 때문에 1995년 반히펠은 프랑스 원자력위원회로 가서 핵무기 설계자들이 그 당시 프랑스의 재처리회사인 코제마(나중에 아레바로 개명, 현재는 오라노로 개명)에 원자로급 플루토늄의 핵무기 유용성에 대해 어떻게 말했는지 문의하였다. 그 대답은 단순히 "그들이 말하는 것과는 다르다"였다.[92]

1993년 미국 로스알라모스 국립연구소의 핵무기설계부문 책임자였던 J. 카슨 마크는 제2차 세계대전 중 연구소 소장이었던 J. 로버트 오펜하이머의 편지가 비밀 해제되었다는 사실을 알게 되었다. 일본에서의 핵무기 사용 전에 쓰인 서한에는 나가사키 플루토늄 핵폭탄이 설계 '폭발률'보다 훨씬 적은 폭발력으로 폭발을 일으킬 확률은 12%, 5000t TNT 미만의 폭발을 일으킬 확률은 6%, 1000t TNT 미만의 폭발을 일으킬 확률은 2%라고 적혀 있었다.[93] 이러한 확률을 이용하고, 나가사키 핵무기의 플루토늄이 '슈퍼급'이라고 가정, 즉 현대 무기급 플루토늄보다 더 순수한 Pu-239로 가정하면, 마크는 동일한 나가사키 핵무기 설계를 사용하는 원자로급 플루토늄에 대해 최대 폭발률(2만t TNT)을 달성할 확률은 약 8%, 5000t 및 1000t TNT 이상의 폭발률은 각각 약 29% 및 67%가 될 것이라고 계산했다.[94] 그는 가장 낮은 '피즐fizzle(폭발 실패에 가까운)' 폭발률은 약 500t TNT일 것이라고 계산했다.

마크는 또한 나가사키 핵무기의 총 폭발률의 약 5%인 약 1000t TNT 폭발의 파괴성을 다음과 같이 설명했다:

> 폭풍, 열, 즉발 방사선의 영향으로 매우 큰 피해와 급성 방사선 장해는 일본에 대해 사용된 핵무기의 경우 반경 약 1마일(1.6km)에 이르렀지만, 이 '작은' 폭발력의 경우에 미치는 반경은 3분의 1마일 또는 2분의 1마일이다.

1997년 미국 핵무기 설계자들은 원자로급 플루토늄의 핵무기 사용성에 대해 비밀 해제된 보다 일반적인 내용을 발표했다:

> 기술 수준이 가장 낮은 수준에서, 잠재적 핵 확산 국가 또는 비국가집단은 제1세대 핵무기, 즉 나가사키 핵무기 수준의 설계에서 사용된 설계와 기술 정도의 정교함을 사용하여 원자로급 플루토늄에서 1kt TNT 내지 몇 kt TNT(개연성이 높은 출력은 이보다 상당

히 클 것)의 확실한 신뢰성 있는 출력을 가진 핵무기를 만들 수 있다. 기술 수준 면에서 반대 극단인 현대 핵무기 설계를 사용하는 미국과 러시아 같은 진보된 핵무기 국가는 현대의 설계로 무기급 플루토늄으로 만든 핵무기에 대체로 필적하는 신뢰성 있는 폭발 출력, 중량 등 특성을 가진 핵무기를 원자로급 플루토늄으로 만들 수 있다.[95]

일부 재처리 추진파들은 아직도 원자로급 플루토늄이 핵무기에 사용될 수 없다는 주장을 계속하고 있다. 미국 소설가이자 사회개혁가인 업튼 싱클레어는 “있다는 것을 이해하지 않는 것으로써 급여를 받고 있는 사람에게 그것을 이해시키기는 어렵다”라는 유명한 말을 한 바 있다.[96]

4.6 민간용 재처리의 집요한 계속

[그림 4.8]은 시기에 따른 민간용 재처리 프로그램이 있는 국가 수를 보여준다. 그 숫자는 항상 비교적 작았으며, 지난 반세기 동안 명확하게 위쪽 또는 아래쪽 경향은 보이지 않는다. 현재 다섯 개의 핵무기 보유국(중국, 프랑스, 인도, 러시아, 영국)과 한 개의 핵무기 비보유국에 민간용 재처리 프로그램이 있다. 영국은 6개국 중 유일하게 원자력발전회사들이 재처리를 포기할 수 있는 나라다. 2018년

말 THORP를 폐쇄했으며, 폐쇄된 1세대 마그녹스 원자로 사용후핵연료의 재처리가 2021년 완료되면 오래된 B-205 공장을 폐쇄할 것으로 예상된다.[97]

재처리 포기를 결정하지 않은 5개국 중 프랑스와 일본은 1998년과 2017년(결정은 2016년) 각각 증식 원형로인 슈퍼피닉스와 몬주를 폐쇄하고, 분리된 플루토늄을 경수로용 MOX 핵연료로 사용한다. 2018년 프랑스는 실제로 재처리하지만 일본은 그렇지 못했다. 원래 1997년에 운영될 예정이었던 일본 롯카쇼 재처리 공장은 일련의 기

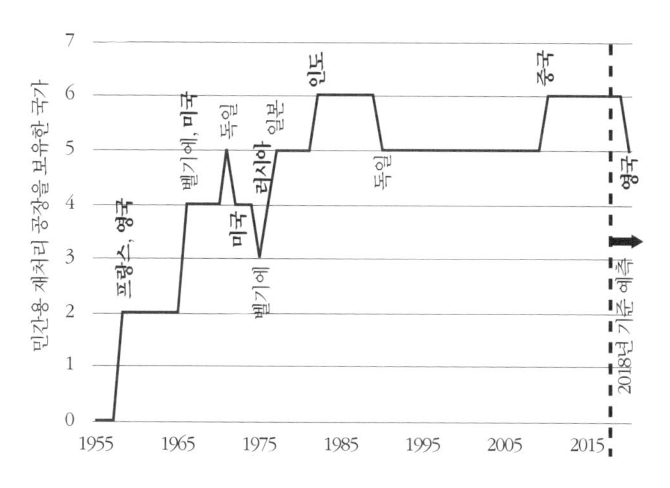

[그림 4.8] 민간용 재처리의 집요한 계속

핵무기 보유국의 이름은 굵은 글씨체로 표시되어 있다. 2018년 기준, 일본은 지난 30년간 여전히 국내에서 재처리하기 위해 노력한 유일한 핵무기 비보유국이다. 네덜란드는 남은 하나의 원자로로부터의 사용후핵연료 재처리를 프랑스에 위탁했다(저자들).

술 및 안전문제로 인해 24번이나 지연되었다.[98]

나머지 3개국(러시아, 인도, 중국)에서 증식로 개발 프로그램을 추진하고 있다. 현재 프랑스와 일본은 원자력 연구개발을 초우라늄 원소의 핵분열을 위한 고속로의 설계 연구로 한정하고 있다.

두 기의 증식 원형로를 운영하고 있는 러시아는 가장 적극적인 증식로 개발 프로그램을 가지고 있다. 오래된 것은 BN-600으로 1980년에 임계에 돌입한 전기출력 560MWe 고속로다. 앞에서 언급했듯이, BN-600은 플루토늄이 아닌 농축우라늄 핵연료가 장전되었다. BN-600은 초기에 여러 번의 나트륨 화재가 발생했지만 그 후 다른 어떤 고속로보다 더 신뢰성이 높아졌다. 거의 평균적인 경수로만큼 믿을 만하게 되었다.

그러나 BN-600은 경제적으로 경쟁력이 없다. 러시아는 2015년 두 번째 증식 원형로인 BN-800(820MWe)을 가동하였다. 이때까지 구소련과 러시아는 20기의 대형 경수로를 건설했었다. 러시아의 원래 계획은 BN-800이 완공되자마자 증식로 BN-1200 건설을 시작하는 것이었지만 건설은 연기되었다.[99] 최근에는 BN-1200의 건설이 결정된다고 해도 운전 개시 예정은 2036년 이후로 연기되게 될 것이라고 보도되었다.[100]

인도의 증식로 프로그램은 러시아만큼 오래되었다. 2018년 말 기준, 22기의 중수로 및 경수로를 건설한 후, 인도는 여전히 최초의 본격적인 증식 원형로(470MWe)를 완성시키려는 단계에 있다. 2018년 3월 인도원자력국은 향후 15년 내에 여섯 기의 증식로를 더 건설할 것으로 발표했다.[101] 10년 전 인도원자력국은 2022년까지 동일한 여섯 기의 증식로가 완공될 것으로 발표했었다.[102]

중국은 최근에 증식로 연구개발에 돌입한 국가다. 중국은 1000MWe급 경수로 열네 기를 건설한 후 2011년 정부 소유의 CNNC의 원자력 연구기관인 중국원자력연구소CIAE는 25MWe 중국 고속 시험로CEFR의 운전을 시작했다. 초기 노심 두 개 분량의 고농축 우라늄 핵연료는 러시아에서 구매되었다. 그러나 이후 5년간 중국 고속 시험로는 거의 운전되지 않았다. 2016년 CNNC는 중국 고속 시험로가 겨우 하루치 최대 전력 출력에 해당하는 누적 전력량을 생산했다고 국제원자력기구에 보고했다.[103] 이런 실패에도 불구하고 2017년 CNNC는 600MWe 고속 원형로CPFR를 건설하기 위해 기초공사를 시작했다.[104]

CNNC는 또한 증식로 프로그램을 위해 플루토늄을 회수하기 위한 파일럿 재처리 공장을 건설했다. 파일럿 재처리 공장은 연간 약 50t의 경수로 사용후핵연료를 재처리할 수 있는 설계용량을 갖추고 있다. 이 처리량으로 공장은 연간 약 500kg의 분리된 플루토늄을 생산할 것이다. 이 재처리 공장은 2010년 말 가동되기 시작했지만, 2016년 말 기준으로 41kg의 플루토늄만 회수되었다.[105] 비공식 보고서에 따르면, 2017년 이후 공장은 설계 용량으로 운전되고 있다.[106]

CNNC는 두 기의 더 큰 재처리 공장을 건설할 계획이다:

1 연간 200t 경수로 사용후핵연료의 재처리 용량을 가진 중국원자

력연구소 설계 공장. 파일럿 재처리 공장 근처에서 이 공장의 부지 준비 활동이 2015년에 시작.[107]

2 프랑스 정부 소유 회사 오라노가 프랑스 설계의 일본 롯카쇼 재처리 공장과 유사한 연간 800t 사용후핵연료 처리량의 재처리 공장을 설계. 2018년 1월, 중국과 프랑스 대통령이 참석한 가운데 CNNC는 오라노와 재처리 공장의 설계 서비스 및 부품에 대한 100억 유로(110억 달러) 계약의 양해각서에 서명했다.

오라노 CEO는 2018년 건설이 시작될 것이라고 밝혔다. 그러나 2019년 말 기준, 계약은 체결되지 않았다. 그와 같은 많은 양해각서는 지난 10년 동안 일련의 중국-프랑스 정상회의에서 서명되었다. 이전 지연 이유는 중국 정부가 오라노의 파산 전임자인 아레바가 언급한 200억 유로의 가격에 반대했기 때문이었다.[108] 그러나 이번에는 다른 이유가 있을 수 있다. CNNC는 재처리 공장 부지를 찾지 못했다.[109]

CNNC는 해안에 위치한 중국의 원전에서 사용후핵연료를 선박으로 운송할 수 있도록 프랑스 재처리 공장을 해안에 터를 잡으려 한다. 그러나 중국의 해안은 인구밀집지대로, 2016년 8월 베이징과 상하이의 중간 도시인 롄윈강이 새로운 재처리 공장의 가능한 부지로 간주되자 수천 명의 시민들이 항의 시위에 나섰고, 시는 CNNC의 부지 작업을 신속히 중단시켰다.[110] 그 후, 중국 국무원은 새로운 원자력 프로젝트를 위한 부지 선정에 앞서 공청회 개최 의무화를 발

령했다.[111]

후쿠시마 사고로 중국 대중은 원자력에 대해 민감해졌다. 그래서 중국정부는 체르노빌 사고 이후 구소련을 불안정하게 만든 것과 같이 중국 내 반핵 운동이 일어날 것에 대해 우려하고 있다.

경제적 성공이나 미래에 성공할 전망이 없지만 증식로와 재처리 프로그램이 지속되는 이유는 무엇일까? 아마도 관련 연구개발 업계는 대안적인 생존 계획이 없거나 이를 지원한 강력한 정부 관료들이 자신들의 잘못을 인정하지 않기 때문일 수 있다. 그러나 회수불능의 매몰 비용의 계속적 증가는 잘못을 인정하기를 더욱 어렵게 만든다. 미국의 역대 대통령이 전쟁에 졌다는 오명을 받아들이려 하지 않는 것도 비슷한 이유로, 미국이 베트남에서 군대를 철수하는 데 오랜 시간이 걸린 이유에 대한 유력한 설명이다.[112]

일본에서 재처리 프로그램을 유지하고 원자력발전회사들의 재처리를 강요하는 것은 막강한 경제산업성이다. 러시아에서는 정부 소유의 원자력복합기업인 로자톰이 전 세계적으로 경쟁을 지닌 러시아의 유일한 기업이다. 로자톰은 경수로를 러시아 정부 금융 지원 아래 개발도상국에 수출한다.[113]

프랑스는 세계에서 두 번째로 많은 원자력 발전용량으로 70%의 전력을 생산하는 원자력산업에 막대한 투자를 했다. 원자로는 노후화되었고 원자로 건설과 핵연료 주기사업은 경제적으로 큰 어려움에 처해 있지만,[114] 프랑스의 원자력산업은 여전히 정치적으로 매우 영향력이 있다.

1998년 일련의 다섯 번 핵실험으로 핵무장국가가 되었다는 것을 인정받은 인도에서는 핵무기업계와 원자력업계가 여전히 정치적으로 강력한 단일조직인 인도원자력국에 통합되어 있다.

그리고 중국에서는 정부 소유의 CNNC는 강력하고 성공적인 경수로 건설회사다.

이 5개국 중 어느 국가도 시장에 재처리를 맡기지 않았다. 미국은 1980년대에 재처리를 시장에 맡겼으며, 그 결과 전력회사들은 재처리 비용을 지불하지 않기로 결정했다. 정부 소유의 영국 핵연료공사가 파산하고 영국 핵연료공사의 유산을 처리하기 위해 NDA를 설립한 후, 영국도 2005년 그렇게 했고 같은 결과를 얻었다. 독일의 경우는 증식로와 재처리에 대한 거부가 원자력을 모두 거부하는 과정의 일부이기 때문에 더 복잡하다.

중국, 인도 및 러시아는 단순히 증식로 프로그램을 연구개발 프로그램으로 유지해 온 것에 지나지 않는다. 그 국가들은 수십 기 그리고 수백 기의 증식로들이 향후 수십 년 동안 마술처럼 출현할 것으로 기대하는 증식로 추진파들에게 투자하지 않았다.

이런 의미에서 증식로 프로그램의 지속은 그런 국가들과 독일 및 미국이 수십 년 간 지원해 온 핵융합 프로그램의 지속과 매우 흡사하다.

그러나 핵융합과 증식로 연구개발의 차이점은 후자가 재처리를 정당화하는 데 사용되어 핵무기를 만드는 데 사용될 수 있는 분리된 플루토늄의 재고량을 엄청나게 늘렸다는 것이다.

주

1 2001년 코제마는 프랑스의 원자로 건설업체인 프라마톰과 합병하여 아레바가 되었다. 2018년 재정 문제로 인해 아레바는 원자로 건설사업을 EDF에 판매했으며, 과거 코제마에 속했던 일부 부서들은 오라노라는 새로운 이름의 회사로 재등장했다. 2019년 3월 31일 접속, https://en.wikipedia.org/wiki/Orano.

2 Alan J. Kuperman, "MOX in the Netherlands: Plutonium as a Liability," in *Plutonium for Energy? Explaining the Global Decline in MOX*, ed. Alan J. Kuperman, Nuclear Proliferation Prevention Project, University of Texas at Austin, 2018, 2019년 1월 21일 접속, http://sites.utexas.edu/prp-mox-2018/downloads/.

3 International Atomic Energy Agency, "Communication Received from Certain Member States Concerning Their Policies Regarding the Management of Plutonium" 2019년 3월 1일 접속, https://www.iaea.org/publications/documents/infcircs/communication-received-certain-member-states-concerning-their-policies-regarding-management-plutonium. 이 URL은 민간용 플루토늄 재고 관리에 관한 새로 합의된 정책을 제시하는 9개국의 1997년 커뮤니케이션 그리고 민간용 비조사 플루토늄의 아홉 개 국가 각각의 연례 보고서에 연결되어 있다. 이 사이트는 이후 '플루토늄 관리'로 언급된다. 사이트의 특정 문서에 대한 인용은 날짜 및 기타 서지 정보를 제공한다.

4 International Atomic Energy Agency, "Communication Received from Certain Member States Concerning Their Policies Regarding the Management of Plutonium," INFCIRC/549, 16 March 1998, 2019년 3월 1일 접속, https://www.iaea.org/sites/default/files/infcirc549.pdf.

5 ASN(Autorité de sûreté nucléaire, France's Nuclear Safety Authority), "Programme Act No. 2006-739 of 28 june 2006 on the Sustainable Management of Radioactive

Materials and Wastes," Article 3.1, 2019년 3월 1일 접속, http://www.french-nuclear-safety.fr/References/Regulations/Programme-Act-No.-2006-739-of-28-june-2006.

6 Sylvestre Pivet, "Concept and Future Perspective on ASTRID Project in France"(presentation at the Symposium on Present Status and Future Perspective for Reducing of Radioactive Wastes, Tokyo, 17 February 2016), 20, 2019년 1월 21일 접속, https://www.jaea.go.jp/news/symposium/RRW2016/shiryo/e06.pdf.

7 V. le Billon, "Nucléaire: le réacteur du futur Astrid en suspens [Nuclear: Astrid, the reactor of the future, is suspended]," *Les Echos*, 30 January 2018, 2019년 1월 21일 접속, https://www.lesechos.fr/industrie-services/energie-environnement/0301218315000-nucleaire-le-reacteur-du-futur-astrid-en-suspens-2149214.php.

8 Nicolas Devictor, "French Sodium-Cooled Fast Reactor Simulation Program," Fast Reactor Strategic Working Group, Tokyo, 1 June 2018, p. 13, 2019년 1월 21일 접속, http://www.meti.go.jp/committee/kenkyukai/energy/fr/senryaku_wg/pdf/010_01_00.pdf.

9 "France Halts Joint Nuclear Project in Blow to Japan's Fuel Cycle," Nikkei Asian Review, 30 November 2018, 2019년 1월 21일 접속, https://asia.nikkei.com/Economy/France-halts-joint-nuclear-project-in-blow-to-Japan-s-fuel-cycle/.

10 ASN, "Avis no. 2013-AV-0187 de l'Autorité de sûreté nucléaire du 4 juillet 2013 sur la transmutation des éléments radioactifs à vie longue [Opinion no. 2013-AV-0187 of the Nuclear Safety Authority of 4 July 2013 on Transmutation of Long-Lived Radioactive Elements]," 16 July 2013, 2019년 1월 21일 접속, https://www.asn.fr/Reglementer/Bulletin-officiel-de-l-ASN/Installations-nucleaires/Avis/Avis-n-2013-AV-0187-de-l-ASN-du-4-juillet-2013; IRSN(Institut de radioprotection et de sûreté nucléaire, France's Institute for Radiological Pro-

tection and Nuclear Safety), "Avis de l'IRSN sur le Plan national de gestion des matières et des déchets radioactifs – Etudes relatives aux perspertives industrielles de séparation et de transmutation des éléments radioactifs à vie longue [IRSN's Opinion on the National Plan for the Management of Radioactive Materials and Waste – Studies on Proposed Industrial Separation and Transmutation of Long-Lived Radioactive Elements]," 22 July 2013, 2019년 1월 21일 접속, https://www.irsn.fr/FR/expertise/avis/2012/Pages/Avis-IRSN-2012-00363-PNGMRD.aspx#.XA-bQS3Mwq8.

11 National Research Council, *Nuclear Wastes: Technologies for Separations and Transmutation*(Washington, DC: National Academy Press, 1996), 3, 2019년 1월 21일 접속, https://doi.org/10.17226/4912.

12 Boston Consulting Group, *Economic Assessment of Used Nuclear Fuel Management in the United States*, 2006, Figure 8, 2019년 1월 21일 접속, http://image-src.bcg.com/Images/BCG_Economic_Assessment_of_Used_Nuclear_Fuel_Management_in_the_US_Jul_06_tcm9-132990.pdf.

13 Emmanuel Jarry, "Crisis for Areva's La Hague Plant as Clients Shun Nuclear," Reuters, 6 May 2015, 2019년 1월 21일 접속, https://www.reuters.com/article/us-france-areva-la-hague/crisis-for-arevas-la-hague-plant-as-clients-shun-nuclear-idUSKBN0NR0CY20150506.

14 이 연구는 두 가지 시나리오를 검토하고 있다. 하나는 프랑스 사용후 저농축 우라늄 핵연료의 67%가 재처리되어 회수된 플루토늄은 MOX 핵연료로 재활용된다는 것. 다른 하나는 사용후핵연료가 전혀 재처리되지 않는다는 것. Jean-Michel Charpin, Benjamin Dessus, and René Pellat, *Economic Forecast Study of the Nuclear Power Option*, 2000, Appendix 1, 2019년 3월 18일 접속, fissilematerials.org/library/cha00.pdf. 재처리 없는 시나리오에서는 추가로 필요한 저농축 우라늄 핵연료는 4300t, 그 비용은 330억 프랑이었다. 재처리 시나리오에서는 4800t의 MOX 핵연료가 생산되어, 그 비용은 재처리 비용을 포함하여 1770억 프랑이었다. 따라서 쌍방의 비용은 7700프랑/kg 저농축 우라

늄과 3만 6900프랑/kg MOX였다.

15 ASN, *Sixth National Report on Compliance with Joint Convention Obligations*(i.e., France's compliance with its obligations under the Joint Convention on the Safety of Spent Fuel Management and on the Safety of Radioactive Waste Management), 2017, 35, 2019년 1월 21일 접속, http://www.enerwebwatch.eu/joint-convention-t42.html.

16 ASN, *Joint Convention on the Safety of Spent fuel Management and on the Safety of Radioactive Waste Management: First National Report on the Implementation by France of the Obligations of the Convention*, 2003, 9, 2019년 1월 21일 접속, http://www.french-nuclear-safety.fr/Media/Files/1st-national-report.

17 플루토늄 관리지침에 따른 프랑스의 국제원자력기구 연차보고서에 근거. International Atomic Energy Agency, "Management of Plutonium."

18 International Panel on Fissile Materials, *Plutonium Separation in Nuclear Power Programs: Status, Problems, and Prospects of Civilian Reprocessing Around the World*, 2015, 36-38, 2019년 1월 21일 접속, http://fissilematerials.org/library/rr14.pdf.

19 International Atomic Energy Agency, "Management of Plutonium."

20 OECD Nuclear Energy Agency, *Plutonium Fuel: An Assessment*(Paris: Organisation for Economic Co-operation and Development, 1989) Table 12, 2019년 1월 21일 접속, https://www.oecd-nea.org/ndd/reports/1989/nea6519-plutonium-fuel.pdf.

21 Paul Brown, "UK's Dream Is Now Its Nuclear Nightmare," Climate News Network, 14 December 2018, 2019년 1월 21일 접속, https://climatenewsnetwork.net/uks-dream-is-now-its-nuclear-nightmare/.

22 1세대 마그녹스 원자로는 NDA의 관할이 되었다. 마지막 마그녹스 원자로는 2015년 폐쇄되었다. 2019년 3월 26일 접속, https://en.wikipedia.org/wiki/Magnox#Decommissioning.

23 "Windscale Fire," Wikipedia, 2019년 1월 21일 접속, https://en.wikipedia.org/

wiki/Windscale_fire.

24 International Panel on Fissile Materials, *Global Fissile Material Report 2010: Balancing the Books: Production and Stocks*, 2010, Table 5.6, 2019년 1월 21일 접속, http://fissilematerials.org/library/gfmr10.pdf.

25 "End of an Era," *Nuclear Engineering International*, 29 April 2016, 2019년 1월 21일 접속, https://www.neimagazine.com/features/featureend-of-era-4879554.

26 AGR 핵연료는 THORP의 초기 '기본부하' 계획에 따라 재처리되는 전체 핵연료의 30%를 차지하고 있었다. 7000t 중 2158t이었다. Martin Forwood, *The Legacy of Reprocessing in the United Kingdom*, International Panel on Fissile Materials, 2008, 9, 2019년 1월 21일 접속, http://fissilematerials.org/library/rr05.pdf.

27 William Walker, *Nuclear Entrapment: THORP and the Politics of Commitment*(London: Institute for Public Policy Research, 1999).

28 John Gibbons, draft letter to the Right Honourable William Waldegrave, chancellor of the Duchy of Lancaster and minister of public service and science, 9 November 1993, 2019년 3월 1일 접속, http://fissilematerials.org/library/usg93.pdf.

29 International Panel on Fissile Materials, *Troubled Until the End: Britain's Thermal Oxide Reprocessing Plant*(to be published, 2020).

30 Nuclear Decommissioning Authority, "Oxide Fuels: Preferred Option," June 2012, 2019년 1월 21일 접속, https://assets.publishing.service.gov.uk/government/uploads/system/uploads/attachment_data/file/457789/Oxide_fuels_-_preferred_options.pdf.

31 Nuclear Decommissioning Authority, "End of Reprocessing at Thorp Signals New Era for Sellafield," 16 November 2018, 2019년 1월 21일 접속, https://www.gov.uk/government/news/end-of-reprocessing-at-thorp-signals-new-era-for-sellafield; Cumbrians Opposed to a Radioactive Environment, "Sellafield's THORP Reprocessing Plant - An Epitaph: 'Never Did What It Said on the Tin,'"

12 November 2018, 2019년 1월 21일 접속, http://corecumbria.co.uk/news/sellafields-thorp-reprocessing-plant-an-epitaph-never-did-what-it-said-on-the-tin/.

32 Nuclear Decommissioning Authority, "End of Reprocessing."

33 Nuclear Decommissioning Authority, "Business Plan: 1 April 2018 to 31 March 2021," March 2018, 24, 2019년 1월 21일 접속, https://assets.publishing.service.gov.uk/government/uploads/system/uploads/attachment_data/file/695245/NDA_Business_Plan_2018_to_2021.pdf.

34 International Atomic Energy Agency, "Management of Plutonium."

35 Parliamentary Office of Science and Technology, Houses of Parliament, "Managing the UK Plutonium Stockpile," Postnote no. 531, September 2016, 2019년 3월 1일 접속, https://researchbriefings.parliament.uk/ResearchBriefing/Summary/POST-PN-0531?utm_source=directory&utm_medium=website&utm_campaign=PN531#fullreport

36 Brian Brady, "Revealed: £2bn Cost of Failed Sellafield Plant," *The Independent*, 9 June 2013, 2019년 1월 21일 접속, https://www.independent.co.uk/news/uk/politics/revealed-2bn-cost-of-failed-sellafield-plant-8650779.html.

37 W. Neal Mann, "MOX in the UK: Innovation but Troubled Production" in Kuperman, *Plutonium for Energy?* 108-110.

38 Pearl Marshall, "Chubu to Be First Japanese Company to Have SMP Fabricate Its MOX Fuel," *NuclearFuel*, 17 May 2010.

39 Nuclear Decommissioning Authority, "NDA Statement on Future of the Sellafield Mox Plant," 3 August 2011, 2019년 1월 21일 접속, https://www.gov.uk/government/news/nda-statement-on-future-of-the-sellafield-mox-plant.

40 International Atomic Energy Agency, "Management of Plutonium."

41 UK Department of Energy and Climate Change, "Management of the UK's Plutonium Stocks: A Consultation Response on the Long-Term Management of UK-Owned Separated Civil Plutonium," 2011, paragraphs 1.8 and 6, 2019년 1

월 21일 접속, http://www.decc.gov.uk/assets/decc/Consultations/plutonium-stocks/3694-govt-resp-mgmt-of-uk-plutonium-stocks.pdf.

42 마틴 포우드가 다쿠보에 보낸 사신(personal communication), 2018년 7월 28일. '해외 플루토늄의 영국 소유로의 이양'으로 다음에 게재, 2019년 1월 21일 접속, http://kakujoho.net/npt/cap_pujp.html.

43 "Plutonium: The First Consultation between Japan and the UK. Cooperation toward Reduction," *Nikkei Shimbun*, 21 November 2018(in Japanese), 2019년 1월 21일 접속, https://r.nikkei.com/article/DGKKZO37986140Q8A121C1EE8000.

44 Nuclear Decommissioning Authority, "Progress on Approaches to the Management of Separated Plutonium," 2014, 2019년 1월 21일 접속, https://assets.publishing.service.gov.uk/government/uploads/system/uploads/attachment_data/file/457874/Progress_on_approaches_to_the_management_of_separated_plutonium_position_paper_January_2014.pdf.

45 Cumbrians Opposed to a Radioactive Environment, "New-Build Reactor Delays Put Sellafield's Plutonium Decision on the Back Burner," 28 April 2016, 2019년 1월 21일 접속, http://corecumbria.co.uk/briefings/new-build-reactor-delays-put-sellafields-plutonium-decision-on-the-back-burner/.

46 National Audit Office, *The Nuclear Decommissioning Authority: Progress with Reducing Risk at Sellafield*, 20 June 2018, 4, 2019년 1월 21일 접속, https://www.nao.org.uk/wp-content/uploads/2018/06/The-Nuclear-Decommissioning-Authority-progress-with-reducing-risk-at-Sellafield.pdf. 2018년 기준 NDA는 THORP의 폐지조치 비용으로 총 37억 파운드밖에 기여하지 않은 것으로 추정되고 있다. Martin Forwood, "Sellafield's THORP Reprocessing Plant Shut Down," 18 November 2018, 2019년 3월 1일 접속, http://fissilematerials.org/blog/2018/11/sellafields_thorp_reproce.html.

47 International Atomic Energy Agency, "Management of Plutonium."

48 영국에 보관 중인 일본의 분리된 플루토늄 22t은 일본에 아직 공식적으로 할당되지 않은 0.6t이 포함되어 있다. 내각부 원자력정책담당실, '일본의 플루

토늄 관리상황', 2019년 7월 30일(이후 '관리상황 2018'로 부름), 2019년 1월 23일 접속, http://www.aec.go.jp/jicst/NC/about/kettei/180731_e.pdf.

49 Japan Atomic Energy Commission, "Status Report 2017."

50 실제 설계 능력은 경수로 사용후핵연료를 연간 800t 처리하는 것으로, 무게는 원래 포함된 우라늄의 양을 나타낸다. 사용후핵연료에는 플루토늄이 약 1% 포함되어 있다.

51 나가사키에 투하된 원폭은 거의 순수한 플루토늄 239가 6.1kg 포함되어 있었다. "Memorandum from General L.R. Groves to the US Secretary of War, 18 July 1945," reproduced in Martin J. Sherwin, *A World Destroyed*(New York: Alfred A. Knopf, 1975), 308–315. The IAEA assumes that, including production losses, the amount of plutonium required to produce a first-generation nuclear bomb is 8 kilograms. See International Atomic Energy Agency, "Safeguards Glossary," 2001, 23, 2019년 1월 21일 접속, https://www.iaea.org/sites/default/files/iaea_safeguards_glossary.pdf.

52 다음 문서에 언급된 일본 측의 롯카쇼무라 재처리 공장의 비용견적. National Research Council, *Nuclear Wastes*, 419.

53 See the interview with Shunsuke Kondo, former chair of the Japan Atomic Energy Commission, "Listen to Mr. Shunsuke Kondo"(in Japanese), *Journal of the Atomic Energy Society of Japan* 48(2006), 2019년 1월 21일 접속, http://www.aesj.or.jp/kaishi/2006/kantou/1.pdf; Statement of Japan Atomic Energy Commission Chair Yoshiaki Oka at JAEC Meeting, 3 October 2017(in Japanese), 2019년 1월 21일 접속, http://www.aec.go.jp/jicst/NC/iinkai/teirei/siryo2017/siryo34/siryo4.pdf.

54 Masafumi Takubo, "Wake Up, Stop Dreaming: Reassessing Japan's Reprocessing Program," *Nonproliferation Review* 15, no. 1(2008): 71–94, 2019년 1월 21일 접속, https://doi.org/10.1080/10736700701852928.

55 Tatsujiro Suzuki and Masa Takubo, "Japan's New Law on Funding Plutonium Reprocessing," *IPFM Blog*, 26 May 2016, 2019년 1월 21일 접속, http://fissile-

materials.org/blog/2016/05/japans_new_law_on_funding.html.

56 Takubo, "Wake Up, Stop Dreaming."

57 Japan Atomic Energy Commission, "Long-Term Plans for Research, Development, and Utilization of Nuclear Power, 1961-2010"(in Japanese), 2019년 1월 21일 접속, http://www.aec.go.jp/jicst/NC/tyoki/tyoki_back.htm.

58 "Nuclear Energy and Its Fuel Cycle in Japan: Closing the Circle," Japan National Report, IAEA Bulletin, 1993, no. 3, 2019년 1월 22일 접속, https://www.iaea.org/sites/default/files/35304893437.pdf. 플루토늄의 양은 핵분열성 플루토늄 80-90t으로 나타나고 있다. 우리는 1.5를 곱하여 전체 플루토늄 양을 산출했다. 일본원자력위원회의 보고서의 더 자세한 사항과 참고문헌에 대해서는 다음을 참조. http://kakujoho.net/mox/mox.html#id16(in Japanese).

59 "NRA Deems JAEA Unfit to Operate FBR Monju," Japan Atomic Industrial Forum, *Atoms in Japan*, 5 November 2015, 2019년 1월 21일 접속, https://www.jaif.or.jp/en/nra-deems-jaea-unfit-to-operate-fbr-monju/.

60 "Gov't Set to Continue Nuclear Fuel Cycle Project despite Monju Closure," *Mainichi Shimbun*, 22 December 2016, 2019년 1월 21일 접속, https://mainichi.jp/english/articles/20161222/p2a/00m/0na/014000c.

61 '고속로개발회의'를 구성하는 것은 다음의 다섯 명이다. 경산산업성 장관, JAEA의 자금을 지원하는 문부과학성 장관, 전기사업연합회 회장, 몬주를 운전할 자질이 없다고 원자력규제위원회의 선고를 받은 JAEA 이사장, 몬주 주요 장비 제조회사인 미쓰비시 중공업 사장.

62 Ministry of Economy, Trade and Industry, Agency for Natural Resources and Energy, "Strategic Road Map Outline," December 2018(in Japanese), 2019년 1월 21일 접속, http://www.meti.go.jp/shingikai/energy_environment/kosokuro_kaihatsu/kosokuro_kaihatsu_wg/pdf/015_01_00.pdf; "Ministry Sees Monju Successor Reactor Running by Mid-Century," Asahi Shimbun, 4 December 2018, 2019년 1월 21일 접속, http://www.asahi.com/ajw/articles/AJ201812040047.html.

63 Adrian Cho, "Proposed DOE Test Reactor Sparks Controversy," *Science*, 6 July 2018, 15, 2019년 3월 11일 접속, https://doi.org/10.1126/science.361.6397.15.

64 Federation of Electric Power Companies of Japan, "MOX Utilization Approach Promises Big Dividends," *Power Line*, July 1999, 2019년 1월 21일 접속, http://www.fepc.or.jp/english/library/power_line/detail/05/02.html; Federation of Electric Power Companies of Japan, "Plans for the Utilization of Plutonium to Be Recovered at the Rokkasho Reprocessing Plant(RRP), FY2010," 17 September 2010, 2019년 1월 21일 접속, https://www.fepc.or.jp/english/news/plans/__icsFiles/afieldfile/2010/09/17/plu_keikaku_E_1.pdf. 표는 '핵분열성' 플루토늄(즉, Pu−239+Pu−241)의 총량을 5.5−6.5t으로 하고 있다. 우리는 여기에 1.5를 곱해 모든 플루토늄량을 산출했다. 이것은 일본의 연간 플루토늄 보유량 보고, 예를 들어 일본원자력위원회(사무국 내각부 원자력정책담당실의 '관리 현황 2017년')에 있는 모든 플루토늄과 핵분열성 플루토늄 비율에 근거하였다.

65 International Atomic Energy Agency, "Management of Plutonium."

66 Japan Atomic Energy Commission, "Framework for Nuclear Energy Policy," Tokyo, 2005, 33, 2019년 1월 21일 접속, www.aec.go.jp/jicst/NC/tyoki/taikou/kettei/eng_ver.pdf.

67 Aomori prefectural government, "Administration of Nuclear Energy in Aomori Prefecture," 2012(in Japanese), 2019년 1월 21일 접속, http://www.pref.aomori.lg.jp/sangyo/energy/gyousei.html.

68 Shota Ushio, "NRA Approves Alternative Set of Spent Fuel Dry Storage Requirements," *NuclearFuel*, 17 December 2018.

69 Masafumi Takubo and Frank N. von Hippel, "An Alternative to the Continued Accumulation of Separated Plutonium in Japan: Dry Cask Storage of Spent Fuel," *Journal for Peace and Nuclear Disarmament* 1, no. 2(2018), 2019년 1월 21일 접속, https://www.tandfonline.com/doi/full/10.1080/25751654.2018.1527886.

70 Yuka Obayashi and Aaron Sheldrick, "Japan Pledges to Cut Plutonium Stocks amid Growing Concern from Neighbors," Reuters, 31 July 2018, 2019년 1월 23

일 접속, https://www.reuters.com/article/us-japan-nuclear-plutonium/japan-pledges-to-cut-plutonium-stocks-amid-growing-concern-from-neighbors-idUSKBN1KL0I4.

71 Japan Atomic Energy Commission, "Plutonium Utilization in Japan"(provisional translation), October 2017, 2019년 1월 21일 접속, http://www.aec.go.jp/jicst/NC/about/kettei/kettei171003_e.pdf.

72 카터 정부의 문서류는 미국이 혼합처리는 효과적인 핵 비확산 조치가 아니라고 이해하고 있었음을 보여주고 있다. Jimmy Carter Library, National Security Affairs-Brzezinski Materials, Country File(Tab 6), "Japan 8/77," Box 40, 2019년 1월 21일 접속, http://kakujoho.net/npt/JCarterLib.pdf.

73 Nobuo Tanaka, "TEPCO Should Transfer Nuclear Power Back to the Government. Nuclear Power Is Also Necessary for the National Defense," *Journal of the Atomic Energy Society of Japan* 60(2018), 259-260(in Japanese).

74 Michelle Ye Hee Lee, "More Than Ever, South Koreans Want Their Own Nuclear Weapons," Washington Post, 13 September 2017, 2019년 1월 21일 접속, https://www.washingtonpost.com/news/worldviews/wp/2017/09/13/most-south-koreans-dont-think-the-north-will-start-a-war-but-they-still-want-their-own-nuclear-weapons/?utm_term=.7591df4a432a.

75 Thomas B. Cochran, Robert S. Norris, and Oleg A. Bukharin, *Making the Russian Bomb: From Stalin to Yeltsin*(Boulder, CO: Westview Press, 1995), 83.

76 International Panel on Fissile Materials, "Reprocessing Plant at Mayak to Begin Reprocessing of VVER-1000 Fuel," *IPFM Blog*, 19 December 2016, 2019년 1월 21일 접속, http://fissilematerials.org/blog/2016/12/reprocessing_plant_at_may.html.

77 International Atomic Energy Agency, "Management of Plutonium."

78 Cochran, Norris, and Bukharin, *Making the Russian Bomb*, 154.

79 International Panel on Fissile Materials, *Plutonium Separation*, 81.

80 International Panel on Fissile Materials, "Test Run of a New Reprocessing Plant

in Zheleznogorsk," *IPFM Blog*, 2 June 2018, 2019년 1월 21일 접속, http://fissilematerials.org/blog/2018/06/test_run_of_a_new_reproce.html.

81 International Panel on Fissile Materials, "Second Pilot Reprocessing Line in Zheleznogorsk," *IPFM Blog*, 2 June 2018, 2019년 1월 21일 접속, http://fissilematerials.org/blog/2018/06/second_pilot_reprocessing.html.

82 카자흐스탄의 카스피해 연안에 위치한 BN-350은 1973년부터 1999년까지 운전되었다. 러시아 우랄 지방의 벨로야르스크에 있는 BN-600은 1980년에 운전을 개시, 2018년에는 운전되고 있었다. International Atomic Energy Agency, "PRIS(Power Reactor Information System): The Database on Nuclear Power Reactors," 2019년 3월 7일 접속, https://pris.iaea.org/pris/.

83 A. E. Kuznetsov et al., "The BN-800 with MOX Fuel"(paper presented at the International Conference on Fast Reactors and Related Fuel Cycles, Yekaterinburg, Russia, 26-29 June 2017), 2019년 1월 21일 접속, https://media.superevent.com/documents/20170620/11795dbfabe998cf38da0ea16b6c3181/fr17-405.pdf.

84 International Panel on Fissile Materials, "2000 Plutonium Management and Disposition Agreement as Amended by the 2010 Protocol," 13 April 2010, 2019년 1월 21일 접속, http://fissilematerials.org/library/2010/04/2000_plutonium_management_and_.html.

85 Rosatom, "Modern Reactors of Russian Design," 2019년 1월 21일 접속, https://www.rosatom.ru/en/rosatom-group/engineering-and-construction/modern-reactors-of-russian-design/.

86 Moritz Kütt, Friederike Frieβ, and Matthias Englert, "Plutonium Disposition in the BN-800 Fast Reactor: An Assessment of Plutonium Isotopics and Breeding," *Science & Global Security* 22(2014): 188-208, 2019년 1월 23일 접속, http://scienceandglobalsecurity.org/archive/sgs22kutt.pdf.

87 US Department of Energy, *FY 2015 Congressional Budget Request*(March 2014), Volumes 1, 5, 2019년 1월 21일 접속, https://www.energy.gov/sites/prod/files/2014/04/f14/Volume%201%20NNSA.pdf.

88 International Panel on Fissile Materials, "Russia Suspends Implementation of Plutonium Disposition Agreement," *IPFM Blog*, 3 October 2016, 2019년 1월 21일 접속, http://fissilematerials.org/blog/2016/10/russia_suspends_implement.html.

89 Colin Demarest, "NNSA Document Details One Year of MOX Termination Work," Aiken Standard, 22 October 2018, 2019년 1월 23일 접속, https://www.aikenstandard.com/news/nnsa-document-details-one-year-of-mox-termination-work/article_bb8051c4-d39f-11e8-9db9-ef482a88134c.html.

90 National Academies of Sciences, Engineering, and Medicine, *Disposal of Surplus Plutonium at the Waste Isolation Pilot Plant: Interim Report*(Washington, DC: National Academies Press, 2018) 2019년 1월 23일 접속, https://www.nap.edu/catalog/25272/disposal-of-surplus-plutonium-at-the-waste-isolation-pilot-plant.

91 OECD Nuclear Energy Agency, *Plutonium Fuel*, Table 12.

92 Thérèse Delpech, director of strategic studies, CEA, personal communication to Frank von Hippel, 11 September 1995.

93 Memorandum from Oppenheimer to Farrell and Parsons, 23 July 1945, Top Secret; Manhattan Engineering District Papers, Box 14, Folder 2, Record Group 77, Modern Military Records, National Archives, Washington, DC. Declassified in 1974, quoted in Albert Wohlstetter, "Spreading the Bomb without Quite Breaking the Rules," *Foreign Policy*, no. 25(Winter 1976), 88-94, 145-179.

94 J. Carson Mark, "Explosive Properties of Reactor-Grade Plutonium," Science & Global Security 4(1993): 111-128, 2019년 1월 21일 접속, http://scienceandglobalsecurity.org/archive/sgs04mark.pdf. 여기에서 언급하는 숫자는 마크의 〈표 3〉에서 취한 것으로 원자로급 플루토늄의 중성자 방출 비율은 나가사키에 투하된 원자폭탄에 사용된 '슈퍼급' 플루토늄(Pu-240의 함유율 2%)의 경우의 20배가 되는 상정에 근거한다. 이 방출률은 원자로급 플루토늄이 연소도 43MWt-days/kgU 사용후 저농축 우라늄 핵연료에서 재처리하여 얻은 경우에 해당한다. 이 연소도에서 짝수 핵 플루토늄 동위원소의 함유율은

다음과 같다. 2% Pu-238, 24% Pu-240, 6% Pu-242다. OECD Nuclear Energy Agency, *Plutonium Fuel*, Table 9.

95 US Department of Energy, *Nonproliferation and Arms Control Assessment of Weapons-Usable Fissile Material Storage and Excess Plutonium Disposition Alternatives*, DOE/NN-0007, 1997, 37-39, 2019년 1월 21일 접속, https://digital.library.unt.edu/ark:/67531/metadc674794/m2/1/high_res_d/425259.pdf.

96 Upton Sinclair, "I, Candidate for Governor, and How I Got Licked," *Oakland Tribune*, 11 December 1934, 2019년 1월 21일 접속, https://quoteinvestigator.com/2017/11/30/salary/.

97 Nuclear Decommissioning Authority, *Business Plan, 1 April 2018 to 31 March 2021*, March 2018, 24, 2019년 1월 23일 접속, https://assets.publishing.service.gov.uk/government/uploads/system/uploads/attachment_data/file/695245/NDA_Business_Plan_2018_to_2021.pdf.

98 "More Problems for Japan's Rokkasho Reprocessing Plant," Nuclear Engineering International, 4 September 2018, 2019년 1월 23일 접속, https://www.neimagazine.com/news/newsmore-problems-for-japans-rokkasho-reprocessing-plant-6732845.

99 "Russia Postpones BN-1200 in Order to Improve Fuel Design," *World Nuclear News*, 16 April 2015, 2019년 1월 23일 접속, http://www.world-nuclear-news.org/NN-Russia-postpones-BN-1200-in-order-to-improve-fuel-design-16041502.html.

100 "'The Decision to Build the First of a Kind BN-1200 Power Unit Can Be Made in 2021,' the Head of Rosenergoatom Andrey Petrov," Rosenergoatom, 8 March 2018, 2019년 1월 23일 접속, http://www.rosenergoatom.ru/en/for-journalists/news/28143/.

101 Pradeep Kumar, "Kalpakkam Fast Breeder Test Reactor Achieves 30MWe Power Production," *Times of India*, 27 March 2018, 2019년 1월 23일 접속, https://timesofindia.indiatimes.com/city/chennai/kalpakkam-fast-breeder-test-reac-

tor-achieves-30-mw-power-production/articleshow/63480884.cms.

102 M. V. Ramana and J. Y. Suchitra, "Slow and Stunted: Plutonium Accounting and the Growth of Fast Breeder Reactors in India," *Energy Policy* 37(2009): 5028-5036.

103 International Atomic Energy Agency, "PRIS."

104 "China Begins Building Pilot Fast Reactor," *World Nuclear News*, 29 December 2017, 2019년 1월 23일 접속, http://www.world-nuclear-news.org/NN-China-begins-building-pilot-fast-reactor-2912174.html.

105 Based on China's annual public declarations to the IAEA under the "Guidelines for the Management of Plutonium," INFCIRC549. See International Atomic Energy Agency, "Management of Plutonium."

106 Gu Zhongmao, China Institute of Atomic Energy, "Safe and Secured Management of Spent Fuel in China," 16thBeijingSeminaronInternationalSecurity,Shenzhen,China,17October2019.

107 Hui Zhang, *China's Fissile Material Production and Stockpile*, International Panel on Fissile Materials, 2017, p. 34 and Figure 7, 2019년 1월 23일 접속, http://fissilematerials.org/library/rr17.pdf.

108 Matthew Bunn and Hui Zhang, *The Cost of Reprocessing in China*, Harvard, Kennedy School, 2016, 1, 2019년 1월 23일 접속, https://www.belfercenter.org/sites/default/files/legacy/files/The%20Cost%20of%20Reprocessing.pdf.

109 David Stanway and Geert De Clercq, "So Close Yet So Far: China Deal Elusive for France's Areva," Reuters, 11 January 2018, 2019년 1월 23일 접속, https://www.reuters.com/article/us-areva-china-nuclearpower-analysis/so-close-yet-so-far-china-deal-elusive-for-frances-areva-idUSKBN1F01RJ.

110 Chris Buckley, "Thousands in Eastern Chinese City Protest Nuclear Waste Project," *New York Times*, 8 August 2016, 2019년 1월 23일 접속, https://www.nytimes.com/2016/08/09/world/asia/china-nuclear-waste-protest-lianyungang.html.

111 Peter Fairley, "China Is Losing Its Taste for Nuclear Power," Technology Review, 12 December 2018, 2019년 1월 23일 접속, https://www.technologyreview.com/s/612564/chinas-losing-its-taste-for-nuclear-power-thats-bad-news/.

112 Leslie H. Gelb, "Vietnam: The System Worked," *Foreign Policy*, no. 3(Summer 1971), 140-167.

113 "Russia Leads the World at Nuclear-Reactor Exports," *Economist*, 7 August 2018, 2019년 1월 23일 접속, https://www.economist.com/graphic-detail/2018/08/07/russia-leads-the-world-at-nuclear-reactor-exports.

114 Andrew Ward and David Keohane, "The French Stress Test for Nuclear Power," *Financial Times*, 17 May 2018.

제 5 장

후쿠시마에서 거의 일어날 뻔했던 훨씬 심각한 중대사고: 사용후핵연료 밀집저장조 화재

이전 장에서는 증식로 꿈의 실패에도 불구하고 재처리를 계속한 결과 초래된 악몽, 즉 수만 기의 핵무기를 만들 수 있는 플루토늄 누적에 대해 논의했다. 증식로 꿈의 실패와 관련한 또 다른 악몽의 하나로 원자력 안전과 관련된 것이다. 사용후핵연료 저장조 화재 위험이 그것이다. 다수의 계획된 재처리 프로그램의 취소 또는 지연으로 사용후핵연료 저장을 위한 소외 목적지가 없어졌다. 이로 인해 사용후핵연료를 저장조에 밀집 저장하게 되었다. 이 결과, 저장조 화재가 발생하면 그에 따른 방사능 오염으로 인해 후쿠시마 사고 때의 100배에 이르는 지역에서 주민들이 대피해야 할 가능성이 있다. 이 장에서는 밀집저장조의 위험에 대해 중점적으로 설명한다. 다음 장에서는 재처리 및 밀집저장조에 대한 대안으로 건식 캐스크저장에 대해 설명한다.

경수로는 세계 원자력 발전용량의 약 90%를 차지한다. 현재 경수로의 약 70%는 1960년대부터 1970년대에 걸쳐 설계되었다.[1] 그들 경수로의 사용후핵연료 저장조는 거의 모두 수년간의 냉각 후 사용후핵연료를 증식로의 초기 장전 핵연료를 위한 플루토늄을 분리하기 위해 재처리 공장으로 보내질 것이라는 가정 아래 설계되었다. 따라서 그들 사용후핵연료 저장조는 원자로의 한 개 노심에서 두 개 노심 분량과 같은 양의 사용후핵연료를 저장하도록 설계되었다.

그러나 프랑스만이 사용후핵연료 저장조 저장에 대한 이러한 방식을 고수했다. 2013년 말 기준 프랑스의 원자로 저장조에는 평균적으로 한 개 노심 분량 미만의 사용후핵연료만이 저장되어 있었다.[2] 프랑스의 원자력발전회사 EDF는 원자력안전국에 저장할 수 있는 사용후핵연료량을 늘릴 수 있도록 밀집저장에 대한 허가를 요청했지만 2013년 원자력안전국은 안전상의 이유로 거부하였다.[3]

원전이 있는 대부분의 국가들에는 현재 사용후핵연료를 보낼 수 있는 중앙집중식 중간저장 시설, 지하 처분장 또는 재처리 공장이 없다. 예를 들어 미국에서는 원전 수명기간 동안 방출된 거의 모든 사용후핵연료가 현장 부지에 남아 있다. 초기에 사용후핵연료를 수용하기 위해 미국의 원자력발전회사들은 저장조의 저장밀도를 증가시켜, 결국 그 밀도를 거의 운전 중인 원자로의 노심의 밀도만큼 증가시켰다. 핵분열 연쇄반응을 방지하기 위해 각 사용후핵연료 집합체를 중성자 흡수벽이 있는 상자 내에 넣었다(그림 5.1). 그 결과 미국의 원전 저장조는 평균 일곱 개 노심 분량의 사용후핵연료를 수용할 수 있다.[4] 이러한 저장조를 '조밀랙dense-racked'이라고 부른다. 조밀랙이 사용후핵연료로 꽉 차거나 거의 꽉 찬 저장조를 '조밀저장dense-packed'이라고 표현한다. [그림 5.2]는 미국의 조밀랙 저장조를 보여준다.

상업 규모 재처리 공장의 운영이 사반세기 지연된 일본에서도 원자로 저장조를 조밀랙화시켜 평균 일곱 개 노심 분량의 사용후핵연료를 저장할 수 있다. 2017년 말 기준 평균 다섯 개 노심 분량의 사용후핵연료를 저장하였다.[5]

한국 또한 사용후핵연료 저장조를 조밀랙화시켰다. 2017년 말 기준 1995년 이전에 가동을 시작한 경수로는 평균 7.4개 노심 분량의 사용후핵연료를 저장하고 있다. 1985년과 1986년에 각각 운영 개시한 고리 3호기 및 4호기는 각각 12개 노심 분량 이상의 사용후핵연료를 저장하고 있다.[6]

최종적으로는 20–30년의 원자로 가동 후 조밀랙 저장조가 가득 찰 경우, 새로 방출되는 사용후핵연료를 위한 공간을 확보하기 위해 신 핵연료 장전 전에 가장 오래 냉각된 사용후핵연료는 저장조로부터 방출하지 않으면 안 된다.

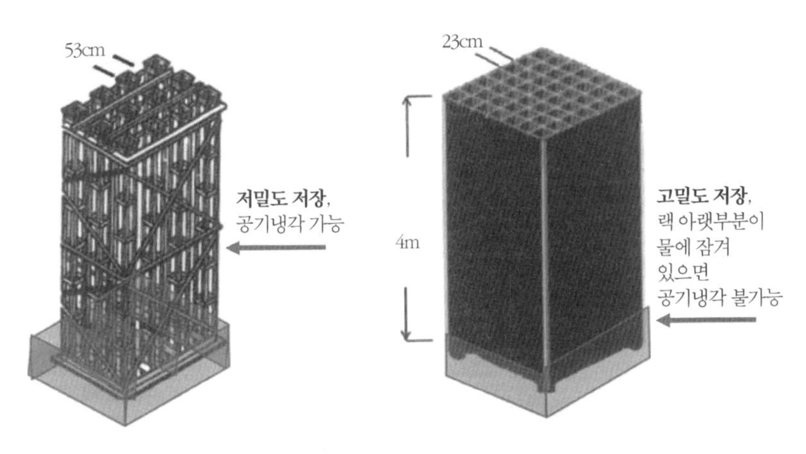

[그림 5.1] 조밀랙 전후

미국 경수로 사용후핵연료 저장조에서의 원래 개방랙(왼쪽)과 현재의 조밀랙(오른쪽). 개방랙의 경우, 사용후핵연료의 수위가 노출되어 위험하게 가열되기 시작하면 냉각 공기가 측면에서 유입되어 온도 상승을 줄일 수 있다. 조밀랙에서는 인접한 사용후핵연료 집합체 사이의 핵분열 연쇄반응을 방지하기 위해 설치한 중성자 흡수벽이 이러한 수평방향 공기 흐름을 불가능하게 만든다. 수위가 조밀랙 바닥 아래로 떨어진 경우에만 각 사용후핵연료 집합체 아래의 랙 구멍으로 공기가 흐를 수 있다(과학 및 국제 안보[7]).

[그림 5.2] 미국 사용후핵연료 조밀랙 저장조

검사 또는 수리를 위해 원자로 압력용기를 비우기 위해 현재 원자로의 노심 핵연료를 방출할 필요가 있는 경우를 위해 저장조의 모든 공간이 사용되고 있는 것은 아니다. 또한, 건식 캐스크 저장으로 사용후핵연료를 옮기기 위한 핵연료 수송 캐니스터를 위해 조밀랙이 없는 공간(여기에는 표시되지 않음)이 있다(US NRC[8]).

대부분의 국가에서는 저장조에서 꺼낸 사용후핵연료는 공랭식 건식 캐스크로 옮긴다. 조밀랙을 이용해 건식 캐스크 저장을 지연시킴으로써 원자력발전회사는 캐스크 구입에 따른 지출을 지연시킬 수 있다. 또한, 수십 년간의 냉각 후 사용후핵연료의 방출열이 감소하므로 캐스크 중앙의 사용후핵연료 온도를 규제치 이상으로 높이지 않고 각 캐스크에 더 많은 수의 사용후핵연료 집합체를 적재할 수 있다.

5.1 사용후핵연료 저장조 화재의 우려

사용후핵연료 저장조의 벽은 용접된 강판의 덧판이 있는 두께 1m 이상의 철근 콘크리트로 되어 있다. 근처의 강력한 지진, 100t 캐스크의 낙하, 대형 항공기의 충돌 또는 폭약에 의한 테러 공격과 같은 매우 격렬한 사고만이 대용량 펌프로 저장조로 끌어들이는 비상 냉각수 유입보다 누설이 더 크게 발생시킬 수 있다.[9]

도쿄전력 후쿠시마 다이이치 원전의 저장조는 2011년 3월 지진 후에도 누설되지 않았다. 그러나 세 기의 원자로 노심용융 사고로 인한 방사능으로 인해 사용후핵연료 저장조 지역의 방사능 오염이 높았기 때문에 장기간 저장조에 접근할 수 없었으며, 그 기간 동안 증발로 인해 모니터링되지 않은 저장조 수위가 떨어졌었다. 4호기 저장조의 수위는 사용후핵연료가 거의 수면 밖으로 드러날 수준으로 떨어졌다(그림 5.3과 5.4).

US NRC를 위해 사고 시뮬레이션을 수행한 미 에너지부 샌디아 국립연구소의 한 그룹은 4호기 저장조의 사용후핵연료가 수면 밖으로 노출된다면, 원자로 압력용기 내부에서의 작업을 위해 일시적으로 꺼낸 사용후핵연료 집합체의 붕괴열로 핵연료 집합체의 지르코늄 피복재 온도를 1000℃ 이상으로 상승시킬 수 있음을 계산했다.

그 온도가 되면 지르코늄 피복재는 저장조에 남아 있는 물에서 나오는 수증기와 반응해 $Zr+H_2O \rightarrow ZrO+H_2$ 반응으로 빠르게 산화되기 시작한다. 그 반응은 수소 가스와 추가 열을 방출하며 반응을 피

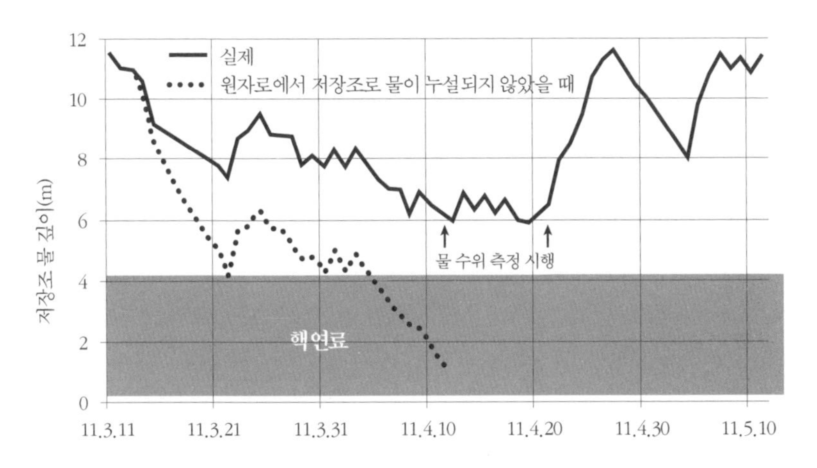

[그림 5.3] 후쿠시마 다이이치 4호기 사용후핵연료 저장조의 수위

2011년 3월 11일 지진 발생 후 두 달 동안 수위변동을 보이고 있다. 실선은 도쿄전력이 재현한 것이다. 점선은 수위가 인접한 원자로에서 저장조로 물이 흘러 들어가지 않았을 때의 계산이다(그림 5.4). 이 경우, 저장조 수위에 대한 최초의 직접 관찰이 이루어진 4월 12일 무렵에는 사용후핵연료의 대부분이 물 밖으로 노출되고 사용후핵연료는 점화 온도에 도달했을 것이다. 4월 20일 이후에 저장조 냉각수를 보충하기 전 수위가 급상승한 것은 [그림 5.5]에 표시된 시멘트 펌프차 '기린'에 의한 급수 때문이었다(과학, 공학 및 의학 국립아카데미에서 수정[10]).

드백시키면서 반응을 가속화시킨다. 곧 피복재가 녹아내리고 사용후핵연료 내의 휘발성 핵분열생성물이 저장조 위 대기로 방출된다.

4호기 저장조가 위치한 건물 꼭대기의 지붕과 벽은 인접한 3호기의 노심용융에서 발생하여 새어 들어간 수소의 폭발에 의해 이미 파괴되었다(그림 5.5). 따라서 저장조에 있는 엄청난 양의 세슘-137 대부분을 포함하여 모든 휘발성 핵분열 생성물은 외부 대기로 빠져

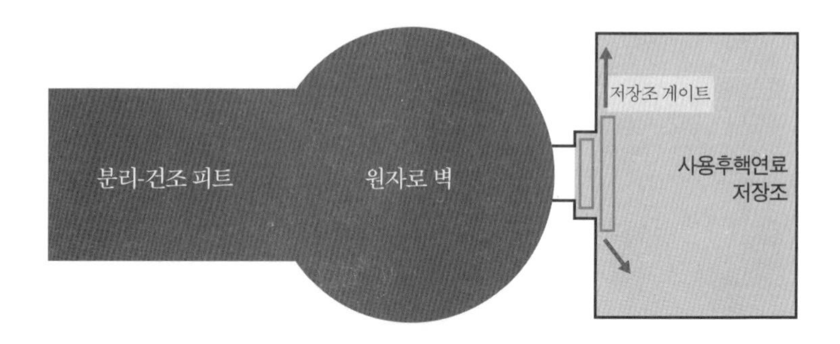

[그림 5.4] 후쿠시마 다이이치 4호기 사용후핵연료 저장조 물의 유입원

4호기 저장조에 인접한, 압력용기 위의 원자로 벽 내부는 물로 채워져서 원자로 압력용기 내의 핵연료가 사이의 채널을 통해 저장조로 수중으로 전달될 수 있도록 되어 있다. 그런 다음 채널은 게이트로 닫혀 있었다. 압력용기 내부의 수중 작업 지연으로 인해, 원자로 벽 내부의 물 배출이 예정대로 진행되지 않았다. 저장조 냉각수 증발로 원자로 벽 내부보다 저장조 수조의 수위가 낮아지면서 원자로 벽 내부 수압이 높아져 게이트 주위의 물이 저장조로 흘러들어가게 되었다(도쿄전력[11]).

나갈 수 있을 것이다.[12]

5.2 세슘-137에 의한 지표 오염

세슘-137(Cs-137)은 1986년 체르노빌과 2011년 후쿠시마 사고에서 약 10만 명을 장기 피난시키게 만든 방사성 핵분열 생성물이다. Cs-137은 반감기가 30년이며 방사능 붕괴의 95%가 투과력이 높은 감마선(고에너지 X선)을 방출하기 때문에 강력한 지표 방사성 오

[그림 5.5] 2011년 3월 15일 수소 폭발 후 후쿠시마 다이이치 원전 4호기

사고 초기에 수소는 사용후핵연료와 수증기와의 반응에서 나온 것으로 생각되었다. 이것은 저장조에서 사용후핵연료가 수면에 노출되었음을 의미하는 것이었다. 그러나 그 이후 수소는 3호기의 노심에서 핵연료 지르코늄의 수증기 반응에 의해 생성되었고, 3호기와 4호기 공유 배기 시스템을 통해 4호기 건물로 누설되었다고 결론지었다. 그림 오른쪽에 저장조에 물을 추가하는 데 사용된 시멘트 펌프차 '기린'이 나타나 있다. 1호기, 3호기 및 4호기 원자로 건물의 수소 폭발로 인한 피해의 결과, 저장조에서 사용후핵연료 화재로 인한 방사능 방출이 발생했다면 대기로 방출되었을 것이다(도쿄전력[13]).

염물질이다.[14]

후쿠시마 다이이치 4호기 저장조에는 노심을 둘러싸고 있는 원통형 강철판을 교체하기 위해 10주 전에 원자로에서 방출된 전체 노심 분량의 사용후핵연료가 저장되어 있었다.[15] 저장조에는 또한 한 개 노심 분량보다 좀 더 많은 오래된 사용후핵연료가 저장되어 있었다. 따라서 4호기 저장조의 사용후핵연료 내 총 Cs-137 양은 노심용융 전의 1호기, 2호기 및 3호기 노심의 사용후핵연료 내 Cs-137 양의 총합과 거의 같았다.[16]

다행스럽게도 이 세 기 원자로 노심에서 Cs-137의 1-3%만 대기로 방출되었다. 원자로를 둘러싼 거대한 철근 콘크리트 격납 구조물이 누출을 일으켰지만 파열되지는 않았다. Bq베크렐(초당 방사성 붕괴)로 환산하면 추정 방출 Cs-137의 양은 6-20PBq페타베크렐(10^{15}Bq)이었다.[17]

체르노빌 사고 후 원자로 주변 30km 반경의 대피 구역 외에도 Cs-137 오염 수준이 m^2당 약 1.5MBq메가베크렐(1.5MBq/m^2)보다 높은 지역에서는 강제 피난이 이루어졌다(이 오염 수준에서 1m^2의 땅에서 초당 150만 Cs-137 원자가 붕괴하면서 감마선을 방출한다). 이 오염수준 이하에서 0.5MBq/m^2까지 오염된 지역에서는 엄격한 방사선량 통제조치가 취해졌다. 그럼에도 불구하고, 그러한 '방사선 통제' 지역의 인구의 상당수가 자발적으로 피난갔다. 우크라이나에서는 그러한 지역도 강제 피난시켰다.[18] 후쿠시마에도 초기 20km의 대피 구역 외 더하여 1.5MBq/m^2와 유사한 피난 기준이 사용되었다.[19]

만약 4호기 저장조 화재가 발생했다면, 약 900PBq의 Cs-137 방출은 1-3호기의 노심용융으로 대기에 방출된 6-20PBq보다 약 100배 더 많을 것이다.

[그림 5.6]은 후쿠시마 사고로 인한 실제 오염지역을 지진 후 한 달 이내에 두 가지 기상 조건 동안 4호기 저장조에서 화재가 발생한 것으로 가정할 때의 오염지역과 비교한 것이다. 중앙 그림은 우세한 바람이 동쪽 방향이어서 대부분의 Cs-137이 바다에 흡수되는 2011년 4월 9일에 시작된 사용후핵연료 저장조 화재에 대한 계산 결과 오염지역을 보여준다. 오른쪽 그림은 2011년 3월 19일에 시작되어 바람이 해안을 따라 남쪽인 도쿄 쪽으로 불면서 거의 최악의 방사능 오염을 보여준다. 강제 피난에 대한 오염 수준은 중간색과 진한 색으로 표시되고 방사능 통제에 대한 오염 수준은 흐린 색으로 표시되어 있다.

중간색은 1.5-4.5MBq/m^2 수준으로 오염된 지역을 나타낸다. 후쿠시마 현에서는 수년간의 오염 제거 노력을 거쳐 일부 지역에서는 피폭선량률이 3분의 1로 감소했다.[20] 따라서 중간색 지역을 1.5MBq/m^2 이하로 오염을 줄일 수 있어 피난 간 주민의 조기 복귀를 가능하게 할 것이다.

흐린 색은 1986년 체르노빌 사고 후 엄격해진 방사선량 통제조치(0.5MBq/m^{2}와 1.5MBq/m^2 사이)를 유발한 오염 수준의 지역을 나타낸다. 그러한 통제조치에도 불구하고, 1995년까지 27만 3000명의 원래 인구 중 약 12만 3000명이 피난을 갔다.[21]

후쿠시마 현에서는 사고 후 14개월 동안 약 16만 5000명이 피난 갔다. 2018년 12월 기준 약 4만 3000명이 정부가 제공한 가설주택에서 살고 있었다.[22] 그중 2만 1000명은 방사능 정화작업으로 오염 수준이 낮아져서 돌아갈 수 있는 지역 출신이었다.[23] 4만 3000명 외에 2017년 3월에 주택 지원이 중단된 2만 6000명의 자발적 피난자가 있었다.[24]

후쿠시마현에서는 2011년 4월 9일의 바다 쪽으로 부는 바람([그림 5.6] 중앙 그림)이 일반적이다. 이것은 사고의 결과를 감소시킬 것이지만, 가상의 사용후핵연료 저장조 화재로 엄청난 방사성 물질이 방출되기 때문에 약 100만의 인구가 여전히 피난 가야 했을 것이다.[25] 2011년 3월 19일처럼 바람이 남쪽으로 불었다면, 도쿄의 일부 지역을 포함하여 일본 인구의 약 4분의 1인 약 3000만 명이 피난 가야 했을 것이다. 그러한 많은 인구의 강제 피난으로 인한 막대한 경제적 손실은 피난 지역의 기준이 되는 방사능 오염 기준치 수준을 높이는 데 따른 비용과 이점에 대한 비통한 논쟁을 불러일으킬 수 있을 것이다.

미국에서는 환경보호국이 발행한 매뉴얼 〈방사선 사고에 대한 방호 조치 안내 및 계획 지침〉에 따라 오염된 지역으로 돌아갈지 여부를 해당 주민들이 결정한다:

> 이러한 결정이 암시하는 바는 지역사회의 정상적인 삶을 재개하려는 바람과 함께 건강 보호에 균형을 맞추려는 노력이다. 방사선 방호 면에서의 고려사항은 건강, 환경, 경제, 사회, 심리, 문화, 윤리, 정치 및 기타 고려 사항과 함께 해결되어야 한다.[26]

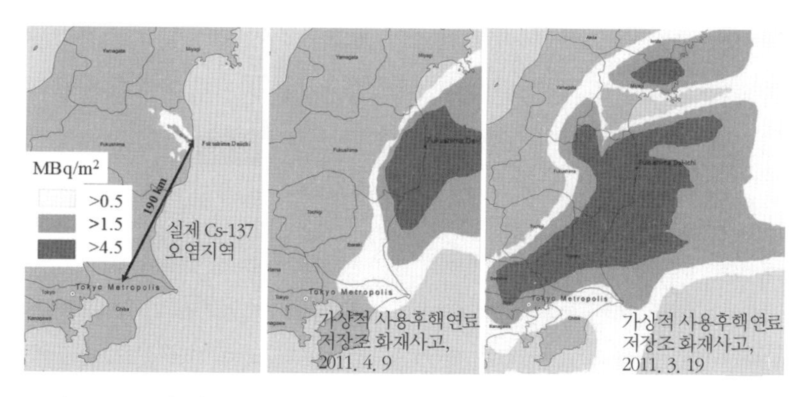

[그림 5.6] 2011년 사고로 인한 오염지역과 후쿠시마 다이이치에서의 가상 사용후핵연료 화재로 인한 오염지역

2011년 4월 9일(중앙)과 2011년 3월 19일(오른쪽)에 저장조 화재 시작 가정. 중간색은 1.5MBq/m^2 이상으로 강제 피난 임계치, 진한 색은 4.5MBq/m^2 이상(마이클 세프너[27])

그러나 체르노빌 사고 이후 정상적인 삶으로 돌아가기 위한 관심으로 여론의 압력은 방사선 방호 기준을 약화시키기보다는 강화하는 방향인 것으로 보인다. 우크라이나에서는 강제 피난 기준치가 0.56MBq/m^2로 낮아졌다.[28] 후쿠시마 사고 후, 일본 국내외적으로 연간 20mSv(대략 1.5MBq/m^2)로 피난 기준치가 너무 높았는지 여부에 대한 논쟁이 있었다.[29] 그리고 일반 대중은 학교 주변의 방사선 수준을 줄이기 위한 추가 조치를 요구했다.[30]

2011년 3월 11일 지진과 쓰나미 이후 세 기의 후쿠시마 다이이치 원자로들의 노심용융이 발생하고 수소 폭발로 세 기의 원자로 건물 꼭대기가 파괴되는 동안에 간 나오토 총리는 전 원자력공학 교

수이자 일본원자력위원회 위원장인 곤도 슌스케에게 상황이 얼마나 악화될 수 있는지 물었다. 곤도 위원장은 4호기 저장조에서 사용후핵연료 저장조 화재가 발생할 수 있으며, 그 결과 Cs-137이 대기로 방출될 경우, 방사능 오염 바람으로 170km 거리까지 1.5MBq/m^2 이상, 250km 거리까지 0.5MBq/m^2 이상일 수 있다고 답변했다.[31] 이는 [그림 5.6]의 오른쪽 그림에 표시된 저자들의 계산 결과와 부합한다. 인구 밀집 지역인 도쿄 북쪽과 도쿄 중심부 지역은 후쿠시마 다이이치로부터 남쪽으로 각각 약 100km와 225km다.

천우신조로 이 악몽의 시나리오는 현실화되지 않았지만, 그 공포는 일본의 사용후핵연료 저장 방식에 대한 생각에 영향을 미쳤다. 후쿠시마 사고 후 설립된 일본원자력규제위원회NRA의 초대 위원장인 다나카 슌이치는 2012년 9월 19일 첫 기자 회견에서 "강제 냉각이 필요 없는 사용후핵연료는 건식 캐스크에 넣어야 한다. … 5년 정도 수냉각이 필요하다. … 나는 원자력발전회사들이 가능한 빨리 그렇게 하도록 요청하고 싶다"고 밝혔다.[32]

그것은 위원회 명령이 아닌 요청이었지만 원전을 수용하고 있는 많은 일본의 지역사회와 현은 소내 건식 캐스크 저장 시설을 수용하는 방향으로 가고 있다.[33]

5.3 미국에서의 규제 검토

2011년 후쿠시마 다이이치 사고가 발생하기 오래 전부터 US NRC를 지원하는 미국 국립연구소의 기술연구그룹은 밀집저장조에서의 사용후핵연료 화재 발생 가능성에 대해 우려하고 있었다. 그러나 US NRC의 규제 직원들은 그러한 사고의 발생 가능성이 너무 낮아 규제 조치를 취할 만한 수준이 아니라고 반복적으로 결론 내렸다.[34]

2001년 9월 11일의 테러 공격 이후, 미 의회는 미국 국립과학아카데미의 질문에 대한 독립적인 연구를 요청했다. 2006년에 발표된 이 연구보고서는 US NRC가 각 미국 원자로 저장조의 사보타주에 대한 취약성을 조사할 것을 권고하고, 그 연구결과에 따라, US NRC는 "저장조에서 건식 캐스크로 사용후핵연료의 조기 이동이 일부 상용원전의 저장조에 대한 테러 공격의 잠재적 결과를 줄이는 현명한 판단이라고 할 수 있을 것이다"라고 표명했다.[35]

2011년 후쿠시마 사고 후 US NRC는 일본원자력규제위원회 위원장 다나카가 일본에서 권유한 대로 5년간의 저장조 냉각 후 저장조에서 공랭식 건식 캐스크로 사용후핵연료의 '신속 이전'에 대한 가능한 규제 요건에 대한 공식 검토를 포함하는 후쿠시마의 '교훈'에 관한 연구에 착수했다. 2013년 US NRC 직원들은 사용후핵연료의 신속 이전의 비용과 편익에 대한 분석을 발표했다.

2006년 미국 국립과학아카데미 연구보고서에 기술된 우려에도 불구하고 US NRC 직원들의 분석은 사용후핵연료 저장조에 대한 테러 위협이 없다고 가정했다. 그러나 저장조에 저장되는 사용후핵연료의 양을 줄이면 큰 이점을 얻을 수 있다는 것을 발견하였다. 저장조에 지르코늄 피복재 양이 적으면 냉각재 유실 사고에서 더 적은 수소가 생성된다는 것이다. 실제로 US NRC의 선택 시나리오에 대한 컴퓨터 시뮬레이션 결과, 오래된 사용후핵연료를 제거하면 저장조 위의 수소 농도는 10%의 폭발 임계치까지 상승하지 않았다. 그 결과 저장조 건물은 손상되지 않고 사용후핵연료에서 방출된 대부분의 Cs-137은 건물 내부 표면에 응축된다. 이로 인해 밀집저장조 화재로 인한 Cs-137 대기 방출이 98% 이상 줄고(평균 1600PBq에서 23PBq), 다음에서 보듯이 사고의 영향도 그에 따라 감소한다.[36]

저장조 위의 건물이 수소 폭발로 파괴된 밀집저장 사용후핵연료 저장조에서 화재가 발생하면, 평균 3만km^2의 지역에서 평균 350만 명이 이주해야 한다는 것을 US NRC 직원들은 알게 되었다.[37]

한편, 저장조의 사용후핵연료량이 가장 최근 5년 동안 방출된 사용후핵연료만으로 줄어든다면 피난 지역과 피난 인구가 모두 약 100분의 1로 감소한다는 사실도 US NRC 직원들은 알게 되었다.

그러나 US NRC 직원들은 이러한 극적인 연구결과를 일반 대중이 이용할 수 있는 형태로 공개하지 않았다.[38] 그 대신, 그들은 원자력발전회사가 5년간 저장조 냉각 후 사용후핵연료를 건식 캐스크로 옮기기 위해 소요되는 저장조당 약 5000만 달러의 추가 비용은 사고 결과 감소로부터 일반인에게 주는 확률 가중 이익을 초과한다고 결론지은 불분명한 비용편익분석만 발표했다.

그러나 이 결론은 여러 가지로 잘못되고 타당해 보이지 않는 가정 아래 얻어졌다. 한 가지는 이미 언급했는데, 테러리스트의 공격의 성공 확률을 0이라고 한 것이다. 다른 세 가지는 사용후핵연료 저장조 화재로 인한 잠재적 경제적 손실을 과소평가하게 했다:[39]

1 사고 결과 계산에 대한 US NRC의 표준 가정에 따라 50마일(80km) 넘어서는 사고 결과는 제외되었다. 소규모 사고의 경우 피난 지역이 50마일 이상으로 확장될 것으로 예상하지 않은 것이다. 후쿠시마 사고의 피난 구역은 반경 약 30마일(48km)이다. [그림 5.6]과 이하의 다른 시나리오에서 볼 수 있듯이 사용후핵연료 밀집저장조 화재로 인한 대규모 방사능 방출로 인한 피난 지역은 수백km까지 미칠 수 있다.

2 또한 사고 결과 계산에 대한 표준 US NRC 가정에 따라 직원은 Cs-137 오염 수준을 1년 안에 15분의 1로 줄일 수 있다고 가정했다. 그러나 뉴욕주 인디언포인트 원전의 가상 원자로 사고의 결과 계산에서 이 가정의 사용에 대해 뉴욕주 정부의 변호사들에게 질문을 받았을 때 US NRC 직원들은 이 가정의 근거를 제시할 수 없었다.[40] 위에서 언급했듯이, 후쿠시마에서 달성한 넓은 지역의 방사능 오염 감소는 최대가 3분의 1이었으며 5년 걸렸다.[41] 방사능 정화작업 기간에 대한 US NRC의 가정만 변경하고 다른 손실 계산 방법론은 그대로 따라 계산하면, 피난 기간이 4년을 초과하는 경우, 주민 피난 비용과 버려진 재산의 사용

손실 비용이 재산의 원래 가치를 초과한다는 결과를 얻었다.[42]

3 저자 중 한 사람(반히펠)은 미 의회의 요청에 따라 일본원자력규제위원회가 US NRC의 포스트 후쿠시마 검토 결론에 대한 독립적인 검토를 수행하도록 설립한 위원회의 일원이었다. 일본원자력규제위원회 검토는 4년이 걸렸지만 반히펠은 그 검토가 완료된 후에야 비용 편익 연구에서 US NRC 직원이 강제 피난에 대한 방사능 오염 기준치를 후쿠시마와 체르노빌 주민 피난에 사용되었고 미국 환경보호국이 권장하는 1.5MBq/m²보다 세 배 더 높은 값을 가정했다는 것을 알았다. 1.5MBq/m²의 피난 기준치로 US NRC 결과를 재계산하면 피난해야 하는 인구수는 350만 명에서 820만 명으로 증가했으며, 바람의 방향에 따라 120만 명에서 4150만 명의 범위로 증가했다(표 5.1).

US NRC 분석에서 이 세 가지 오류만 수정되면 US NRC의 비용 편익 분석의 결론이 뒤바뀐다.[43] 그러나 US NRC 직원들이 상정한 사용후핵연료 화재와 부지 간의 차이 추정 확률에 있어서 불확실성이 있기 때문에 결과는 여전히 불확실할 것이다.

〈표 5.1〉은 US NRC가 사고 결과 계산을 위해 사용한 '평균적 부지'인 서리 원전의 밀집저장조에서 화재로 인한 피난 인구 및 피난 지역에 대한 US NRC 직원들의 조사 결과에 대한 오염 기준치의 영향을 보여준다. US NRC 직원들에 의해 계산된 저밀집 일반 저장조 화재의 훨씬 낮은 방사능 누출로 인한 영향의 감소는 극적이다. 표

의 평균 및 범위 수치는 2015년 매월 1일부터 시작되는 가상 방사능 방출에 대한 과거 기상 데이터를 사용한 서리 원전의 계산을 기반으로 하였다. [그림 5.7]은 이러한 날짜 중 세 개의 방사능 오염 지역의 예를 보여준다.

5.4 한국의 사용후핵연료 저장조 화재로 인한 잠재적 영향

우리는 한국 남동부 해안에 위치해 있는 고리 원전의 가상 사용후핵연료 저장조 화재의 영향에 대한 평가 또한 수행했다. 2015년 말 기준 한국의 운전 중인 경수로 원전 20기의 사용후핵연료 저장조

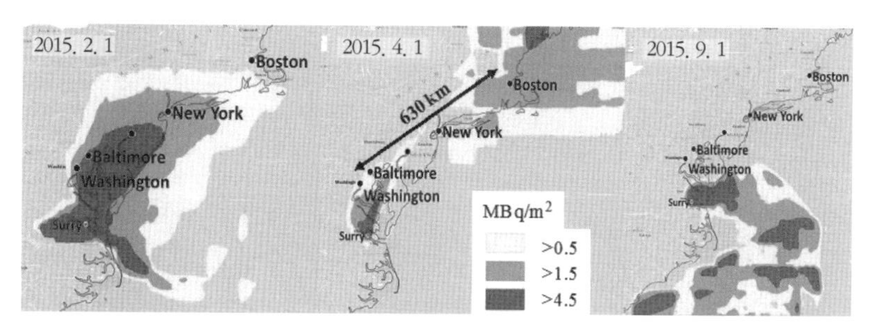

[그림 5.7] 미국 서리 원전의 가상 사용후핵연료 저장조 화재로 인한 피난 지역

1600PBq의 Cs-137 방출(다른 미국 밀집저장조들 화재에 대한 US NRC의 추정 방출 평균치) 가정. 그림 왼쪽에서 오른쪽으로 2015년 2월 1일, 4월 1일 및 9월 1일에 시작한 방사능 방출에 대해 오염된 지역이 계산되었다. 이 날짜들은 최대, 평균, 최소의 피난 인구를 가져온 사고의 날짜들이다(마이클 세프너[44]).

〈표 5.1〉 미국 서리 원전의 가상 사용후핵연료 저장조 화재로 인한 피난 인구 및 면적

1600 및 23PBq의 Cs-137을 각각 방출하는 밀집저장조 및 저밀도 일반 저장조 화재에 대해 Cs-137 오염 기준치 4.5MBq/m²의 피난 가정으로 원자력규제위원회 직원들이 계산한 결과와 오염 기준치 1.5MBq/m²의 피난 가정으로 계산한 결과. 1.5MBq/m²의 피난 가정으로 계산한 평균 결과는 2015년 매월 1일부터 시작한 사고의 평균치다. 열두 개의 다른 날짜에 대한 계산 결과 범위는 괄호 안에 표시되어 있다.[45]

	피난 인구 (백만 명)	피난 면적 (km^2)
US NRC: 밀집저장조, 4.5MBq/m^2 피난 기준치	350(130-870)	3만(1만 3000-4만 7000)
1.5MBq/m^2 Cs-137 오염 피난 기준치		
밀집저장조	820(120-4150)	4만 4000(1만-8만 3000)
저밀도 일반 저장조	14(0-40)	900(0-3200)

에는 평균 340t의 사용후핵연료가 저장되어 있었다.[46] 한국의 두 번째 대도시인 부산 근처의 고리에는 한국에서 가장 오래된 경수로들이 있으며, 네 개의 저장조에는 각각 약 600t의 사용후핵연료가 밀집 저장되어 있었다. 우리는 고리 3호기의 사용후핵연료 저장조의 Cs-137의 방사능량을 약 2570PBq로 추정한다.[47] 경수로 밀집저장조 화재로 인한 Cs-137 방출에 대한 US NRC의 중간 추정치는 75%다.[48] 고리 3호기의 사용후핵연료 저장조 화재의 경우, Cs-137 약 1925PBq의 방출에 해당한다.

고리 원전에서 이러한 규모의 Cs-137 가상 방출은 2015년 매월 1일에 시작하여 3일간에 걸쳐 진행되었다고 가정하였다. 2015년 실

제 기상 데이터를 사용하여 피난 지역을 계산했다.[49]

[그림 5.8]은 2015년 1월 1일, 4월 1일 및 9월 1일에 시작되는 고리 3호기 저장조 화재의 결과를 보여준다. 이 사례는 이 지역에서의 사용후핵연료 저장조 화재가 인접 국가들에 큰 영향을 미칠 수 있음을 보여준다. 이는 유럽에서 사용후핵연료 저장조 화재의 경우에도 해당될 것이다.

〈표 5.2〉는 열두 가지 과거 기상 조건에 대해 계산된 가상의 고리 3호기 저장조 화재로 인한 한국과 주변 국가의 평균 및 최대 피난 지역과 피난 인구를 보여준다. 한국의 경우 평균 및 최대 피난 면적은 각각 약 8000km^2 및 5만 1000km^{2}이며, 평균 및 최대 피난 인구는 각각 약 420만 명 및 2100만 명이다. 남동쪽 해안에 있는 고리원전의 위치와 일본으로 향하는 바람 방향을 감안할 때, 일본의 평균

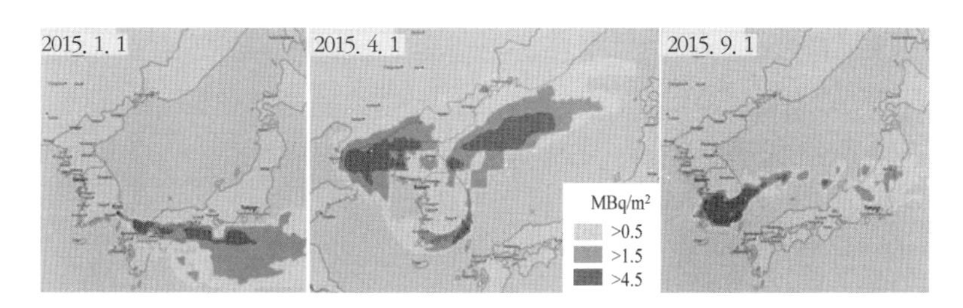

[그림 5.8] 한국 고리원전의 가상 사용후핵연료 저장조 화재로 인한 피난 지역

2015년 1월 1일, 4월 1일 및 9월 1일부터 1925PBq Cs-137의 방출. 열두 가지 방출 시나리오 중 1월 1일과 9월 1일에 시작된 방출이 한국에는 최소 및 최대 영향이었다. 그러나 일본에게는 두 시기 모두 큰 영향을 받는 것으로 보인다. 2015년 4월 1일 방출은 북한과 중국에게 심각한 방사능 오염을 끼친다.[50]

〈표 5.2〉 한국 고리원전의 가상 사용후핵연료 저장조 화재로 인한 피난 인구 및 면적

2015년 매월 첫날에 방출되는 사고에 대한 과거 기상 데이터 사용.[51]

국가	피난 인구(백만 명)		피난 면적(km²)	
	평균	최고	평균	최고
한국	420	2100	8000	5만 1000
북한	90	1100	4000	5만 1000
일본	780	2700	2만 2000	5만 8000
중국	70	800	2000	2만 3000

및 최대 영향은 한국에 맞먹는다. 또한 계산에 따르면 2015년 4월 1일부터 시작되는 화재의 경우 기상 조건으로 북한과 중국에 큰 영향을 미치게 된다.

이 장에서 논의된 일본, 미국, 한국의 사용후핵연료 밀집저장조에서 발생하는 가상 화재의 결과는 각 국가의 재처리 정책에 상관없이 사용후핵연료를 조기에 건식 캐스크로 이전하는 것이 중요함을 극적으로 보여준다.

건식 캐스크 저장에 대해서는 제6장에서 검토한다.

주

1 2017년에 운전 중인 원자로의 70%는 1990년 이전에 운전을 개시하였다. "Operational Reactors by Age" in International Atomic Energy Agency, "PRIS(Power Reactor Information System: The Database on Nuclear Power Reactors," 2019년 1월 17일 접속, https://www.iaea.org/PRIS/WorldStatistics/OperationalByAge.aspx.

2 2013년 말 기준 프랑스 58기의 발전용 원자로 노심에는 5010t의 핵연료가 있고 그 사용후핵연료 저장조에는 4150t의 사용후핵연료가 저장되어 있다. *National Inventory of Radioactive Materials and Waste: Synthesis Report 2015*, ANDRA(Agence nationale pour la gestion des déchets radioactifs, France's National Agency for Radioactive Waste Management), 2015, 40, 2019년 1월 17일 접속, https://www.andra.fr/download/andra-international-en/document/editions/558va.pdf. 2013년, 이들 원자로 노심에서 1116t의 사용후핵연료가 방출되었다. International Panel on Fissile Materials, *Plutonium Separation in Nuclear Power Programs: Status, Problems, and Prospects of Civilian Reprocessing Around the World*, 2015, Table 3.1, 2019년 3월 14일 접속, http://fissilematerials.org/library/rr14.pdf.

3 Pierre-Franck Chevet, president of ASN, letter to the president of EDF, "Programme générique proposé par EDF pour la poursuite du fonctionnement des réacteurs en exploitation au-delà de leur quatrième réexamen de sûreté [Generic program proposed by EDF for the continued operation of operating reactors beyond their fourth safety review]," CODEP-DCN-2013-013464, 28 June 2013, 2019년 2월 13일 접속, http://gazettenucleaire.org/2013/269p12.html.

4 US Nuclear Regulatory Commission, *Staff Evaluation and Recommendation for Japan Lessons-Learned Tier 3 Issue on Expedited Transfer of Spent Fuel*, 12

November 2013, COMSECY-13-0030, Table 72, 2019년 1월 17일 접속, https://www.nrc.gov/docs/ML1334/ML13346A739.pdf.

5 Federation of Electric Power Companies of Japan, "Concerning the Situation of the Spent Fuel Storage Measures," 24 October 2017(in Japanese), 2019년 1월 24일 접속, https://www.fepc.or.jp/about_us/pr/oshirase/__icsFiles/afieldfile/2018/01/09/press_20171024.pdf.

6 2017년 말 기준 사용후핵연료 저장 상황에 대해서는 다음 참조. Korea Hydro and Nuclear Power, "Status of Spent Fuel Stored(as of the end of 2017)," 8 January 2018(in Korean), 2019년 1월 17일 접속, http://cms.khnp.co.kr/board/BRD_000179/boardView.do?pageIndex=1&boardSeq=66352&mnCd=FN051304&schPageUnit=10&searchCondition=0&searchKeyword=. 고리 1호기 노심에는 44t의 핵연료가 들어 있다. 고리 2호기는 50t. 한빛(영광) 3호기 및 4호기는 각각 73t, 고리 3호기 및 4호기, 한빛(영광) 1호기 및 2호기, 한울(울진) 1호기와 2호기는 각각 76t. Korean Nuclear Society, Korean Radioactive Waste Society, and Green Korea 21, "Alternatives and Roadmap for Spent Fuel Management in South Korea," 19 August 2011(in Korean), Table 3.2.

7 Robert Alvarez et al., "Reducing the Hazards from Stored Spent Power-Reactor Fuel in the United States," *Science & Global Security*, 11(2003): 1-51, Fig. 7, 2019년 1월 17일 접속, https://www.princeton.edu/sgs/publications/articles/fvhippel_spentfuel/rAlvarez_reducing_hazards.pdf.

8 US Nuclear Regulatory Commission, 2019년 1월 17일 접속, https://www.nrc.gov/images/waste/spent-fuel-storage.jpg.

9 US Nuclear Regulatory Commission, *Expedited Transfer*, Tables 42 and 43; National Research Council, *Safety and Security of Commercial Spent Nuclear Fuel Storage*(Washington, DC: National Academies Press, 2006).

10 다음에서 수정. National Academies of Sciences, Engineering, and Medicine, *Lessons Learned from the Fukushima Nuclear Accident for Improving the Safety and Security of U.S. Nuclear Plant: Phase 2*(Washington, DC: National Acad-

emies Press, 2016), Figure 2.1. 4월 27일 무렵에 시작하는 수위 저하는 물 주입을 실험적으로 정지한 결과다. 실험의 목적은 누설에 의한 상당량의 추가적인 물 손실이 발생하고 있는지 여부를 알아보기 위해서 물주입 정지로 인한 수위 저하 속도와 증발 예측을 비교하는 것이었다.

11 Tokyo Electric Power Company, *Fukushima Nuclear Accidents Investigation Report*, 2012, Attachment 9-5, "Results of Fukushima Daiichi Unit 4 Spent Fuel Pool(SFP) Status Investigation," Figure 3, 2019년 2월 13일 접속, http://www.tepco.co.jp/en/press/corp-com/release/betu12_e/images/120620e0106.pdf.

12 Randall Gauntt et al., *Fukushima Daiichi Accident Study(Status as of April 2012)*, Sandia National Laboratories, SAND2012-6173, 2012, Figures 117 and 121, 2019년 1월 17일 접속, http://prod.sandia.gov/techlib/access-control.cgi/2012/126173.pdf.

13 "Fukushima Daiichi Nuclear Plant Hi-Res Photos," 2019년 1월 17일 접속, https://cryptome.org/eyeball/daiichi-npp/daiichi-photos.htm.

14 Alvarez et al., "Reducing the Hazards."

15 Citizens' Nuclear Information Center, "Mechanism of Core Shroud and its Function," n.d. 2019년 2월 13일 접속, http://www.cnic.jp/english/newsletter/nit92/nit92articles/nit92shroud.html.

16 원자로의 노심 내의 Cs-137 축적량은 같은 양의 사용후핵연료에 포함된 양의 절반 정도에 지나지 않는다. 왜냐하면 노심 내 핵연료의 평균 연소도는, 방출되는 사용후핵연료의 연소도의 절반밖에 되지 않기 때문이다. 따라서 대략적으로 말해, 멜트다운을 일으킨 1,2,3호기의 노심에 있던 것은 약 1.5 노심 분량의 사용후핵연료에 상당하는 양의 Cs-137이다. 4호기의 노심(임시로 사용후핵연료 저장조에 이동되어 있었음)에는 마찬가지로, 노심의 약 절반 양의 Cs-137이 들어 있었다. 따라서 이것과는 다른 오래된 사용후핵연료의 한 개 노심 분량과 함께 4호기의 사용후핵연료 저장조는 역시 약 1.5 노심 분량의 사용후핵연료에 상응하는 Cs-137이 들어 있었다. 더 자세한 분석, 즉 각각의 원자로의 연료 교체 일정, 1호기의 정격 출력은 2,3,4호기의 60%

였다는 사실, Cs-137의 붕괴의 영향을 고려한 결과는 사고 시의 1,2,3호기의 노심의 Cs-137의 축적량은 698PBq, 4호기의 사용후핵연료 저장조의 양은 884PBq로 산출되었다. 다음을 참조. Kenji Nishihara et al., "Estimation of Fuel Compositions in Fukushima-Daiichi Nuclear Power Plant," Japan Atomic Energy Agency, 2012-018, 2012, 2019년 2월 4일 접속, http://jolissrch-inter.tokai-sc.jaea.go.jp/search/servlet/search?5036485&language=1

17 UN Scientific Committee on the Effects of Atomic Radiation, *UNSCEAR 2013 Report: Sources, Effects and Risks of Ionizing Radiation*(New York: United Nations, 2014), para. 25, 2019년 1월 17일 접속, http://www.unscear.org/docs/reports/2013/13-85418_Report_2013_Annex_A.pdf.

18 체르노빌 사고 후 구소련 당국은 강제 퇴거와 엄격한 방사능 통제의 오염 수준 임계치를 각각 40Ci(curie, 퀴리)/km^2(1.48MBq/m^2)15curie/km^2(0.56MBq/m^2)로 정하였다. UN Scientific Committee on the Effects of Atomic Radiation, *UNSCEAR 2000 Report to the General Assembly, with Scientific Annexes: Sources and Effects of Ionizing Radiation*, Vol. 2, Annex J, "Exposures and Effects of the Chernobyl Accident"(New York: United Nations, 2000), 2019년 1월 17일 접속, http://www.unscear.org/docs/publications/2000/UNSCEAR_2000_Annex-J.pdf.

19 후쿠시마에서 일본 정부는 피난지 기준을 차폐 없는 상태에서의 선량률로 하여 사고 직후 1년에 연간 20mSv로 했다. 이것은 날씨 감쇠 효과를 고려하면 대략 1.5MBq/m^{2}에 해당한다. Frank N. von Hippel and Michael Schoeppner, "Economic Losses from a Fire in a Dense-Packed U.S. Spent Fuel Pool," *Science & Global Security*, 25(2017): 80-92, endnote 10, 2019년 3월 27일 접속, https://doi.org/10.1080/08929882.2017.1318561.

20 Tetsuo Yasutaka and Wataru Naito, "Assessing Cost and Effectiveness of Radiation Decontamination in Fukushima Prefecture, Japan," *Journal of Environmental Radioactivity* 151(2016): 512-520, Table 1.

21 UN Scientific Committee on the Effects of Atomic Radiation, *UNSCEAR 2000 Report*, Vol. 2, Annex J, "Exposures and Effects of the Chernobyl Accident," para.

108, 2019년 3월 7일 접속, http://www.unscear.org/docs/publications/2000/UNSCEAR_2000_Annex-J.pdf.

22 Fukushima prefecture, "Transition of Evacuation Designated Zones," 2019년 3월 16일 접속, http://www.pref.fukushima.lg.jp/site/portal-english/en03-08.html.

23 Reconstruction Agency, "Efforts for Accelerated Fukushima Reconstruction," 28 September 2018(in Japanese), 2019년 1월 17일 접속, http://www.reconstruction.go.jp/portal/chiiki/hukkoukyoku/fukusima/material/180928_fukkokasoku_r.pdf.

24 Citizens' Nuclear Information Center, "Fukushima Evacuees Abandoned by the Government," 2 April 2018, 2019년 1월 17일 접속, http://www.cnic.jp/english/?p=4086; "Lifting Fukushima Evacuation Orders," *Japan Times*, 3 April 2017, 2019년 1월 17일 접속, https://www.japantimes.co.jp/opinion/2017/04/03/editorials/lifting-fukushima-evacuation-orders/#.WcrqakyZPYI.

25 von Hippel and Schoeppner, "Reducing the Danger."

26 US Environmental Protection Agency, *Protective Action Guides and Planning Guidance for Radiological Incidents*, January 2017, 69, 2019년 3월 15일 접속, https://www.epa.gov/sites/production/files/2017-01/documents/epa_pag_manual_final_revisions_01-11-2017_cover_disclaimer_8.pdf.

27 마이클 세프너 계산에 의한 지도. 다음의 논문 참조. Frank N. von Hippel and Michael Schoeppner, "Reducing the Danger from Fires in Spent Fuel Pools," *Science & Global Security* 24(2016): 141-173, http://dx.doi.org/10.1080/08929882.2016.1235382. 피난 지역의 경계는 1MBq/m^{2}에서 1.5MBq/m^{2}로 변경되었다.

28 UN Development Program and UN International Children's Emergency Fund, *The Human Consequences of the Chernobyl Nuclear Accident: A Strategy for Recovery*, 25 January 2002, Table 3.1, 2019년 3월 15일 접속, http://chernobyl.undp.org/english/docs/strategy_for_recovery.pdf.

29 International Commission on Radiological Protection, "One Year Anniversary of the North-eastern Japan Earthquake, Tsunami and Fukushima Dai-ichi Nuclear

Accident," 12 March 2012, 2019년 3월 18일 접속, http://www.icrp.org/docs/Fukushima%20One%20Year%20Anniversary%20Message.pdf.

30 Justin McCurry, "Fukushima Effect: Japan Schools Take Health Precautions in Radiation Zone," *The Guardian*, 1 June 2011, 2019년 3월 16일 접속, https://www.theguardian.com/world/2011/jun/01/fukushima-effect-japan-schools-radiation.

31 간 총리에 대한 설명 슬라이드의 영어 번역은 다음 참조. Shunsuke Kondo, "Rough Description of Scenario(s) for Unexpected Situation(s) Occurring at the Fukushima Daiichi Nuclear Power Plant," 25 March 2011, 2019년 1월 17일 접속, http://kakujoho.net/npp/kondo.pdf. 일본어 원문은 다음 참조. http://www.asahi-net.or.jp/~pn8r-fjsk/saiakusinario.pdf.

32 "Nuclear Regulation Authority Joint Press Conference Minutes," 19 September 2012(in Japanese), 2019년 1월 24일 접속, http://warp.da.ndl.go.jp/info:ndljp/pid/11036037/www.nsr.go.jp/data/000068514.pdf.

33 Masafumi Takubo and Frank N. von Hippel, "An Alternative to the Continued Accumulation of Separated Plutonium in Japan: Dry Cask Storage of Spent Fuel," *Journal for Peace and Nuclear Disarmament* 1, no. 2: 281-304, 2019년 1월 17일 접속, https://doi.org/10.1080/25751654.2018.1527886.

34 Alvarez et al., "Reducing the Hazards."

35 National Research Council, Safety and Security, Finding 4E.

36 US Nuclear Regulatory Commission, Expedited Transfer, Tables 1, 35, and 52.

37 계산은 미국 동부 버지니아에 있는 서리 원자력발전소에서의 사고를 가정한 것이다. US NRC는 각 원전에 대한 계산을 한 것이 아니라, 서리 부지를 평균적인 부지로 다루고 있다. 원자로에서 50마일(80km) 내 거리의 인구에 기초하였다.

38 이 분석 결과는 미 의회의 위탁에 의한 본 건에 관한 두 번째 미국 국립과학아카데미 보고서에서 발췌하여 공표되었다. 이 책의 필자 중 한 명(반히펠)이 이 연구에 참여하였다. National Academies of Sciences, Engineering, and

Medicine, *Lessons Learned* Table 7.2.

39 von Hippel and Schoeppner, "Economic Losses."

40 US Nuclear Regulatory Commission, "Memorandum and Order in the Matter of Entergy Nuclear Operations, Inc.(Indian Point Nuclear Generating Units 2 and 3)," 4 May 2016, 39, 2019년 2월 14일 접속, https://www.nrc.gov/docs/ML1612/ML16125A150.pdf.

41 Yasutaka and Naito, "Assessing Cost and Effectiveness," Table 1.

42 von Hippel and Schoeppner, "Economic Losses."

43 von Hippel and Schoeppner, "Economic Losses."

44 마이클 세프너가 계산한 지도. von Hippel and Schoeppner, "Economic Losses."

45 다음 문서에 발표된 US NRC 직원들의 분석 결과. National Academies of Sciences, Engineering, and Medicine, *Lessons Learned*, Table 7.2; 1.5MBq/m^2를 임계치로 하는 계산 결과는 다음 참조. von Hippel and Schoeppner, "Economic Losses," Table 1.

46 "Draft Basic Plan of High-Level Radioactive Waste Management," Korea Atomic Energy Commission, 2016(in Korean). t수는 핵연료 속에 든 초기 우라늄 무게.

47 계산은 45MWt-days/kg of uranium 연소도의 사용후핵연료에 대해 ORIGEN 2 코드를 사용. ORIGEN 2code("ORIGEN 2.1: Isotope Generation and Depletion Code Matrix Exponential Method," Oak Ridge National Laboratory, 1996). 이러한 결과는 US NRC의 직원들이 다음 문서에서 얻은 결과와 부합한다. *Expedited Transfer*, 79.

48 US Nuclear Regulatory Commission, *Expedited Transfer*, Table 52.

49 S. Saha et al., "NCEP Climate Forecast System Version 2(CFSv2) 6-Hourly Products," Research Data Archive at the National Center for Atmospheric Research, Computational and Information Systems Laboratory, 2011, 2019년 1월 17일 접속, http://dx.doi.org/10.5065/D61C1TXF.

50 그림의 계산은 마이클 세프너가 수행. Jungmin Kang et al., "An Analysis of a Hypothetical Release of Cesium-137 from a Spent Fuel Pool Fire at Kori-3 in South Korea," *Transactions of the American Nuclear Society* 117(2017): 343-45, 2019년 1월 17일 접속, http://answinter.org/wp-content/2017/data/polopoly_fs/1.3880142.1507849681!/fileserver/file/822800/filename/109.pdf.

51 Kang et al., "Hypothetical Release."

제3부

나아갈 방향

자원 활용(즉, 사용후핵연료의 우라늄과 플루토늄으로부터 에너지를 더 꺼내는 것)이 목적이 아니라면 재처리하지 않고 사용후핵연료를 직접 처분하는 것이 좋다.

–도치야마 오사무(2014)*
(경제산업성 지층처분기술 워킹그룹 위원장,
원자력 안전연구협회 처분시스템 안전연구소 소장)

* Quoted in Daisuke Yamada, "As I See It: Gov't Needs to Look at Options on Handling, Disposal of Radioactive Waste," Mainichi, 1 May 2014, accessed 27 January 2019, http://www.fukushima-is-still-news.com/article-but-still-no-concrete-plan-to-store-waste-123496575.html.

제6장

조기 건식 캐스크 저장:
밀집저장조와 재처리보다 안전한 대안

재처리 계획의 취소와 지연, 그리고 사용후핵연료의 중앙집중식 저장부지와 처분부지 확보 지연으로 인해, 많은 국가에서 원자력발전 회사들이 사용후핵연료 저장용량을 늘리기 위해 가장 비용이 적게 드는 방법으로 사용후핵연료 밀집저장을 취해 왔다. 제5장에서 논의한 바와 같이, 사용후핵연료 밀집저장은 후쿠시마 사고보다 100배나 더 심각한 핵사고 발생 가능성을 낳는다.

원자력 의존의 지속에 관한 국가의 정책에 관계없이 저장조에서 몇 년간 식힌 후에 사용후핵연료를 소내 건식 캐스크로 옮기는 것은 비용은 조금 더 들지만 훨씬 안전한 방법이다. 사실, 소내 건식 캐스크 저장의 이용은 저장조에서 사용후핵연료를 옮겨야 하는 원자로 해체 작업를 촉진할 것이다.

이 장에서는 이러한 대안 그리고 그와 관련된 안전, 수송, 중앙집중식 저장 문제에 대한 일반적 개요를 제공한다.

경수로에서 방출된 사용후핵연료의 붕괴열은 핵분열 연쇄반응이 끝난 뒤 며칠 후 사용후핵연료 1t당 100kW 이상이었던 것이 5년 후면 2-4kW로 감소한다(그림 6.1). 그래서 저장조에서 약 5년간 냉각 후 사용후핵연료를 공랭식 건식 캐스크 저장으로 옮길 수 있는 것이다.

사용후핵연료 내의 엄청난 양의 방사능을 감안할 때, 사용후핵연료 저장 시설의 주된 목적은 방사능이 연료봉의 금속 피복재 내에 잘 밀봉되어 있는지 확신하고, 원전 작업자와 일반 대중을 사용후핵연료의 투과성 방사선으로부터 보호하는 것이다. 사용후핵연료 저

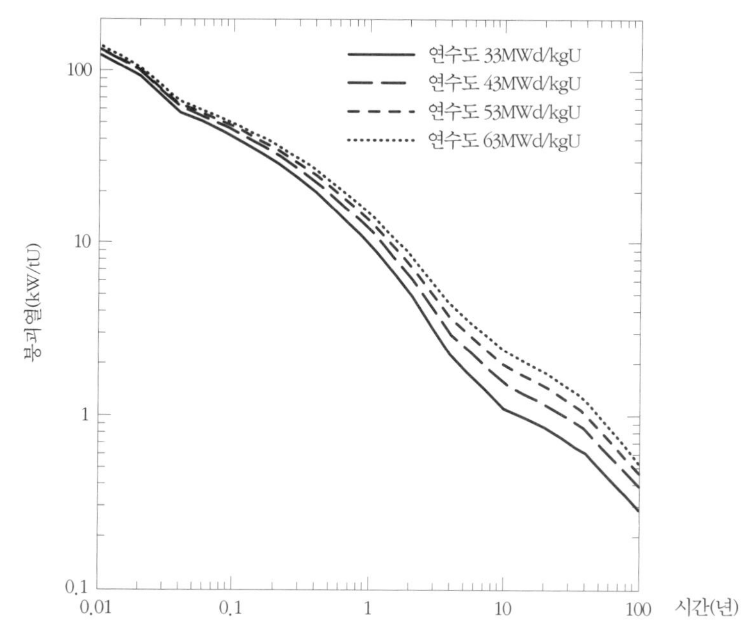

[그림 6.1] 시간에 따른 사용후핵연료 붕괴열의 감소

그림의 곡선들은 1kg의 핵연료에서의 네 가지 수준의 핵분열 에너지 생산에 대해 표시한다. 방출된 누적 핵분열 에너지가 핵연료에서 핵분열('연소')된 원래의 우라늄의 비율에 비례하기 때문에 이러한 정도를 '연소도'라고 한다. 오늘날 경수로의 전형적인 연소도는 연료 내 우라늄 kg당 43–53MWt-days/kgU다(과학과국제안보[1]).

장조는 수 미터의 물 아래에 사용후핵연료를 저장한다. 그렇게 하여 사용후핵연료 피복재를 냉각시킨다. 물은 또한 사용후핵연료가 방출하는 중성자와 감마선을 차단한다. 그러나 물이 저장조에서 새거나 끓으면 이 두 가지 방호 기능은 잃게 되고, 이전 장에서 설명한 대로 사용후핵연료 화재가 발생할 수 있다.

6.1 건식 저장

전 세계 대부분의 원자력발전소들은 사용후핵연료를 재처리할 것으로 예상하여 설계되었다. 따라서 몇 년간의 냉각 후에 사용후핵연료가 재처리 공장으로 수송될 것이라는 가정 아래 저장조 규모가 결정되었다. 사용후핵연료는 차폐된 공랭식 캐스크로 수송될 것이었다.

그러나 제5장에서 설명했듯이 1980년대 초, 재처리가 경제적으로 의미가 없다는 것을 미국과 여러 국가들의 원자력발전회사들이 알아차렸을 때, 원자로로부터 20-30년 방출 분량의 사용후핵연료를 저장할 수 있도록 저장조의 저장밀도를 높이기로 결정했다. 그 후, 소외 저장 부지 확보에 대한 전망이 여전히 보이지 않는 상황에서, 원자력발전회사들은 건식 캐스크를 이용하여 소내 사용후핵연료 저장용량을 추가로 확보했다.

독일은 선구적으로 저장 목적의 캐스크를 사용하기 시작했다. 캐스크는 원래 프랑스와 영국의 재처리 공장으로 사용후핵연료를 수송하기 위해 설계되었다. 독일의 캐스크는 무게가 약 100t에 이르는 거대한 주철제다(그림 6.2).[2] 캐스크의 금속은 사용후핵연료에 의해 방출되는 거의 모든 감마선을 흡수할 수 있을 정도로 두껍다. 두께가 두꺼운 금속을 관통할 수 있는 자발적 핵분열에 의한 고속 중성자는 캐스크 벽에 붕산화 플라스틱 층을 포함시켜 대처한다. 고속 중성자는 플라스틱 내 수소 핵과 충돌하여 느려지고 붕소 핵에

[그림 6.2] 독일의 주철제 사용후핵연료 저장수송 겸용 캐스크

사진은 독일 뒤셀도르프의 GNS 창고에 있는 캐스크들이다. 맨 왼쪽에 서 있는 클라우스 얀버그는 1980년부터 2000년까지 GNS의 CEO로 재직하면서 사용후핵연료의 재처리를 위해 프랑스와 영국으로 수송하는 것보다 저렴한 대안으로서의 중간 저장에 이 캐스크를 선구적으로 사용했다(클라우스 얀버그).

흡수된다.

사용후핵연료 붕괴열이 t당 몇 kW로 감소하면, 사용후핵연료는 캐스크에 저장될 수 있다. 일반적으로 캐스크는 헬륨으로 채워져 있으며, 열전도율이 높기 때문에 캐스크 중앙의 사용후핵연료에서 외벽으로 열을 잘 전달할 수 있다. 그래서 사용후핵연료 피복재가 손상될 수 있는 수준 이하 온도로 유지된다. 캐스크 주변의 헬륨 탐지

기는 캐스크에 누설이 발생하면 기술자에게 알린다.

캐스크 표면적은 충분히 넓어서 m^2당 공기 냉각 요구가 정오의 태양에 의해 가열되는 검은 도로 표면의 그것과 거의 동일한 정도다. 캐스크 내부의 핵연료봉은 400℃ 미만의 온도로 유지된다. 이 온도보다 높으면 핵연료 피복재가 약화되어 기체성 핵분열 생성물의 내부 압력으로 늘어날 수 있다.[3]

대부분의 국가에서 재처리에서 건식 저장으로 관심이 이동함에 따라, 특히 미국에서 금속 캐스크보다 비용이 덜 드는 대안이 고안

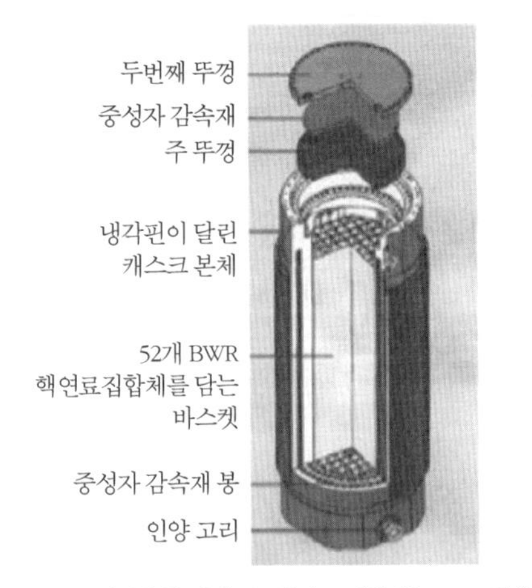

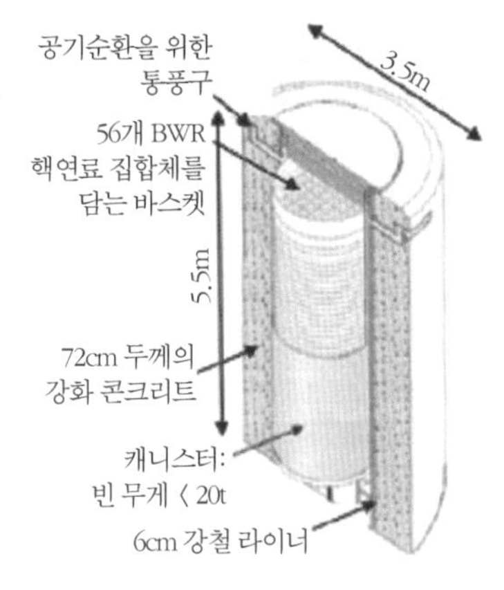

BWR(비등수형 원자로): 핵연료 집합체는 0.18t의 우라늄을 담고 있다.
PWR(가압수형 원자로): 핵연료 집합체는 0.45t의 우라늄을 담고 있다.

[그림 6.3] 두 종류의 사용후핵연료 건식 저장용기

중성자를 포획하기 위한 붕산화 플라스틱 층이 있는 강철 또는 주철제 금속 캐스크(왼쪽)와 철근 콘크리트 방사선 차폐 내부의 얇은 강철판 캐니스터(오른쪽)(과학과국제안보[4]).

되었다. 오늘날 미국에서 사용되는 건식 저장의 주된 형태로, 사용후핵연료 집합체는 얇은 두께의 강철 캐니스터에 담겨 있고, 캐니스터 주변의 두꺼운 철근 콘크리트로 방사선 차폐를 제공한다(그림 6.3). 차폐 쉘에는 캐니스터 외부와 철근 콘크리트 쉘 사이의 공간 하단으로 냉각 공기가 유입되는 통풍구가 있다. 뜨거운 통 벽과 접촉하여 데워진 공기는 부력으로 상승하고 상단의 통풍구를 통해 배출되면서, 더 차가운 공기를 하단 통풍구로 끌어온다. 공기 펌프가 필요 없으므로 전원이 필요하지 않다. 따라서 건식 캐스크 저장은 '수동적으로 안전'하다. 차폐로 캐니스터를 둘러싼 단점은 균열 또는 부식을 검사하기가 어렵다는 것이다. 이것은 소금이 공기 중에 포함되어 있는 해안지역에서 특히 문제가 된다.[5]

다수의 캐니스터는 때때로 대류 공기 냉각을 위한 내부 통로가 있는 대규모 차폐 구조물 내에 수직 또는 수평으로 함께 저장된다.[6]

캐니스터는 수송 캐스크에 의해 제공되는 것과 유사한 차폐를 제공하는 무거운 '오버 팩overpack' 용기 내부에 넣어서 수송될 수 있다.[7]

1000MWe 경수로는 일반적으로 매년 약 20t의 사용후핵연료를 방출한다. 방사선 차폐 기능이 있는 캐스크 또는 캐니스터는 10t 또는 그 이상의 사용후핵연료를 저장할 수 있으며, 가격은 한 개당 100-200만 달러다.[8]

[그림 6.4]에서 볼 수 있듯이, 경수로 한 기에서 수명기간 방출된 사용후핵연료는 1ha(1만m^2)의 면적의 대지에 모두 저장될 수 있

다.[9] 이 정도 면적의 대지는 미국 원전 주변의 보안구역 내에서 쉽게 구할 수 있다.

한국에서는 월성 부지에 있는 중수로 네 기의 저장조들이 1990년대에 가득 찼다. 오늘날 경수로에 사용되는 저농축 우라늄 핵연료의 '연소도'(우라늄 kg당 누적 핵분열 에너지 방출량)는 40MWt-days/kgU

[그림 6.4] 콘크리트 차폐 캐니스터에 저장된 미국의 사용후핵연료

1968년부터 1996년까지 운전된 전기출력 560MWe 코네티컷 양키 원전의 부지 흔적. 오른쪽 세 개 캐스크에는 원자로 압력용기 내 방사능에 오염된 내부 구조물들이 들어 있다. 이 모두는 해체 원전의 현장에 남아 있다. 나머지 40개 캐스크는 원자로의 운전기간 동안 배출된 사용후핵연료의 90% 이상을 저장하고 있다. 상단에 공기 배출구 구멍이 있고, 철근 콘크리트 실드의 바닥에는 정사각형 공기흡입구가 보인다(코네티컷 양키[10]).

이상인데 비해, 이들 중수로에 사용된 천연우라늄 핵연료는 7MWt-days/kgU의 낮은 연소도로 방출된다. 따라서 중수로는 생산된 전력량당 경수로보다 약 여섯 배 많은 사용후핵연료를 방출한다. 그래서

[그림 6.5] 한국 월성원전의 사용후핵연료 건식 저장

왼쪽 하단에는 중수로 네 기 중 두 기의 원통형 격납 건물이 있으며 관련 터빈 발전기 건물이 뒤에 있다. 오른쪽 상단에는 원자로 저장조에서 냉각시킨 사용후핵연료의 건식 저장을 위한 구역이 있다. 사용후핵연료 캐니스터 모두가 개별 방사선 차폐가 있는 것은 아니다. 일부 사용후핵연료는 수동적 공기 냉각 기능을 가진 공기 통로가 있는 40개의 사용후핵연료 캐니스터가 들어 있는 '맥스터(MACSTOR-400)'라 부르는 철근 콘크리트 건물에 저장되어 있다(구글 어스, 2013년 3월 27일, 35°43'58"N, 129°28'28"E, 캐나다원자력공사).

새로 방출된 사용후핵연료를 위한 저장조 공간을 확보하기 위해, 오래 냉각된 사용후핵연료는 저장조에서 공랭식 건식 저장 시설로 이동되었다(그림 6.5). 2017년 9월 말 기준 약 6000t의 중수로 사용후핵연료가 월성의 건식 저장 시설에 저장되어 있다.[11] 이 양은 네 기의 중수로들이 16년간 방출한 양인데, 동일한 발전용량을 가진 경수로의 경우 약 100년간의 방출량에 해당한다.

독일과 일부 국가에서는 저장 캐스크를 두꺼운 벽으로 된 건물 안에 배치하여, 추가적인 방사선 차폐를 제공하고 충돌하는 항공기와 대전차 무기를 사용할 수도 있는 테러리스트의 공격으로부터 보호한다.[12] 원자력발전회사가 사용후핵연료를 재처리해야 한다는 요구를 폐지한 1998년 신 사회주의-녹색 정부의 결정에 따라, 독일의 모든 원자력발전회사들은 소내 건식 캐스크를 도입하였다. 독일의

[그림 6.6] 독일 네카르베스트하임 원전의 사용후핵연료 저장 터널 건설 중(왼쪽)과 최초의 캐스크 몇 개가 저장되어 있는 상태(오른쪽)(볼프강 헤니[13]).

원전 중 한 곳을 제외하고는 캐스크들이 건물 내에 저장되어 있다. 공간이 충분하지 않은 곳에는 부지 아래에 터널을 뚫어 캐스크들을 보관하고 있다(그림 6.6).

일본 원자력발전회사들 중 도쿄전력과 일본원자력발전주식회사JAPC는 아오모리현 롯카쇼 재처리 공장 근처의 무츠시에 공동 소유의 건식 캐스크 저장 시설을 건설했다(그림 6.7). 그러나 그 시설을 운영하는 회사명인 재활용핵연료저장주식회사RFS: Recyclable-Fuel Stor-

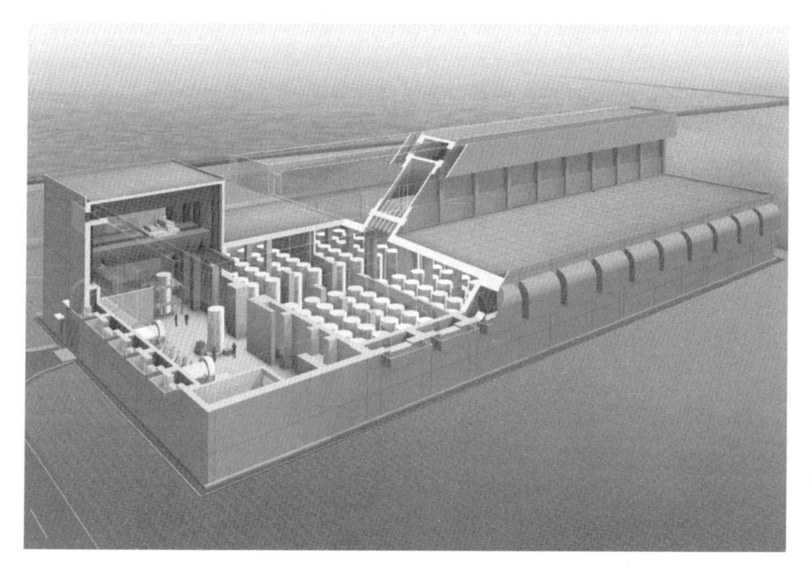

[그림 6.7] 재활용핵연료저장주식회사의 건식 캐스크 저장 시설

약 3000t의 사용후핵연료를 건식 캐스크에 저장하도록 설계된 이 시설은 아오모리현에 있다. 지붕의 핀은 건물을 통해 외부 공기의 수동적 대류 흐름을 촉진한다. 핀 상단의 통풍구를 통해 따뜻한 공기가 상승하면 외벽 상단의 통풍구를 통해 시원한 외부 공기가 유입된다(재활용핵연료저장주식회사).

age Company가 명시하는 바와 같이, 시설에 저장되는 사용후핵연료는 재처리되어 플루토늄과 우라늄이 재활용되도록 되어 있다. 일본이 재처리를 포기하여 그 저장 시설이 영구 저장 시설로 전환하지 않도록 하기 위해 아오모리현은 롯카쇼 재처리 공장이 확실히 가동되리라는 것이 명확해질 때까지 그 시설에 한 개의 테스트 캐스크도 배치할 수 없다고 밝혔다.[14]

도쿄전력과 일본원자력발전주식회사는 각각 자체 부지들 중 한 곳씩에 소내 건식 캐스크를 도입하고 있다. 도쿄전력은 불운한 후쿠시마 다이이치 원전에, 일본원자력발전주식회사는 도카이 다이니 원전에 있다. 2019년 초 기준, 일본의 열 개 원자력발전회사들 중 세 개 회사가 추가로 소내 건식 캐스크 건설을 위한 인허가를 신청하고 있고, 다른 네 개 회사는 가능성을 검토하고 있다. 후쿠이현 세 곳에서 원전들을 운영하고 있는 나머지 원자력발전회사인 간사이전력은 원전들이 위치해 있는 세 개 지역 지자체로부터 소내 건식 캐스크 도입에 대해 지지받고 있다. 후쿠이현 전 지사는 건식 저장소가 현 외부에 소재할 것을 주장했지만,[15] 그러나 그러한 진전이 없는 가운데, 2019년 4월 선거 직전, 최종적으로 승리한 반대 측 후보와 마찬가지로, 그는 현외 반출 전까지의 저장방법으로 현 내 건식 저장을 검토할 용의가 있다고 표명하였다.[16]

2018년 말 기준, 원전을 운영하고 있는 30개국과 대만의 상황은 다음과 같다.

- 22개 국가들은 원전 부지 내 또는 중앙집중식 부지에 건식 저장 시설을 건설했거나 건설할 계획이다.[17]
- 6개 국가들(브라질, 핀란드, 슬로바키아, 슬로베니아, 남아프리카, 스웨덴)은 중간저장용 저장조를 선택했다.
- 프랑스의 재처리 프로그램에도 불구하고 재처리 공장의 거대한 사용후핵연료 저장조가 가득 차고 있어서, EDF는 다른 부지에 대형 사용후핵연료 저장조를 건설할 것을 제안했다. 그러나 원자력 시설의 안전 및 보안에 관한 의회 특별 조사위원회는 '안전하고 저렴해 보이는' 건식 캐스크 저장을 권장했다.[18]
- 네덜란드는 재처리 폐기물만 수용할 수 있게끔 설계되어 있는 소규모 방사성폐기물 저장 시설 때문에 프랑스의 유일한 해외 재처리 고객으로 남아 있다. 네덜란드와 프랑스의 복잡한 재처리 계약에 의하면, 재처리를 위해 네덜란드의 저농축 우라늄 사용후핵연료를 라하그에 보내고, 네덜란드의 사용후 MOX 핵연료는 처분을 위해 프랑스로 보낸다. 네덜란드 원자로는 네덜란드 플루토늄의 양과 동일한 양의 플루토늄을 MOX 핵연료로 핵분열시킨 후 사용후 MOX 핵연료는 프랑스로 보내는 대신, 그 속에 포함된 핵분열 생성물과 동등한 방사능량의 유리화된 재처리 폐기물은 네덜란드가 받는다.[19]
- 이란은 사용후핵연료에서 플루토늄의 추출 가능성에 대한 국제적 우려를 완화하기 위해, 2015년 합의된 포괄적 공동행동계획JCPOA의 일환으로 포함된 플루토늄과 함께 사용후핵연료를 러시

아로 보내기로 합의했다.

2013년 말 기준 전 세계 사용후핵연료의 59%가 원자로 사용후핵연료 저장조에, 24%가 건식 저장 시설에, 13%가 원전 부지 외 사용후핵연료 저장조에 있다. 나머지 4%는 보고되지 않았다.[20]

미국에서는 원자로가 마지막으로 폐쇄된 후에는 건식 저장 운영비용이 낮기 때문에 비용에 민감한 원자력발전회사가 가능한 빨리 사용후핵연료를 저장조에서 건식 캐스크로 옮긴다.

사용후핵연료 연간 발생량과 같은 양을 지하 처분장에서 받아

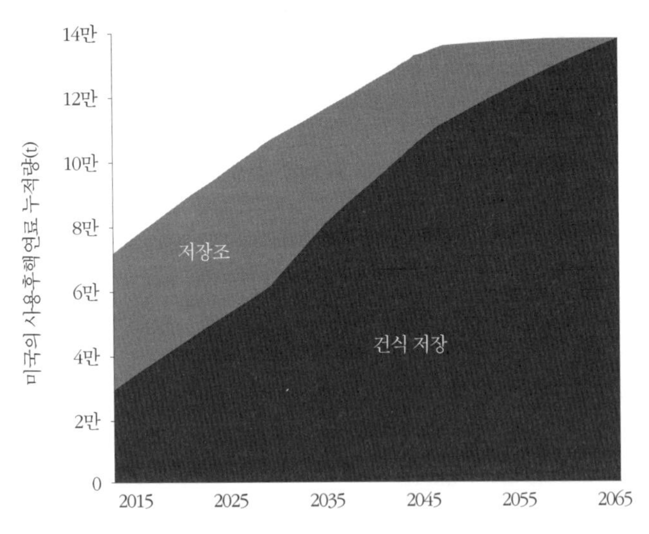

[그림 6.8] 미국 사용후핵연료의 저장조 저장과 건식 저장 비율의 추이 예측
원전이 해체됨에 따라, 사용후핵연료는 저장조에서 건식 저장 시설로 옮겨진다(미 에너지부[21]).

들일 때까지, 저장되는 사용후핵연료량은 계속 증가할 것이다. 그리고 오래된 원전이 폐쇄됨에 따라 건식 캐스크에 저장되는 사용후핵연료의 비율은 계속 증가할 것이다. [그림 6.8]은 미국 내 원전이 60년 간 운전 후 폐쇄되고 신규 원전은 더 이상 건설되지 않는다는 가정 아래 미국에 대한 2016년 예측을 보여준다.

6.2 비용면에서의 이점

건식 저장의 자본비용은 수십억 달러나 하는 원자로의 자본비용에 비해 낮다. 두꺼운 강철 저장 캐스크와 대류 냉각 건물 비용을 포함해도 일본의 무츠 저장 시설(그림 6.7)은 3000t의 사용후핵연료를 저장하는 데 약 10억 달러다. 저장되는 사용후핵연료는 전기출력 1000MWe 경수로 네 기의 40년 방출량에 해당한다.[22] kWh당 저장비용은 총 발전비용의 약 1%다.[23]

1998년 일본 경제산업성의 전직 부처의 연구에 의하면, 같은 저장용량의 사용후핵연료 저장조는 자본비용은 거의 같지만, 능동적인 수냉각과 처리 시스템의 필요, 그리고 이러한 시스템을 유지관리하고 모니터링해야 하므로 저장조 운영비용은 건식 캐스크 저장보다 약 여섯 배 높다(표 6.1).

〈표 6.1〉 일본의 5000t 사용후핵연료 저장 시설의 비용 견적

저장조와 건식 저장 시설에 대한 자본비용은 거의 같지만, 건식 저장 시설의 운영비용은 훨씬 적다.[24] 3000t 용량의 건식 캐스크 저장 시설이 건설되었고(그림 6.7), 용량 2000t의 두 번째 건물을 추가할 계획이다.

비용(1000억 엔, 1998; ~10억 달러, 2018)	저장조 저장	캐스크 저장
자본비	1.56	1.31
운영비(건설 후 54년간 누적)	1.40	0.24
사용후핵연료 수송비	0.04	0.06
합계	3.00	1.61

6.3 안전면에서의 이점

사용후핵연료 저장 시설은 사용후핵연료에서 방출되는 투과성 강한 방사선으로부터 근처의 사람들을 보호하고, 사고 시 방사성 물질의 방출을 최소화하도록 설계되어 있다. 저장조 저장의 경우, 냉각수의 상실로 사용후핵연료가 수면에서 노출되면 두 가지 안전 기능이 모두 실패한다. 제5장에서 논의된 바와 같이, 2011년 3월 11일 동일본 대지진 후 수주간 지진으로 인해 후쿠시마 다이이치 원전 4호기의 저장조에 금이 가서 냉각수를 손실할 우려가 있었다. 실제 누수는 없었지만 느리고 꾸준한 증발과정을 거쳐 물이 손실되었고 보충수의 양이 불충분했다. 사용후핵연료 저장조는 테러리스트의 공격에 취약하다. 테러리스트가 폭발물을 사용하여 저장조에 구

멍을 뚫으면, 이를 상쇄하기에는 너무 빠른 속도로 누수를 일으킬 수 있다.[25]

반면, 사용후핵연료 캐스크는 홍수, 토네이도, 지진, 쓰나미, 허리케인 등 자연재해에 영향을 거의 받지 않는다. [그림 6.9]는 후쿠시마 다이이치 원전에서 총 408개의 사용후핵연료 집합체, 무게로 약 70t의 사용후핵연료를 저장한 아홉 개의 거대한 강철 수송용 캐스크의 일부를 보여준다.[26] 사진은 쓰나미가 건물을 휩쓸고 간 후에

[그림 6.9] 쓰나미 후 후쿠시마 다이이치 사용후핵연료 저장 캐스크

왼쪽의 난간과 오른쪽의 첫 번째 캐스크에서 해초를 볼 수 있지만, 캐스크 내의 사용후핵연료는 손상되지 않았다(도쿄전력).

찍은 것이다. 건물의 구조가 손상되었지만 캐스크에 저장된 사용후핵연료는 과열되거나 화재를 일으키거나 포함된 휘발성 방사성 핵종들을 방출할 우려가 없었다. 따라서 캐스크에 저장된 사용후핵연료는 후쿠시마 사고에 대해 언론인들이 쓰고 말한 수백만 단어 속에 언급되지 않았다. 심지어 사고와 관련된 전개에 대한 보고서를 면밀히 관찰했던 일본 물리학자들조차도 현장의 캐스크 내의 사용후핵연료의 존재에 대해 알지 못했다.[27]

사용후핵연료 캐스크는 대전차 미사일이나 폭발물에 의해 구멍이 날 수 있고, 그 속에 든 사용후핵연료를 손상시킬 수 있다. 그러나 2006년 미국 국립과학아카데미의 검토 보고서는, 그러한 결과는 사용후핵연료 밀집저장조에서 발생할 수 있는 화재와 비교할 때 '상대적으로 작을 것'이라고 결론지었다.[28] 사용후핵연료 캐스크에 테러로 인한 화재는 사용후핵연료 내 방사성 물질의 더 많은 부분을 방출하게 할 수는 있지만 화재가 다른 캐스크로 번지지는 않을 것이다. 한 개 캐스크에 저장되는 대략 10t의 사용후핵연료는 밀집저장조의 수백t에 비하면 얼마 되지 않는 양이다. 원자로에서 최근 방출된 사용후핵연료 집합체에서 시작되는 화재는 저장조의 모든 사용후핵연료로 번질 수 있다.[29]

그러나 미국 국립과학아카데미 보고서는 먼 거리에서 캐스크를 겨냥할 수 없도록 방호벽과 '시각적 장애물'과 같은 캐스크에 대한 추가적인 방호조치를 취할 것을 제안했다.[30] 앞서 언급했듯이 독일과 몇몇 국가에서는 공격으로부터 추가적인 방호 조치를 제공하고

[그림 6.10] 홀텍이 제안한 미국 사용후핵연료 중앙집중식 저장 시설

왼쪽 그림은 사용후핵연료 캐니스터가 수동적 공랭식 지하 사일로에 배치된 모습을 보여준다. 오른쪽 그림은 차가운 공기가 각 덮개의 하단 외부에 있는 통기구를 통해 들어가 사일로 벽에 인접한 고리 모양 공간으로 내려가서 캐니스터의 외부벽을 따라 상승하면서 냉각시키고, 부력의 힘으로 뭉툭한 중앙 배기구를 통해 나간다(홀텍).

자 두꺼운 벽으로 된 건물 안에 캐스크를 설치한다. 미국 기업인 홀텍 인터내셔널Holtec International은 캐니스터를 지하에 박은 철근 콘크리트 사일로 내에 캐니스터를 배치함으로써 추가로 보호하는 저렴한 구조물을 팔고 있다. 캐니스터는 사일로 벽 내측 공간을 통해 아래로 흐르는 외부 공기에 의해 냉각된 다음, 따뜻한 공기의 부력에 의해 캐니스터 표면 위로 올라간다(그림 6.10).[31]

6.4 집중식 저장

소수 국가에서는 재처리 공장과 관련이 없는 집중식 사용후핵연료 저장 시설을 건설했다. 스웨덴에는 지하 처분장에 묻을 사용후핵연료를 저장하는 집중식 저장조 CLAB가 있다. CLAB는 20-30m의 암반 아래에 있는 동굴 속에 있다. 2018년 기준 인허가 저장용량은 약 8000t이지만, 용량을 약 1만 1000t으로 늘리기 위해 신청서가 제출되었다.[32]

재처리 공장에는 대규모 사용후핵연료 저장조가 있다.[33]

- 프랑스 라하그 재처리 공장 저장조의 총 저장용량은 1만 7600t으로, 운영 중인 원자로 58기에서 방출되는 사용후핵연료 약 13년 분량에 해당한다.[34] 2016년 말 기준 저장조에는 약 1300t의 사용후 MOX 핵연료를 포함하여 약 1만t의 사용후핵연료가 저장되어 있다.[35] 이들 사용후핵연료는 원래는 증식로의 초기 장전 핵연료용 플루토늄을 얻기 위해 재처리하기로 예정되었다. 현재 증식로가 없는 상황에서 이들 사용후핵연료는 최종 처리(심지층 처분 또는 재처리)가 미정인 상태로 중앙 저장조에 누적되어가고 있다.
- 일본 아오모리현 롯카쇼 재처리 공장에는 총 3000t 저장용량의 저장조가 있다. 앞서 언급했듯이, 아오모리현 무츠시에 두 원자력발전회사들이 추가로 3000t의 사용후핵연료를 저장하기 위해

집중식 건식 캐스크 저장 시설을 건설했다(그림 6.7). 같은 부지 내에 2000t 용량의 다른 저장 건물을 추가할 가능성이 있다. 원래, 무츠시의 시설에 저장된 사용후핵연료는 나중에 건설 계획인 제2 상업용 재처리 공장으로 보내질 계획이었다. 후쿠시마 사고 후 일본의 원자력 발전용량이 감소함에 따라 제2 재처리 공장이 건설될 것 같지는 않다.

- 러시아에서는 시베리아 크라스노야르스크 근처의 젤레즈노고르스크에 있는 미완공 재처리 공장의 8600t 저장용량 저장조가 경수로 사용후핵연료의 집중식 저장조로 사용되고 있다. 러시아의 RBMK 흑연로 사용후핵연료를 위한 2만 6510t의 저장용량과 1만 1275t의 경수로 사용후핵연료 등 총 3만 7785t을 저장할 수 있는 거대한 규모의 건식 캐스크 저장 시설이 근처에 건설되고 있다. 2018년 기준, 약 1만 6000t의 건식 저장 시설이 이미 운영 중인데, RBMK 사용후핵연료 약 절반, 경수로 사용후핵연료 약 절반이다.
- 영국에서는 '지하 처분 시설GDF이 이용 가능할 때까지(현재 2085년 예상)' 폐쇄된 THORP의 '수납 저장조'에 개량형 가스로에서 발생하는 사용후핵연료 최대 5500t을 저장할 것이다.[36]
- 미국에서는 1970년대 일리노이주 모리스에 건설되었으나 운영하지 않고 포기한 소규모 재처리 공장의 저장조가 772t의 사용후핵연료를 장기 저장하는 데 사용되고 있다.[37]

재처리를 하지 않는 국가에서는 한 부지 내 모든 원자로가 가동 중단될 때까지 사용후핵연료를 집중식 저장 부지로 옮길 경제적 인센티브가 거의 없다. 건식 저장 시설 운영의 주된 비용은 경비원의 급여다. 운영 중인 원전에서는 발전소 보안팀이 인원을 늘리지 않고 캐스크를 감시할 수 있다. 그러나 부지의 원자로들이 모두 폐쇄된 후에는 집중식 저장부지로 사용후핵연료를 옮기는 편이 보안비용을 절감하게 된다. 또한 원자로가 해체되고 부지가 정화된 후에는 부지 내 캐스크의 존재는 부지의 용도 변경을 복잡하게 하고, 사용후핵연료에 대한 책임 때문에 원자력발전회사가 소유 원전이 더 이상 없음에도 불구하고 그 부지에 존속하지 않으면 안될 가능성도 있다.[38]

과거 미국에서는 폐쇄된 원자로의 갈 곳 없는 '고아' 사용후핵연료를 통합하기 위해 중앙집중식 중간 건식 캐스크 저장 시설이 제안되었다. 그러나 임시저장이 영구저장이 될 수 있다는 잠재적 수용지역의 우려 그리고 사용후핵연료가 수송되는 경로에 위치해 있는 지역사회의 반대 때문에 건설되지 못했다. 그러나 2016년과 2017년에 WCSWest Control Specialists와 홀텍 인터내셔널 두 회사가 뉴멕시코주 남동부와 텍사스주 경계의 양측 사막 지역에 중간 저장 시설을 건설하는 인허가를 신청했다. 두 저장 시설 모두 기존의 핵폐기물 시설들과 함께 설치될 것이다. WCS는 주경계의 텍사스 쪽에 저준위방사성 폐기물 천층처분장을 운영하고 있다. 홀텍 부지는 플루토늄 오염 폐기물을 처분하는 심층처분장인 미 에너지부 WIPP 근처인 주 경계의 뉴멕시코주 쪽이다. 그들의 인허가 신청에 따르면 제안된 시설은 각각 최대 4만t의 사용후핵연료를 저장할 것이다.[39] 그러나 홀텍은 저장량을 기존의 미국의 모든 원전들이 폐쇄될 때까지 발생하는 총 사용후핵연료량에 거의 상응하는 12만t으로 늘리는 방안을 이후에 신청할 수 있다고 내비치었다(그림 6.8).[40] 홀텍은 캐니스터를 앞서 설명한 것처럼 수동적 공랭식 지하 사일로에 배치할 것이다(그림 6.10).

2008년 중간저장 부지 또는 지하 처분장에서 캐스크 재포장시설을 구축할 필요성을 피하기 위해 미 에너지부는 저장 및 수송을 위해 서로 다른 외측 용기(오버 팩)를 넣는 범용 처분 캐니스터 시스템을 제안했다.[41] 그러나 네바다주 유카마운틴에 계획된 미국 지하 처분장의 취소 후 이러한 캐니스터의 사양 설정이 중단되었다. 또한 고연소도(45MWt-days/kgU 이상) 사용후핵연료 집합체와 고용량 캐니스터 내 사용후핵연료를 재포장하지 않고 안전하게 수송될 수 있는지에 대한 의문도 제기되었다.[42] 사용후핵연료에서 방출되는 강렬한 감마선으로 인해 캐니스터 또는 캐스크 간 사용후핵연료를 옮기는 것은 원전의 사용후핵연료 저장조 내 수중에서 하는 것이 가장 쉬울 것이다. 저장조가 더 이상 존재하지 않는 장소에서는 방사선 차폐 시스템을 갖추지 않으면 안 될 것이다.

6.5 건식 저장의 내구성

미국 원전의 소내 건식 캐스크에 저장 중인 가장 오래된 사용후핵연료는 1960년대 초반에 가동하여 지금은 폐쇄된 원자로 세 기에서 방출된 것이다.[43] 건식 캐스크 저장의 샘플용 사용후핵연료 어셈블리들은 14년 저장 후 한 번 점검되었으며, 중요한 성능저하는 발견되지 않았다.[44] 그 외 검사는 캐스크와 캐니스터의 외부에 제한되었다.[45]

미국의 지하 처분장의 이용 가능성이 멀어지면서 US NRC는 몇몇 건식 저장 시설에 대한 인허가를 60년으로 연장했다. 2014년 US NRC는 필요한 경우 100년마다 사용후핵연료를 새 캐니스터로 옮기고, 손상되거나 열화된 사용후핵연료는 운송 전에 용접한 '용기' 내에 보관함으로써, 건식 캐스크 저장을 무기한으로 유지할 수 있다는 결론을 발표했다.[46]

사용후핵연료의 열 발생률에 따라 처분장 갱도에서 사용후핵연료 캐니스터 사이의 필요한 간격이 결정되므로, 원자로에서 사용후핵연료가 방출된 후 수십 년 동안 기다렸다가 최종 처분장에 처분하는 것이 유리할 수 있다. 그러나 50년 정도 냉각된 후에는 방사성 열이 주로 장반감기 핵종에 좌우되므로 더 이상 처분을 지연시킬 기술적 이유가 없다. 그러므로 문제는 사람들이 장기적으로 심층 처분이 지상에서 장기간 보관하는 것보다 더 안전할 것이라는 데 동의할 수 있는지 여부다. 이 문제는 다음 장에서 검토한다.

6.6 수송

현재 진지하게 고려되고 있지 않은 심부시추공처분으로 원전 부지 내에서 사용후핵연료를 처분하지 않는 한, 결국 사용후핵연료는 원전 부지로부터 반출되어야 한다.[47] 중앙집중식 직접 처분의 경우, 사용후핵연료는 원전 부지에서 최종 지하 처분장으로 수송되어야 한다. 집중 저장 시설을 거쳐 가는 경우도 있을 것이다. 재처리를 위해서는 재처리 공장으로 수송해야 한다. 재처리 후 MOX 핵연료를 제조한 경우에는, 재처리에서 발생하는 고준위 유리화폐기물과 MOX 핵연료 제조공정에서 발생하는 초우라늄 폐기물은 결국 최종 심층 처분장으로 수송되어야 한다.

프랑스와 영국은 대량의 사용후핵연료를 재처리하여 발생한 방사성폐기물의 패키지를 외국 고객인 유럽과 일본에게 수송했기 때문에 사용후핵연료와 고준위 폐기물의 육상 및 해상 운송에 수십 년의 경험이 있다. 러시아 또한 유럽 쪽 러시아의 원전에서 우랄산맥 동쪽으로 2000km 떨어진 젤레즈노고르스크의 저장 시설로 사용후핵연료를 수송하는 과정에서 경험을 쌓고 있다. 유럽 대륙과 러시아 내 대부분의 수송 수단은 철도다. 비었을 때 최대 110t 무게에 10t 이상의 사용후핵연료를 담을 수 있는 캐스크를 수송한다.[48] 0.5−2t의 사용후핵연료를 담는 작은 캐스크는 트럭으로 수송할 수 있다.

사용후핵연료 캐니스터를 위한 수송용 캐스크 또는 수송용 오버 팩은 두꺼운 강철 또는 주철제 외벽으로 되어 있으며, 중성자를 감속시키고 흡수하기 위해 수소와 붕소를 포함하는 외부 플라스틱 층과 일부 경우에 따라서는 감마선 흡수를 위한 내부 납 층을 포함하고 있다(그림 6.11).

수송 캐스크는 다음 사항들을 포함하여 사고 상황에서 국제적으로 합의된 건전성 검사를 받아야 한다.[49]

- 9m 높이에서 평평하고 탄력이 없는 바닥에 낙하시킴.
- 1m 높이에서 지름 15cm의 강철 막대에 낙하시킴.

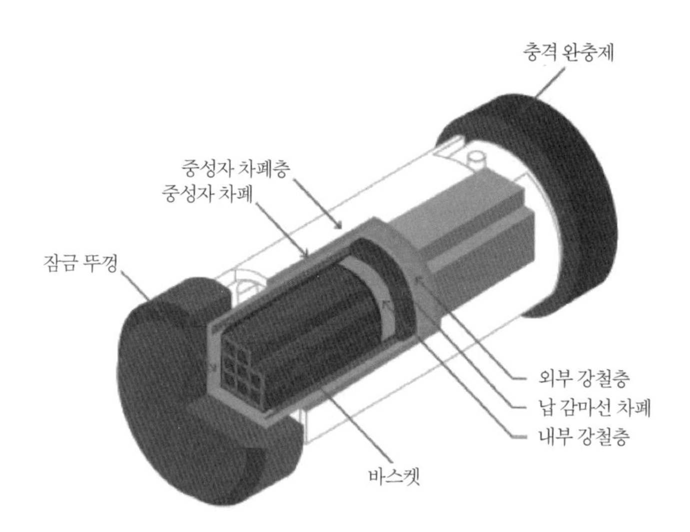

[그림 6.11] 철도수송용 사용후핵연료 캐스크

이러한 캐스크는 보통 10t 이상의 사용후핵연료를 수용하며, 적재되었을 때 무게는 150t 이상일 수 있다. 충돌 시 포함된 사용후핵연료 집합체의 충격을 줄이기 위해 '충격 완충체'가 설치되어 있다(US NRC[50]).

- 800℃의 석유 화재 환경에 해당하는 열 아래에 30분간 둠.
- 깊이 15m에 상당하는 수압에서 수중에 적어도 8시간 둠.

저장 캐스크와 마찬가지로 테러리스트는 대전차 미사일 또는 원추폭탄으로 수송 캐스크에 구멍을 뚫을 수 있다. 차이점은 저장 캐스크는 도시 외부의 비거주 구역에 있다는 점이다. 캐스크를 운반하는 철도는 종종 도시의 중심부를 통과한다.

2006년 미국 국립과학아카데미 위원회는 과거 교통사고에서 발생한 극단적 상황에 노출되었다고 가정한 경우, 사용후핵연료 캐스크의 성능을 분석한 결과, 여러 시간 동안 화재가 발생하지 않으면 대량 누설의 위험은 적다고 결론 내렸다. 또한 사용후핵연료를 운반하는 열차가 터널 내에서 석유 또는 액화가연성가스를 운반하는 열차를 지나치지 않도록 함으로써 장시간 화재에 노출될 위험을 최소화할 수 있다고 언급했다.[51] 미국철도협회는 이 규정을 통과시켰다. 또한 기름 또는 액화천연가스를 적재하지 않는 전용열차에 사용후핵연료를 수송하도록 요구하는 데 관심을 보였지만, 이 요구사항이 공식화되었는지는 확실하지 않다.[52]

미국 국립과학아카데미 위원회는 다음 의견을 추가했다:

> 사용후핵연료와 고준위 방사성폐기물 수송에 대한 악의적인 행위는 기술적, 사회적으로 큰 우려사항이지만, 위원회는 정보제약으로 인해 수송의 보안문제에 대한 심층적인 조사를 수행할 수 없

> 었다. 위원회는 연방정부의 처분장 또는 중간저장 부지로 사용후 핵연료와 고준위 방사성폐기물을 대량 수송에 착수하기 전에 수송 보안에 대한 독립적인 조사를 수행할 것을 권고한다.[53]

US NRC는 독립적인 연구가 필요하다고 보지는 않았지만 사용후핵연료 수송에 대한 보안 요구사항을 개선하여, 무장 호위와 중앙 지령부서에서 수송을 지속적으로 모니터링할 것을 요구했다.[54]

일부 국가에서는 사용후핵연료와 유리고화체 재처리 폐기물의 수송이 큰 논란거리였다. 2010년 11월 프랑스 재처리 공장에서 로어작센주 골레벤에 있는 집중식 중간저장 부지로의 재처리 폐기물 수송을 차단하려는 시위자들에 대응하기 위해 2만 명의 독일 경찰이 동원되었다.[55] 2005년 재처리를 위한 사용후핵연료 수송을 중단하기로 한 독일 정부의 결정과 소내 건식 캐스크 저장의 신속한 도입에도 불구하고,[56] 반환되어 오는 재처리 폐기물 문제가 남아 있었다. 2011년 11월 프랑스에서 골레벤으로 유리화 폐기물을 마지막으로 수송했을 때, 전년과 거의 같은 수의 경찰이 동원되었다.[57] 2016년 기준, 유리화 중준위 폐기물 캐스크 다섯 개를 프랑스로부터, 그리고 고준위 폐기물 캐스크 21개를 영국으로부터 독일로 송환하여 원전 부지 네 곳에 저장할 계획이었다.[58]

또한 유럽과 일본 사이에 사용후핵연료, 재처리 폐기물, 플루토늄 및 미조사 MOX 핵연료 수송에 대한 항의와 시위가 있었다.[59]

6.7 결론

지하 처분장, 중앙집중식 중간저장 시설 또는 재처리 공장이 이용 가능하지 않기에 원전 사용후핵연료 저장조에 저장되는 사용후핵연료는 증가하고 있다. 이로 인해 밀집저장조 저장과 재처리에 대한 압력이 발생했다. 건식 캐스크 저장은 적어도 수십 년간 신뢰할 수 있는 안전한 대안조치를 제공한다.

집중식 중간 저장부지와 심지층 처분장이 건설되면 사용후핵연료를 대규모로 수송해야 할 것이다. 수송 캐스크는 몇 시간 동안 강렬한 화염에 휩싸이는 가장 심각한 사고 등 모든 사고로부터 보호하도록 설계된다. 그러한 사고의 위험은 최소화할 수 있고 그렇게 해야 한다. 인구밀도가 높은 지역을 통과하는 수송 중에는 특히 더 그렇겠지만, 사용후핵연료 캐스크에 대한 테러의 위험은 실제 우려 사안이다. 각국 정부는 항상 캐스크를 감시하고 공격자가 사용후핵연료 화재를 유발할 수 있는 충분한 접근과 시간을 갖지 못하도록 신속한 대책을 확보해야 한다.

주

1 Robert Alvarez et al., "Reducing the Hazards from Stored Spent Power-Reactor Fuel in the United States," *Science and Global Security* 11(2003): 1-51, Fig. 5, 2019년 1월 27일 접속, https://www.princeton.edu/sgs/publications/articles/fvhippel_spentfuel/rAlvarez_reducing_hazards.pdf.

2 Klaus Janberg and Frank von Hippel, "Dry-Cask Storage: How Germany Led the Way," *Bulletin of the Atomic Scientists* 65, no. 5(September/October 2009), 24-32.

3 "Cladding Considerations for the Transportation and Storage of Spent Fuel," US Nuclear Regulatory Commission, 17 November 2003, Interim Staff Guidance No. 11, Revision 3, 2019년 1월 16일 접속, https://www.nrc.gov/reading-rm/doc-collections/isg/isg-11R3.pdf.

4 Alvarez et al., "Reducing the Hazards," Figure 9.

5 Central Research Institute of Electric Power Industry, *Basis of Spent Nuclear Fuel Storage*, 2015, 236-274; Klaus Janberg, personal communication with FvH, March 2019.

6 US Nuclear Regulatory Commission, "Dry Cask Storage," n.d., 2019년 1월 16일 접속, https://www.nrc.gov/waste/spent-fuel-storage/dry-cask-storage.html.

7 수송용 오버 팩은 감마선을 두꺼운 강철벽으로 차폐한다. 납층을 포함하기도 한다. 플루토늄 등 무거운 '초우라늄' 핵종은 주로 '알파' 입자, 즉 헬륨 원자핵을 방출하며 붕괴한다. 알파 입자는 산소 같은 가벼운 원소의 원자핵과 충돌할 때 중성자를 발생시킬 수 있다. 생성된 중성자는 두꺼운 강철을 통과할 수 있지만, 플라스틱 중의 가벼운 수소의 원자핵에 충돌하면 감속된다. 따라서 저속 중성자 흡수 능력이 큰 붕소와 같은 물질을 소량 첨가해 두면 방사선의 위험을 가진 중성자를 제거할 수 있다.

8 Government Accountability Office, *Spent Nuclear Fuel Management: Outreach Needed to Help Gain Public Acceptance for Federal Activities That Address Liability*, GAO-15-141, October 2014, Tables 1 and 2, 2019년 1월 27일 접속, https://www.gao.gov/assets/670/666454.pdf.

9 [그림 6.4]의 캐스크 중심 간 간격은 평균 약 5m. 각 캐스크에 약 10t의 사용후핵연료가 들어 있다. 전기출력 1000MWe 원자로에서는 연간 약 20t의 사용후핵연료가 방출된다. 따라서 60년의 수명기간 동안 약 120개의 캐스크가 가득 차게 된다. 이 캐스크에 필요한 면적은 약 0.3ha(3000m^2)다.

10 Connecticut Yankee, "Fuel Storage & Removal," 2019년 1월 16일 접속, http://www.connyankee.com/assets/images/43_vccs02.jpg. The main webpage to which the photo is linked is www.connyankee.com.

11 Korea Hydro and Nuclear Power Co. Ltd., "Spent Fuel," 2019년 1월 16일 접속, http://www.khnp.co.kr/eng/content/561/main.do?mnCd=EN030502.

12 National Research Council, *Safety and Security of Commercial Spent Nuclear Fuel Storage: Public Report*(Washington, DC: National Academies Press, 2006), Appendix C, 2019년 1월 16일 접속, https://doi.org/10.17226/11263.

13 Wolfgang Heni, GKN 원전 소장 대리(당시).

14 "Interim Storage Facility Operation Premised on Reprocessing Startup," *Daily Tohoku*, 16 January 2014(in Japanese).

15 Masafumi Takubo and Frank N. von Hippel, "An Alternative to the Continued Accumulation of Separated Plutonium in Japan: Dry Cask Storage of Spent Fuel," *Journal for Peace and Nuclear Disarmament* 1, no. 2: 281-304, 2019년 1월 16일 접속, https://doi.org/10.1080/25751654.2018.1527886.

16 "Issei Nishikawa, Not Excluding Dry Storage of Spent Fuel, but Maintaining Demand for Eventual Shipment Outside Prefacture Firmly," 8 March 2019, 2019년 3월 16일 접속, http://fukunawa.com/fukui/43289.html(inJapanese).

17 2018년 기준, 운전 중 원전을 가진 30개국 및 대만은 국제원자력기구의 발전용 원자로 정보 시스템Power Reactor Information System 데이터베이스에 목록이 있

다. 캐나다, 독일, 한국, 러시아, 미국 내용은 다음을 참조. International Panel on Fissile Materials, *Managing Spent Fuel from Nuclear Power Reactors: Experience and Lessons from Around the World*, 2011, 2019년 1월 16일 접속, http://fissilematerials.org/library/rr10.pdf.

중국과 일본에 대해서는 다음을 참조. International Panel on Fissile Materials, *Plutonium Separation in Nuclear Power Programs: Status, Problems, and Prospects of Civilian Reprocessing Around the World*, 2015, Chapter 2, 2019년 1월 16일 접속, http://fissilematerials.org/library/rr14.pdf.

아르헨티나, 아르메니아, 벨기에, 불가리아, 헝가리, 멕시코, 루마니아, 스페인, 우크라이나, 영국에 대해서는 다음을 참조. International Atomic Energy Agency, *Status and Trends in Spent Fuel and Radioactive Waste Management*, Nuclear Energy Series No. NW-T-1.14, 2018, Companion CD National Profiles, 2019년 1월 25일 접속, https://www.iaea.org/publications/11173/status-and-trends-in-spent-fuel-and-radioactive-waste-management?supplementary=44578.

체코에 대해서는 다음을 참조. V. Fajman et al., "Czech Interim Spent Fuel Storage Facility: Operation Experience, Inspections and Future Plans," 2019년 1월 16일 접속, https://inis.iaea.org/collection/NCLCollectionStore/_Public/30/040/30040070.pdf.

인도에 대해서는 다음을 참조. P. K. Dey, "An Indian Perspective for Transportation and Storage of Spent Fuel," International Meeting on Reduced Enrichment for Research and Training Reactors, 2004, 2019년 1월 16일 접속, https://www.rertr.anl.gov/RERTR26/pdf/P03-Dey.pdf.

파키스탄에 대해서는 다음을 참조. S. E. Abbasi and T. Fatima, "Enhancement in the Storage Capacity of KANUPP Spent Fuel Storage Bay," *Management of Spent Fuel from Nuclear Power Reactors: Proceedings of an International Conference Organized by the International Atomic Energy Agency in Cooperation with the OECD Nuclear Energy Agency and Held In Vienna, Austria, 31 May-4 June 2010*(IAEA, 2015), 2019년 1월 16일 접속, https://www-pub.iaea.org/MTCD/

Publications/PDF/SupplementaryMaterials/P1661CD/Session_10.pdf.
스위스에 대해서는 다음을 참조. Kernkraftwerk Gösgen–Däniken, "Management of Spent Nuclear Fuel and High–Level Waste as an Integrated Programme in Switzerland"(paper presented at the US Nuclear Waste Technical Review Board summer meeting, 13 June 2018), 2019년 1월 16일 접속, https://www.nwtrb.gov/docs/default–source/meetings/2018/june/whitwill.pdf?sfvrsn=4.
대만에 대해서는 다음을 참조. Atomic Energy Council, "Dry Storage Management in Taiwan," 2019년 1월 16일 접속, https://www.aec.gov.tw/english/radwaste/article05.php.

18 Phil Chaffee, "Recommendations from French Parliamentary Commission," *Nuclear Intelligence Weekly*, 27 July 2018, 5.

19 See Alan J. Kuperman, "MOX in the Netherlands: Plutonium as a Liability," in *Plutonium for Energy? Explaining the Global Decline in MOX*, ed. Alan J. Kuperman, Nuclear Proliferation Prevention Project, University of Texas at Austin, 2018, 2019년 1월 16일 접속, http://sites.utexas.edu/prp–mox–2018/downloads/.

20 International Atomic Energy Agency, *Status and Trends in Spent Fuel and Radioactive Waste Management*, Figure 20, 2019년 1월 25일 접속, https://www–pub.iaea.org/MTCD/Publications/PDF/P1799_web.pdf.

21 Joe T. Carter, "Containers for Commercial Spent Nuclear Fuel"(US Department of Energy presentation to the US Nuclear Waste Technical Review Board, Washington DC, 24 August 2016), slide 7, 2019년 1월 16일 접속, https://www.nwtrb.gov/docs/default–source/meetings/2016/august/carter.pdf?sfvrsn=12.

22 무츠시의 저장용량 3000t의 건식 저장 시설(건설은 2013년에 완공) 비용은 캐스크 비용을 포함하여 약 1000억 엔(약 10억 달러)이다. 재활용핵연료저장주식회사 '사업 개요'(일본어), 2019년 1월 27일 접속, https://web.archive.org/web/20100904181041/www.rfsco.co.jp/about/about.html.

23 kWh당 약 0.001달러. 핵연료의 우라늄 1kg당 45MWt–days의 핵분열에너지 방출 그리고 핵분열 발생열 3kWt당 1kWe의 전력발전을 가정.

24 Ministry of International Trade and Industry, Agency for Natural Resources and Energy, Advisory Committee for Energy, Nuclear Energy Working Group, *Toward Implementation of Interim Storage for Recycled Fuel Resources*, Interim Report, Tokyo, 11 June 1998(in Japanese), 2019년 1월 16일 접속, http://www.aec.go.jp/jicst/NC/iinkai/teirei/siryo98/siryo38/siryo1.htm.

25 National Research Council, *Safety and Security*, chapter 2.

26 National Academies of Sciences, Engineering, and Medicine, *Lessons Learned from the Fukushima Nuclear Accident for Improving the Safety and Security of U.S. Nuclear Plant: Phase 2*(Washington, DC: National Academies Press, 2016), 21, 59, 2019년 2월 14일 접속, https://www.nap.edu/catalog/21874/lessons-learned-from-the-fukushima-nuclear-accident-for-improving-safety-and-security-of-us-nuclear-plants.

27 후쿠시마 사고 1년 후 저자 중 한 명(반히펠)은 일본 오사카에서 열린 물리학회 춘계대회에서 강연했다. [그림 6.9]의 사진을 보여주자 회장이 술렁였다. 교수 한 명이 나서서 목소리를 높였다. "나는 이 사고에 대해 자세히 연구해 왔지만, 이런 캐스크가 있는 것은 전혀 몰랐다."

28 National Research Council, *Safety and Security*, Chapter 2, 69.

29 US Nuclear Regulatory Commission, *Staff Evaluation and Recommendation for Japan Lessons-Learned Tier 3 Issue on Expedited Transfer of Spent Fuel*, 12 November 2013, COMSECY-13-0030, Tables 34 and 72, 2019년 1월 27일 접속, https://www.nrc.gov/docs/ML1327/ML13273A628.pdf.

30 National Research Council, *Safety and Security*, 68.

31 Holtec International, "HI-STORM Consolidated Interim Storage," 2019년 1월 16일 접속, https://holtecinternational.com/productsandservices/wasteandfuelmanagement/dry-cask-and-storage-transport/hi-storm/hi-storm-cis/.

32 SKB(Swedish Nuclear Fuel and Waste Management Company), "Clab-Central Interim Storage Facility for Spent Nuclear Fuel," 2019년 1월 16일 접속, http://www.skb.com/our-operations/clab/.

33 International Panel on Fissile Materials, *Plutonium Separation*.

34 프랑스의 원자로는 총 63GWe의 발전용량을 가지고 있으며 연간 약 1300t의 사용후핵연료가 방출된다.

35 2017년 말 기준 라하그의 사용후핵연료 저장량은 9970t이었다. Orano, *Traitement des combustibles uses provenant de l'étranger dans les installations d'Orano la Hague* [*Reprocessing of foreign spent fuel at Orano's installations at La Hague*], 2018, 28, 2019년 1월 16일 접속, https://www.orano.group/docs/default-source/orano-doc/groupe/publications-reference/document-home/rapport-2017_la-hague_traitement-combustible-use-etranger.pdf?sfvrsn=db194397_6. 2016년 말 기준 라하그의 사용후 MOX 핵연료 저장량은 다음 참조. ANDRA, *Inventaire national des matièreset déchets radioactifs*, 2018, 36, 2019년 1월 27일 접속, https://inventaire.andra.fr/sites/default/files/documents/pdf/fr/andra-synthese-2018-web.pdf.

36 Office of Nuclear Regulation, *THORP AGR Interim Storage Programme*, 2018, 9, 2019년 3월 2일 접속, http://www.onr.org.uk/pars/2018/sellafield-18-022.pdf.

37 Planning Information Corporation, "The Transportation of Spent Nuclear Fuel and High-Level Radioactive Waste: A Systematic Basis for Planning and Management at the National, Regional, and Community Levels," Denver, 1996, 2019년 1월 16일 접속, www.state.nv.us/nucwaste/trans/1pic06.htm.

38 폐로된 코네티컷 양키, 메인 양키, 양키 로우의 원자로들을 운영했던 세 개사는 세 원전 각각의 건식 저장 유지를 위한 보안 및 법적 비용이 연간 약 1000만 달러라고 말하고 있다. "An Interim Storage Facility for Spent Nuclear Fuel," Connecticut Yankee, 2019년 2월 6일 접속, http://www.connyankee.com/assets/pdfs/Connecticut%20Yankee.pdf; "An Interim Storage Facility for Spent Nuclear Fuel," Maine Yankee, 2019년 2월 6일 접속, http://www.maineyankee.com/public/MaineYankee.pdf; "An Interim Storage Facility for Spent Nuclear Fuel," Yankee Rowe, 2019년 2월 6일 접속, http://www.yankeerowe.com/pdf/

Yankee%20Rowe.pdf.

39 Interim Storage Partners, "Overview," 2019년 1월 27일 접속, https://interimstoragepartners.com/project-overview/; Stefan Anton, "Holtec International-Central Interim Storage Facility for Spent Fuel and HLW(HI-STORE)"(presentation at the 2015 US Nuclear Regulatory Commission Division of Spent Fuel Management Regulatory Conference, 19 November 2015) 2019년 1월 16일 접속, https://www.nrc.gov/public-involve/conference-symposia/dsfm/2015/dsfm-2015-stefan-anton.pdf.

40 Holtec International, "Holtec's Proposed Consolidated Interim Storage Facility in Southeastern New Mexico," 2019년 1월 16일 접속, https://holtecinternational.com/productsandservices/hi-store-cis/.

41 US Department of Energy, *Transportation, Aging and Disposal Canister System Performance Specification*, DOE/RW-0585, 2008, 2019년 1월 26일 접속, https://www.energy.gov/sites/prod/files/edg/media/TADS_Spec.pdf.

42 Government Accountability Office, *Spent Nuclear Fuel Management*, 24-31.

43 드레스덴 1호기, 훔볼트 원전, 양키 로우 원전의 부지 내 건식 저장 시설. 이들 원자로들은 모두 1960년대에 운전을 개시했다. 원자로 운전 기간에 대해서는 다음 참조. International Atomic Energy Agency, "PRIS(Power Reactor Information System): The Database on Nuclear Power Reactors," 2019년 1월 16일 접속, www.iaea.org/programmes/a2/. 미국 사용후핵연료 저장 시설에 대해서는 다음 참조. *United States of America Sixth National Report for the Joint Convention on the Safety of Spent Fuel Management and on the Safety of Radioactive Waste Management, US Department of Energy*, 2017, Annex D1, 2019년 1월 27일 접속, https://www.energy.gov/sites/prod/files/2017/12/f46/10-20-17%206th_%20US_National_Report%20%28Final%29.pdf.

44 W. C. Bare and L. D. Torgerson, *Dry Cask Storage Characterization Project, Phase I: CASTOR V/21 Cask Opening and Examination*, Idaho Nuclear Engineering and Environmental Laboratory, INEEL/EXT-01-00183, 2001, 2019년 1월 16

일 접속, https://www.nrc.gov/docs/ML0130/ML013020363.pdf.

45 O. K. Chopra et al., *Managing Aging Effects on Dry Cask Storage Systems for Extended Long-Term Storage and Transportation of Used Fuel, Rev. 2*(Argonne National Laboratory, 2014), 2019년 1월 16일 접속, https://publications.anl.gov/anlpubs/2014/09/107500.pdf.

46 US Nuclear Regulatory Commission, *Generic Environmental Impact Statement for Continued Storage of Spent Nuclear Fuel*, NUREG-2157, 2014, Section 2.2, 2019년 1월 26일 접속, https://www.nrc.gov/docs/ML1419/ML14196A105.pdf. 손상된 핵연료의 관리에 대해서는 다음 참조. M. French et al., *Packaging of Damaged Spent Fuel*(Amec Foster Wheeler, 2016) 2019년 2월 6일 접속, https://rwm.nda.gov.uk/publication/packaging-of-damaged-spent-fuel/.

47 현재 검토되고 있는 심부시추공처분의 한 방안에서는 사용후핵연료를 깊이 5km의 시추공에 넣어 핵연료 처분 후 시추공이 방사능이 표면으로 나가는 경로가 되는 것을 방지하기 위해 설계된 장벽을 설치하기로 되어 있다. 예를 들어 다음 참조. US Nuclear Waste Technical Review Board, *Technical Evaluation of the U.S. Department of Energy Deep Borehole Disposal Research and Development Program*, 2016, 2019년 1월 16일 접속, https://www.nwtrb.gov/docs/default-source/reports/dbd_final.pdf?sfvrsn=7.

48 World Nuclear Association, "Transport of Radioactive Materials," 2017, 2019년 3월 2일 접속, http://www.world-nuclear.org/information-library/nuclear-fuel-cycle/transport-of-nuclear-materials/transport-of-radioactive-materials.aspx.

49 International Atomic Energy Agency, *Regulations for the Safe Transport of Radioactive Material*, 2018 Edition, IAEA SSR-6(Rev. 1), paras 652, 727-729, 2019년 1월 26일 접속, https://www-pub.iaea.org/books/iaeabooks/12288/Regulations-for-the-Safe-Transport-of-Radioactive-Material.

50 US Nuclear Regulatory Commission, "Backgrounder on Transportation of Spent Fuel and Radioactive Materials," March 2016, 2019년 1월 16일 접속, https://www.nrc.gov/reading-rm/doc-collections/fact-sheets/transport-spenfuel-ra-

diomats-bg.html.

51 National Research Council, *Going the Distance? The Safe Transport of Spent Nuclear Fuel and High-Level Radioactive Waste in the United States*(Washington, DC: National Academies Press, 2006), 3, 2019년 1월 27일 접속, https://www.nap.edu/catalog/11538/going-the-distance-the-safe-transport-of-spent-nuclear-fuel.

52 Earl P. Easton and Christopher S. Bajwa, US Nuclear Regulatory Commission, "NRC's Response to the National Academy of Sciences' Transportation Study: *Going the Distance?*" n.d., 2019년 1월 16일 접속, https://www.nrc.gov/docs/ML0826/ML082690378.pdf.

53 National Research Council, *Going the Distance?* 3.

54 US Nuclear Regulatory Commission, "Physical Protection of Irradiated Reactor Fuel in Transit," *Federal Register*, Vol. 78, No. 97, May 20, 2013, 29520-29557, 2019년 1월 16일 접속, https://www.gpo.gov/fdsys/pkg/FR-2013-05-20/pdf/2013-11717.pdf.

55 Michael Slackman, "Despite Protests, Waste Arrives in Germany," New York Times, 8 November 2010, 2019년 1월 16일 접속, https://www.nytimes.com/2010/11/09/world/europe/09germany.html.

56 International Panel on Fissile Materials, *Plutonium Separation*, chapter 4.

57 BBC, "German Police Clear Nuclear Waste Train Protest," 27 November 2011, 2019년 3월 7일 접속, https://www.bbc.com/news/world-europe-15910548.

58 Federal Office for the Safety of Nuclear Waste Management, "Return of Radioactive Waste," 10 February 2016, 2019년 3월 2일 접속, https://www.bfe.bund.de/EN/nwm/waste/return/return.html.

59 예를 들어 다음 참조. Associated Press, "Plutonium Shipment Leaves France for Japan," *New York Times*, 8 November 1992, 2019년 1월 27일 접속, https://www.nytimes.com/1992/11/08/world/plutonium-shipment-leaves-france-for-japan.html; Andrew Pollack, "A-Waste Ship, Briefly Barred, Reaches Ja-

pan," *New York Times*, 26 April 1995, 2019년 1월 27일 접속, https://www.nytimes.com/1995/04/26/world/a-waste-ship-briefly-barred-reaches-japan.html; "Protesters on Hand as MOX Ship Reaches Saga," *Japan Times*, 29 June 2010, 2019년 1월 27일 접속, https://www.japantimes.co.jp/news/2010/06/29/national/protesters-on-hand-as-mox-ship-reaches-saga/#.XE33Yy2ZNqw.

제7장

사용후핵연료 심지층 처분

다수의 플루토늄 증식로의 초기 장전용 플루토늄의 필요라는 재처리 정당화의 근거가 사라지고, 경수로에서의 플루토늄 재활용도 경제적이지 않다는 상황 속에서 재처리와 고속 증식로 지지자들은 이번에는 어떤 경우에도 사용후핵연료에서 초우라늄 원소를 분리하고 이를 핵분열시키기 위해 고속 중성자로를 사용하는 것은 환경면에서 필요하다고 주장하고 있다. 지지자들은 자신들의 프로그램은 폐기물이 지하 처분장에 보내지기 전에 그 부피와 독성을 줄이기 위해 필요하다고 단언하고 있다.

그러나 이 장에서 설명하는 바와 같이, 막대한 비용이 드는 그런 프로그램에서 얻을 수 있는 환경면에서의 장점은 작고, 부정적일 가능성도 있다. 어쨌든 그러한 프로그램에 수반되는 핵무기 확산과 핵 사고의 위험 증가가 훨씬 중요한 문제다.

7.1 재처리와 핵 확산

모든 주요 선진국에서 증식로 상용화 노력에 대한 각국 정부들의 반세기 동안의 지원은 실패했다. 그럼에도 불구하고 고속로 지지자들은 연구개발에 대한 정부의 지원을 계속 요구하고 있다. 그러나 증식로 연구개발 조차도 핵 비확산 커뮤니티의 우려스러운 사안이다. 인도가 보여준 것처럼 소규모 증식로 연구개발 프로그램도 핵무기를 생산하기에 충분한 플루토늄을 분리할 수 있다.

그러나 인도의 사례에도 불구하고 재처리 지지자들은 재처리가 핵 확산 문제를 악화시키지는 않는다고 주장한다.

- 일본에서는 지금도 재처리 지지자들이 원자로에서 방출된 사용후핵연료를 재처리하여 얻은 원자로급 플루토늄이 핵무기 제조에 적합하지 않다고 주장하고 있다(제4장 참조).
- 한국에서는 한국원자력연구원 관계자가 재처리의 일종인 파이로 프로세싱은 순수한 플루토늄을 분리하지 않기 때문에 핵 확산 저항성이 있다고 주장한다. 그러나 제3장에서 언급한 바와 같이 2009년 미국 국립원자력연구소들이 공개한 핵 확산 평가는 "(표준) 퓨렉스 (재처리) 기술에 비해 핵 확산 위험 감소면에서의 개선은 조금밖에 없으며, 이러한 약간의 개선은 주로 비국가 행위자에만 적용된다"라고 기술하고 있다.[1]

재처리 지지자들 중에는 심지어 재처리를 하지 않고 사용후핵연료를 심지층 처분하면 핵 확산 문제가 악화될 수 있다고 주장하는 자들도 있다. 예를 들어, 2004년 일본원자력위원회가 설치한 신계획 정책회의는 다음과 같이 주장했다.

> 처분 후 수백 년에서 수만 년 사이에 (사용후핵연료에 포함된 플루토늄의) 핵무기로의 전용에 대한 유혹이 증가할 것이다. 따라서 효율적이고 효과적인 국제적으로 합의된 감시 및 물리적 방호 시스

템을 개발하고 실시해야 한다. 이러한 사항을 고려할 때 핵 비확산 문제에 대해 (재처리 및 직접 처분) 시나리오 사이에는 유의미한 차이가 없다.[2]

이것은 '플루토늄 광산' 논쟁이며 분석할 가치는 있다.[3] 그러나 오늘날 대규모 상업적 사용을 위한 플루토늄 분리를 정당화하기 위해 수세기 수천 년 후 미래에 어떤 국가가 사용후핵연료 캐스크를 회수하고자 500m 지하를 파내려 갈 수 있다는 것은 재처리 정당화 주장이 얼마나 엉뚱한 억지가 되어 버렸는지를 보여준다.

7.2 사용후핵연료 처분장의 환경적 위험에 약간 기여하는 플루토늄

일본에서는 재처리 지지자들이 플루토늄이 미치는 건강 위험에 대해 모순된 주장을 해 왔다. 이들은 사용후핵연료 속의 플루토늄은 지하 수백 미터 깊이에 공학으로 만들어진 처분장에 넣는다면 급수원에 위험이 된다고 주장하면서 분리된 플루토늄은 저수지에 던져도 비교적 안전하다는 모순된 주장을 하고 있다. 1993년 JAEA의 전신인 동력로핵연료개발사업단은 플루토늄인 자신이 위험하지 않다고 시청자들에게 설명하는 플루토 소년Pluto Boy이라는 귀여운 만화 캐릭터가 담긴 비디오를 제작했다.

악당들이 나를 저수지에 던져 넣는다고 해 봅시다. 나는 물에 쉽게 녹지 않으며, 또한 무거워서 대부분 바닥에 가라앉습니다. 만일 물로 삼킨 경우에도 대부분 위와 내장에 흡수되지 않고 몸 밖으로 빠져나갑니다.[4]

실제 아래에서 볼 수 있듯이, 그러한 주장은 어느 정도 일리가 있다. 플루토늄과 기타 '초우라늄' 원소(우라늄보다 양성자가 많은 원소, 따라서 주기율표에서 우라늄의 오른쪽에 있는 원소)들은 물에 비교적 녹지 않으며 산화물 형태인 이들 원소는 위와 장에 쉽게 흡수되지 않는다. 그러나 이러한 사실은 심층 처분된 사용후핵연료에 들어 있는 플루토늄과 다른 초우라늄 원소들은 환경에 매우 위험하므로 재처리에 의해 분리되고 고속로에서 핵분열되어야 한다는 재처리 지지자들에 의해 제기된 가장 최근 주장의 타당성을 잃게 만든다.

플루토늄이 들어 있는 심지층 처분된 사용후핵연료가 인간 환경에 미치는 위험에 대한 논쟁은 방사선에 대한 두려움을 이용한다. 일부 초우라늄 동위원소의 장수명과 관련하여 특별한 공포심이 있는 것 같다. 플루토늄-239(Pu-239)의 반감기는 2만 4000년이다. 99.9%가 붕괴하는 데 걸리는 시간은 반감기의 약 일곱 배, 즉 17만 년이다. 경수로 사용후핵연료에 있는 플루토늄의 약 6%를 차지하는 Pu-242는 반감기가 38만 년이다. 경수로 사용후핵연료에 플루토늄-242와 비슷한 양만큼 들어 있는 넵투늄-237(Np-237)은 반감기가 210만 년이다.

그러나 반감기가 길어질수록 g당 초당 붕괴되는 핵종 수는 줄어들고 위험도 줄어든다. 장수명 동위원소를 섭취하면 그 원소의 반감기가 길면 길수록 신체 내에 있는 동안 방사선 피폭에 기여할 확률은 줄어든다.

[그림 7.1]은 사용후핵연료 내의 초우라늄 원소들의 반감기 그리고 중성자 포집에 의해 초우라늄 원소들이 어떻게 생성되고, 핵의 중성자가 양성자로 붕괴될 때 방사성 붕괴에 의해 어떻게 초우라늄 원소로 변환되는지를 보여준다.

인류가 1만 년 이하의 기록된 역사를 가지고 있다는 것을 고려할 때, 어떤 사람들은 심지층 처분장의 장수명 방사성 동위원소가 지표면 환경을 오염시키지 않고 수십만 년, 수백만 년 동안 그곳에 머물러 있을 것이라는 것을 공학자들이 보증할 수 있는지 질문한다.

이러한 우려를 이용하여 고속로 지지자들은 다음과 같이 외친다. "첨단 재처리 공장과 고속로를 건설하여 플루토늄과 기타 장수명 초우라늄 원소를 분리하여 고속로에서 반복적으로 재순환시켜 99% 이상 사라질 때까지 핵분열시킬 것이니 우리에게 자금 제공을!"

그러나 이 처방에는 현질적인 문제가 있다. 우선, 새로운 종류의 재처리 공장과 핵연료 제조 공장을 건설하고 운영해야 한다.[5] 현재의 상업적 재처리 공장은 우라늄과 플루토늄만 회수하고 기타 초우라늄 원소들은 방사성폐기물 속에 남겨 둔다.

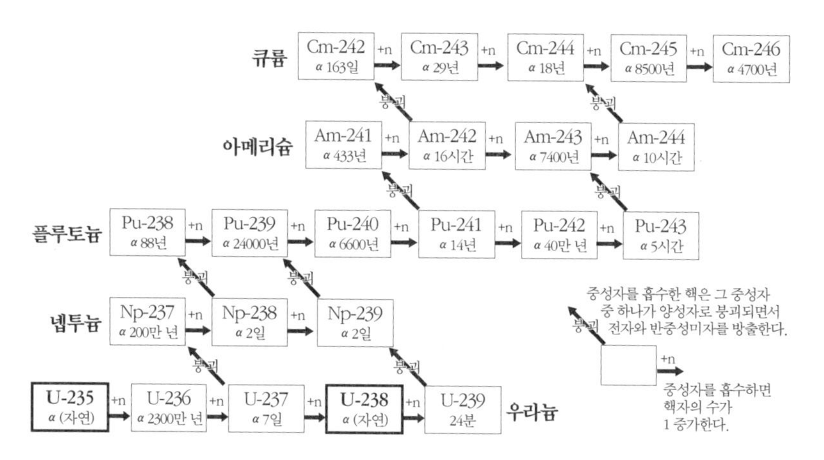

[그림 7.1] 초우라늄 원소의 생성

우라늄-235(U-235)가 중성자를 흡수하더라도 핵분열 대신 보다 무거운 핵 U-236이 생성될 가능성이 꽤 있다. 종종 중성자 흡수로 인해 생성된 핵은 불안정하여 그 중성자 중 하나가 양성자로 붕괴되면서 전자와 반중성미자를 방출한다. 이러한 붕괴는 핵을 다른 원소의 핵으로 변환시킨다. 이러한 방식으로, '초우라늄' 원소는 점차 변환되어 큐륨 그리고 그 이상의 원소가 된다. 많은 초우라늄 원소는 두 개의 양성자와 두 개의 중성자로 구성된 헬륨-4 핵인 '알파(α)' 입자를 방출하면서 붕괴된다. 이에 의해 초우라늄 원소의 핵은 더 낮은 원자번호 원소의 핵이 된다. 예를 들어, α 방출 후, Cm-243의 핵은 Pu-239의 핵이 되고, 또 다른 α 방출 후 U-235의 핵이 된다. 그림에 보여준 원소들 중에서, U-238과 U-235만이 자연에 존재한다. 이유는 이들의 반감기가 각각 45억 년과 7억 년으로 충분히 길어서 태양계 형성 이전에 초신성에서 생성된 지구의 원래 존재량의 상당 부분이 여전히 우리와 함께 있기 때문이다(저자들).

또한, 플루토늄 이외의 초우라늄 원소를 핵연료로 제조하는 것은 실험실에서도 이루어지지 않았다. 일본원자력규제위원회의 2015년 11월 회의에서 일본원자력규제위원회와 JAEA는 JAEA에서 운영하는 빈사상태의 몬주 증식 원형로의 유지관리 문제에 대해 논의했을 때, JAEA 위원장 대리인 후케다 도요시는 몬주를 초우라늄 원소의 핵분열에 사용하고자 하는 JAEA의 아이디어를 비판했다. 그는 그런 실험을 위해 핵연료를 생산할 수 있는 시설이 일본에는 없다고 지적했다. 그리고 덧붙이기를 "몬주가 운영된다면 몬주가 방사성폐기물 문제를 해결하는 데 기여할 것이라고 말한다는 것은, 민간 쪽에서 보면 과대광고라고 불러야 하는 것 아닌가?"[6] 어쨌든 JAEA는 이미 신뢰를 잃었다. 이듬해 일본 정부는 몬주를 폐쇄하기로 결정했다.

이렇듯 재처리 공장과 고속로를 사용하여 사용후핵연료의 초우라늄 원소들을 제거하기는 매우 어려운 일이다. 그러면 사용후핵연료를 심지층 처분장에 처분할 경우, 그것이 먼 미래의 후손 식량이나 급수원에 미치는 위험의 심각성 정도에 대해 우리는 무엇을 알고 있는가?

지하 500m 화강암 지대에 사용후핵연료 처분장을 설계하고 건설하기 위해 스웨덴의 원자력발전회사들이 설립한 SKB는 이러한 문제의 분석에 선구적이었다. SKB의 현재 처분장 설계는 지표면 아래 500m에 뚫은 60km 터널에 사용후핵연료를 적재한 약 6000개의 구리 캐니스터가 설치된다. 벤토나이트 점토층으로 둘러싸인 각각의 캐니스터는 이 점토층이 젖었을 때 부풀어 오르고 불투수성이 된다.[7]

SKB는 스웨덴 대중과 정부에 이 처분장 설계의 안전성을 방어하는 과정에서 다양한 실패 시나리오의 결과를 분석하기 위한 컴퓨터 모델을 개발했다. 최악의 시나리오 중 하나는 구리와 점토 장벽 모두 초기에 파손되는 것을 가정했다. 그런 뒤, 지하수가 사용후핵연료를 서서히 용해시키고, 화강암의 균열을 통해 용해된 방사성 핵종(가장 수용성이 높은 것부터)을 운반하여 지표수와 그 지역에 살고 있는 농민들이 재배하는 식량을 오염시킨다는 가정이다(그림 7.2).

여기서 우리의 관심은 SKB가 계산한 결과 피폭선량의 절대치의 타당성을 평가하거나, 스웨덴에서 논란이 많은 특정 처분 시스템에 대해 논쟁하는 것이 아니다.[8] 우리는 각종 방사성 핵종의 지표 선량에 대한 상대적 기여도 비율에 대한 SKB의 결과에 관심이 있다. 이들 핵종들의 기여도 비율은 컴퓨터 모델의 일부 불확실한 가정에 근거한 절대 선량치보다 덜 민감할 것이다.

[그림 7.2]에서 볼 수 있듯이 사용후핵연료 내 일부 방사성 핵종, 예를 들어 장수명 핵분열 생성물인 I-129(하늘색 실선)는 용해성이 뛰어나 지표면에 빠르게 도달한다. Pu-239(회색 실선)와 같이 용해도가 낮은 핵종들은 지표면에서의 농도가 수만 년 후에나 최고치에 도달할 것이다.

전체적으로, 사용후핵연료에는 장수명 방사성 핵종이 많아서 플루토늄과 기타 초우라늄 원소를 분리하고 핵분열시켜도 인간이 받는 장기 방사선 피폭선량을 크게 감소시키지는 않을 것이다.

SKB의 컴퓨터 모델 결과에서 장기 피폭선량의 가장 큰 기여 핵종 중 하나는 사용후핵연료의 우라늄-238(U-238)의 붕괴 생성물인 라듐-226(Ra-226, 빨간색 실선)이다. Ra-226의 반감기는 1600년이며, 붕괴하여 반감기 4일의 단수명 라돈-222(Rn-222)가 된다. Rn-222는

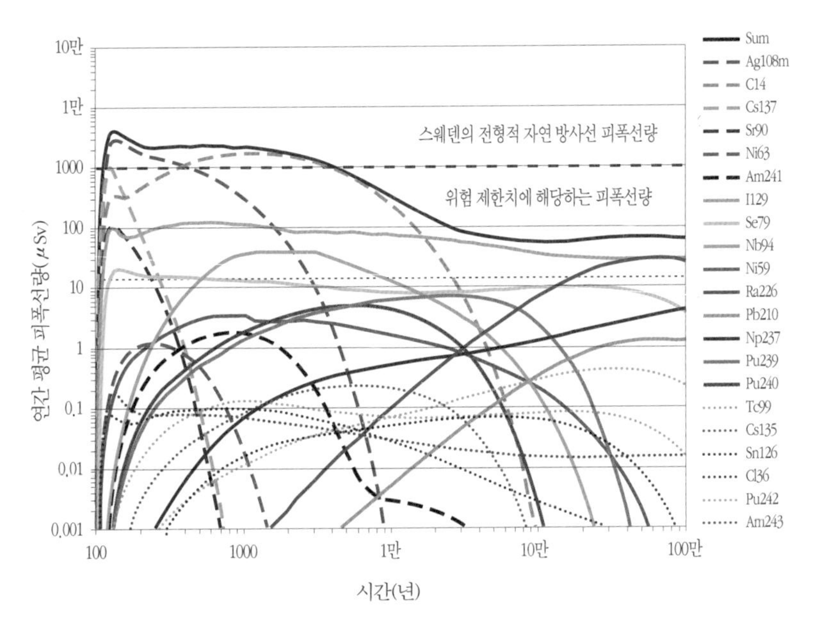

[그림 7.2] 파손된 사용후핵연료 처분장으로부터의 지표면 피폭선량에 대한 방사성 핵종들의 기여도에 대한 SKB의 추정

이 최악의 시나리오에서는 구리 캐니스터와 주변 점토층이 모두 즉시 파손되어 지하수가 사용후핵연료에 직접 닿게 된다고 가정한다. 약 100년 후, 사용후핵연료의 금속 피복재가 부식되고 구멍이 나서 사용후핵연료 내의 각종 방사성 핵종들이 물에 용해되기 시작하여 용해도에 따른 속도로 지표면으로 운반된다. 어떠한 시기에 있어서도 플루토늄(Pu-239, Pu-240, Pu-242)과 기타 초우라늄 동위원소(Np-237 및 Am-243)는 총 추정 선량치의 약 10% 이상을 차지하지 않는다는 것을 알 수 있다(SKB[9]).

지하 암반으로부터 지하실로 침투하는 방사성 가스다. 공기 중에 부유하는 라돈의 수명이 짧은 붕괴산물은 흡입되어 비흡연자의 폐암의 상당한 원인이 될 수 있다.[10] U-238이 채굴되지 않고 원래의 광맥

속에 그대로 남아 있었을 경우, 그 붕괴 생성물은 지하 처분장의 사용후핵연료의 위험도보다 더 클 수도 있고 더 작을 수도 있다. 실제로 어떻게 될지는 천연우라늄 광맥에서 만들어진 붕괴 생성물 중 지표에 도달하는 비율이 사용후핵연료의 지하 처분장에서 지표에 도달하는 비율에 비해 어떻게 다를지에 따르기도 할 것이고, 또한 지상에 사는 인구 밀도와 라이프 스타일에 따르기도 할 것이다. 이것은 깊은 지하 처분장의 전반적인 위험의 크기에 대한 견해를 바꾸어 보는 데 도움이 될지도 모른다. 그 위험은 우라늄의 천연 광상에서의 것과 동일한 정도다. 실제로 SKB의 사용후핵연료 처분장의 우라늄 밀도는 전형적인 우라늄 광상의 것과 동등한 정도다.[11]

2009년 한국원자력연구원의 선임전문가가 공동 저술한 발표자료에서 비슷한 결과가 발표되었다. 그는 SKB가 사용한 것과 동일한 방법론을 사용하여 심지층 처분장에서 지표면 피폭선량을 추정하였다.[12] 저자들은 사용후핵연료의 초우라늄 원소의 붕괴생성물로부터의 장기 피폭선량은 사용후핵연료의 우라늄의 그것과 비슷하다는 결론을 얻었다. 재처리에서는 분리한 우라늄을 무기한 지상에서 보관한다. 즉, 지하 처분장보다 훨씬 격리도가 낮은 상태로 보관하는 것이다. 그러나 그들은 그러한 결과가 처분된 사용후핵연료로부터의 위험을 줄이기 위한 재처리와 고속로에 대한 한국원자력연구원의 옹호 주장을 약화시켰다는 명백한 정책적 함의를 도출하지 않았다. 실제로 2015년 평화적 원자력 협력에 관한 한미 협약 체결 이전의 수년간의 협상에서 한국원자력연구원은 서울과 워싱턴에서 한국의 재처리 권리를 홍보하기 위해 끈질기게 로비 활동을 전개했다. 교착 상태의 협상 중 분노한 모습의 한국 협상가는 한국원자력연구원을 "우리의 탈레반"이라고 말했다.[13]

20년도 더 전인 1996년 미국 국립과학아카데미는 복수의 재처리와 고속로에서의 재활용 관련 시나리오의 '핵종 변환', 즉 플루토늄과 기타 장수명 초우라늄 원소의 핵분열의 비용편익에 대한 최초의 상세 연구를 완료했다.[14] 이 연구의 결론은 대부분의 처분장 조건에서 사용후핵연료 처분장 위에서 자급자족하는 주민에게 가장 많은 피폭선량을 주는 것은 두 가지 수용성 장수명 핵분열 생성물인 요오드-129(I-129, 1700만 년 반감기)와 테크네튬-99(Tc-99, 21만 3000년 반감기)다.[15] I-129에 대한 결론은 [그림 7.2]에 나타낸 SKB 계산 결과와 부합한다. 따라서 지하 깊숙이 묻힌 사용후핵연료로 인한 미래의 환경 위험 가능성 때문에 재처리를 주장하는 프랑스 재처리 공장의 운영자인 오라노(전 아레바)가 재처리 작업에서 포획한 휘발성 I-129를 대서양에 그대로 쏟아 부었다는 사실은 놀랍다.[16]

[그림 7.2]에서 400년에서 2만 년 사이 파손된 처분장에서 누출된 탄소-14(C-14)가 처분장 위의 주민에게 가장 큰 피폭선량을 가할 것이라는 점도 주목할 만하다. 그러나 오라노는 단순히 사용후핵연료의 재처리에서 방출된 C-14가 포함된 이산화탄소를 공기 중에 버린다.[17]

대부분의 기업과 마찬가지로 오라노의 주요 동기는 제품과 서비스를 판매하는 것이다. 그러나 2013년 프랑스원자력안전국은 플루토늄 이외의 초우라늄 원소를 핵분열시키려는 오라노의 주장을 분석한 결과 다음과 같은 결론에 도달했다 "마이너 악티나이드 원소의 핵종 변환은 심지층 처분의 방사선학적 영향을 유의미한 정도로 변화시키지 않는다. 왜냐면 주된 영향은 주로 핵분열 생성물과 방사화 핵종에 의하기 때문이다."[18](방사화 핵종은 사용후핵연료 또는 피복재의 안정적인 원소가 중성자 흡수에 의해 생성된 C-14와 같은 방사성 동위원소다.[19] 마이너 악티나이드는 플루토늄 이외의 초우라늄 원소들이다.[20]) "심지층 처분의 방사선학적 영향은 주로 핵분열 생성물과 방사화 핵종에 의한 것"이라고 밝힌 프랑스원자력안전국의 진술은 플루토늄 또한 지하 처분장의 지표면 선량에 대한 주요 기여 핵종이 아니라고 명확히 한 것이다.

2018년, 원자력 공학자이자 전 일본원자력학회 학회장이었던 오카 요시아키 일본원자력위원회 위원장은 분리와 핵종 변환이 방사성폐기물의 위험기간을 수만 년에서 수백 년으로 줄일 수 있다는 주장에 대해 회의적인 일본인 지하 처분 전문가의 의견을 소개했다. 그는 "아마도 … 그렇게 주장하는 원자로 전문가들은 지하 처분의 안전성 분석에 대해 잘 모르거나 또는 알고 있지만 자신의 목적을 달성하기 위해 그렇게 주장하고 있는 것 같다"고 말했다.[21]

7.3 재처리는 방사성폐기물 처분장의 크기를 유의미한 정도로 줄일 수 있나?

재처리 지지자들의 또 다른 주장은 재처리는 지하 처분장에 처분하여야 하는 폐기물의 양을 줄임으로써 처분장을 더 작게 만들 수 있다는 것이다.

그들 주장의 가장 단순한 설명은 다음과 같다. 경수로 사용후핵연료에서 우라늄의 93-96%는 핵분열되지 않고 남아 있다. 사용후핵연료의 우라늄의 미래는 아직 결정되지 않았지만, 분리된다면 이 우라늄은 지하 처분장에 묻힐 필요는 없다.[22] 또 다른 1%는 플루토늄으로 분리되어 MOX 핵연료로 재활용될 수 있다. 약 0.2%는 미래에 분리되고 재활용될 수도 있는 기타 초우라늄 원소들이다. 이런 관점에서는, 지하 처분장에 처분해야 하는 유일한 폐기물은 핵분열 생성물로 전환된 원래의 우라늄 3-6%다.

이 주장은 여러 가지 이유로 너무 단순하다. 우선, 핵분열 생성물은 다른 물질(현재는 유리)과 혼합되어 처분 폐기물 형태로 만들어야 한다. 이는 심지층 처분이 필요한 '고준위(농축된)' 방사성폐기물의 부피와 질량을 모두 증가시킨다.

더욱이 재활용 과정에서 생성되는 추가 방사성폐기물도 심지층 처분장에 공간이 필요하다. 이들 폐기물에는 조사된 우라늄이 산에 의해 용해되었지만 잔류 플루토늄에 의해 오염된 사용후핵연료 피복재, 그리고 MOX 핵연료 제조 시 발생한 플루토늄에 오염된 폐기

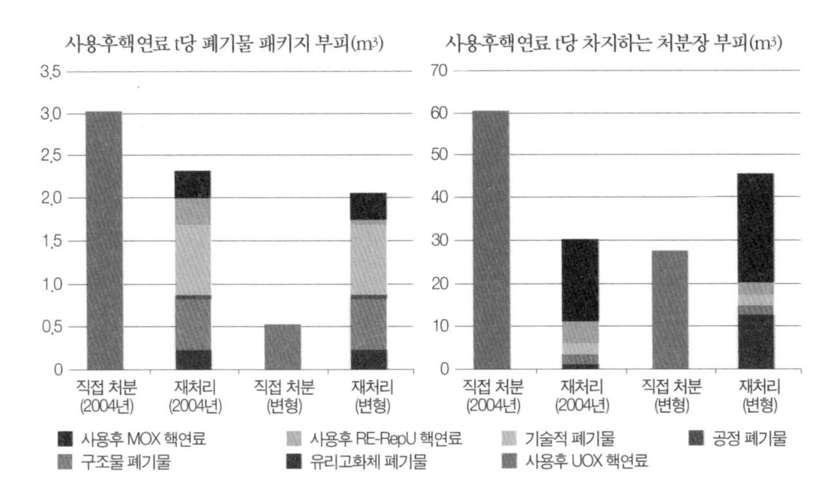

[그림 7.3] 사용후핵연료 재처리와 직접 처분에 따른 폐기물과 처분장 부피 비교

폐기물 패키지의 부피는 왼쪽에 폐기물의 배치에 필요한 지하 처분장의 갱도의 부피는 오른쪽에 주어져 있다. '2004'로 표시된 것은 사용후핵연료봉이 집합체 통째로 처분될 것이라는 프랑스 산업 측의 가정에 근거한 것이다. '변형'이라고 표시된 것은 사용후핵연료 집합체를 분해하여 사용후핵연료봉들이 좀 더 콤팩트하게 포장되는 것을 가정한다. 첫 번째 가정에서는 사용후핵연료가 재처리 없이 처분될 때 폐기물 패키지의 총 부피는 재처리 폐기물, 사용후 MOX 핵연료, 회수 우라늄 등의 총 부피보다 약 30% 크나 두 번째 가정에서는 75% 작다. '구조물' 폐기물은 걸러진 사용후핵연료 피복재이며, '기술적' 폐기물은 재처리와 MOX 핵연료 제조 과정에서 발생한 장수명 방사성 물질에 오염된 폐기물을 나타낸다(슈나이더와 마리냑[23]).

물 및 장비들이 있다. 이것들은 종종 초우라늄 폐기물이라고 불린다. 그리고 제4장에서 설명했듯이, 대부분의 사용후 MOX 핵연료는 재처리하지 않고 심지층 처분될 것이다.

프랑스의 재처리 프로그램에 관해 상세히 분석한 결과, 지하 처분장에 처분해야 하는 재처리와 MOX 핵연료 생산 과정의 폐기물과 사용후 MOX 핵연료의 부피와 그들 폐기물의 배치에 필요한 지하 처분장의 부피는 재처리하지 않은 사용후핵연료 처분에 필요한 부피와 동등한 정도로 나타났다. 어느 쪽 부피가 작은지는 패키징에 대한 상세 가정에 따라 달라진다(그림 7.3).

처분장 갱도의 부피는 패키지의 부피보다 폐기물의 발생열에 더 의존한다. 이유는 폐기물을 둘러싼 암반 또는 점토의 온도는 방사능을 가두어두는 능력이 저하되는 온도 이하로 유지되어야 하기 때문이다. 불투수성으로 젖어야 하는 점토의 경우, 폐기물 패키지의 표면온도는 물의 비등온도보다 낮아야 한다. 이는 처분 용기에 넣을 수 있는 고준위 폐기물 또는 사용후핵연료의 양을 제한한다.

[그림 7.3]에서 볼 수 있듯이, 저농축 우라늄 사용후핵연료 8t으로 약 1t의 MOX 핵연료가 생산된다는 사실에도 불구하고, 사용후 MOX 핵연료에 필요한 갱도 부피는 재처리하지 않은 저농축 우라늄 사용후핵연료의 갱도 부피와 비슷하다. 그 이유는 저농축 우라늄 사용후핵연료는 약 1% 플루토늄을 포함하는 데 비해 사용후 MOX 핵연료는 약 5%의 플루토늄을 포함하고 있고,[24] 약 50년에서 100년 사이 사용후핵연료의 방출열은 플루토늄과 Am-241의 붕괴열에 의해 좌우되기 때문이다(그림 7.4 및 7.5). 반감기 14년인 Pu-241은 Am-241로 붕괴한다.

따라서 고속로의 상업적 실패로 인해 사용후 MOX 핵연료가 지하 처분장에 처분되는 경우, 재처리로 인한 처분장 공간 절약 효과는 없어질 것이다.

프랑스의 재처리 공장과 MOX 핵연료 제조 공장을 운영하고 있는 정부 소유 기업인 오라노의 파산한 전임자 아레바는 미국에서 제안된 재처리 공장에 대해 위탁한 경제 분석에서 다음과 같이 인정했다. "유카마운틴에 사용후 MOX 핵연료를 처분하는 것은 (재처리의) 처분장 최적화 이점을 거의 완전히 제거해 버리므로 실행 가능한 옵션으로 간주되지 않는다."[25]

[그림 7.4]는 사용후핵연료의 장기 방사성 붕괴열에서 초우라늄 원소의 우위를 보여준다.

[그림 7.5]에서 사용후 MOX 핵연료와 저농축 우라늄 사용후핵연료의 붕괴열 비교를 보면 사용후 MOX 핵연료가 처분장에 처분될 경우 처분장 공간 절약 효과가 없어지는 이유를 알 수 있다.

고속로 지지자들은 모든 초우라늄 원소들이 제거되고 고속로에서 재순환을 반복하여 완전히 핵분열시켜 남은 핵분열 생성물만 처분할 경우 처분장의 크기가 극적으로 줄어들 수 있다고 주장했다.[26] 핵분열 생성물의 붕괴열에 대한 기여는 초우라늄 원소들보다 훨씬 빠르게 감소하기 때문에 이것은 중요하다.

그러나 앞서 지적한 바와 같이, 고속로의 경제적 실패와 초우라늄 원소들을 분리하고 핵연료를 제조하는 것이 어렵다는 점을 감안할 때, 그런 시나리오는 엄청난 추가 비용으로만 실현 가능할 뿐이다. 이것이 바로 고속로의 개발이 오늘날 원자로 개발 연구소들에서

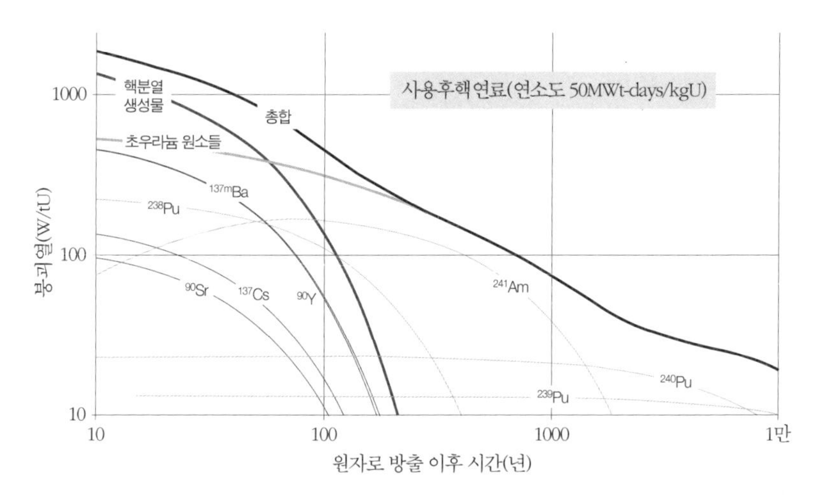

[그림 7.4] 장기 방사성 붕괴열에 지배적인 초우라늄 핵종

여기서 보여주는 것은 1t의 저농축 우라늄 사용후핵연료의 붕괴열에 대한 핵분열 생성물과 주로 플루토늄과 Am-241이 주된 초우라늄 원소들의 기여도다. Am-241은 반감기 14년인 Pu-241의 붕괴 생성물이다. 10년 후 핵분열 생성물의 붕괴열은 약 30년의 반감기를 가진 세슘-137(Cs-137)과 스트론튬-90(Sr-90) 그리고 그들의 단반감기 붕괴물인 바륨-137m(Ba-137m)과 이트륨-90(Y-90)에 의해 좌우된다. 약 50년 냉각 후에 사용후핵연료가 처분장에 묻히면 핵분열 생성물과 초우라늄 원소들의 기여도는 비슷할 것이다. 약 200년 후에는 핵분열 생성물 붕괴열은 유의미하지 않게 된다(아르곤 국립연구소[27]).

만 관심을 갖는 이유다. 일부 국가들의 정부는 고속로에 대한 설계 작업에 지속적으로 자금을 지원하고 원형로를 제작할 의향이 있지만, 어떠한 정부와 원자력발전회사들도 사용후핵연료 내 초우라늄 원소들을 핵분열시키기 위해 다수의 고속로를 건설할 의향은 없다. 일본원자력위원회 위원장 오카는 다음과 같이 말했다.

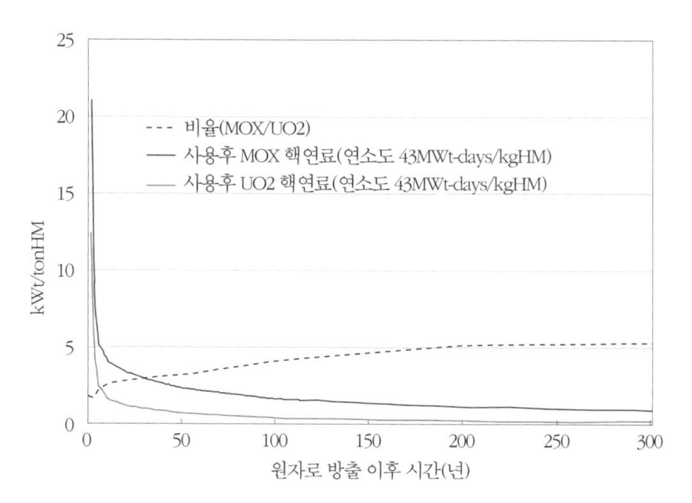

[그림 7.5] 저농축 우라늄 사용후핵연료보다 더 높은 방사성 붕괴열 내는 사용후 MOX 핵연료

포함된 많은 양의 플루토늄과 기타 초우라늄 원소들로 인해 사용후 MOX 핵연료의 붕괴열은 저농축 우라늄 사용후핵연료보다 훨씬 느리게 줄어든다. 50년 후 t당 사용후 MOX 핵연료와 저농축 우라늄 사용후핵연료의 발열량 비율은 대략 세 배며 150년 후에는 다섯 배다. 이것은 주어진 크기의 처분 용기는 표면 온도가 처분장에서 너무 뜨거워지기 전에 저농축 우라늄 사용후핵연료보다 사용후 MOX 핵연료를 3분의 1-5분의 1만 담을 수 있음을 의미한다. 따라서 사용후 MOX 핵연료는 저농축 우라늄 사용후핵연료보다 t당 세 배-다섯 배 더 많은 처분 공간이 필요하다(저자들[28]).

연구비를 받는 사람들이 정책을 결정하는 시대는 끝났다. (그런데 불행히도) 원자력 관련 사람들에게서는 여전히 그런 사고방식이 보인다. 경수로가 고속로로 대체될 것이라거나 방사성폐기물의 유해도 저감이 가능하다는 주장의 목소리는 주로 연구기관들에서 나온다. 일본에서와 같이 정부의 연구개발자금에 의존하는 기업들이 있을 때 양자의 목소리가 연동되어 점점 커진다. … 지지자들은 연구개발자금을 얻기 위해 연구개발 작업을 정당화하는 경향이 있다. … 수년 간 연구를 수행한 결과, (프로젝트에 대한) 애착이 생겨서, 때로는 결론이 호불호에 의해 결정된다는 것을 깨닫지 못하는 경우가 있다. 호불호는 사랑과 같아서 (논리적으로) 논의될 수 없다.[29]

[그림 7.4]와 같은 그래프는 재처리 지지자들에 의해 초우라늄 원소들이 심지층 처분된 사용후핵연료의 장기적 위험을 지배한다고 주장하기 위해 사용된다. 그러나 [그림 7.2]에서 설명했듯이 지표면의 위험은 방사성 동위원소의 용해도와 방사능에 의해 결정된다. 초우라늄 원소들은 다른 장수명 방사성 동위원소들보다 용해도가 훨씬 낮다.

7.4 재처리의 위험성

재처리 지지자들은 심지층 처분장의 사용후핵연료로부터 빠져나오는 방사능의 잠재적 장기 위험에 중점을 둔다. 그러나 재처리에서 발생하는 액체 고준위 폐기물은 지상에 있는 동안 그것의 잠재적 위험성이 훨씬 크다.

실제 광범위한 지역으로부터 피난했던 최초의 대규모 핵 사고는 1957년 구소련의 재처리 공장에서 일어난 액체 고준위 폐기물 탱크의 폭발이었다. 1976년 구소련의 과학자이자 역사학자인 반체제 인사 조레스 메드베데프에 의해 밝혀질 때까지 20년간 비밀로 유지되었기에 그 사고는 알려지지 않았다.[30] 그때까지 그 사고는 뉴스가 아니라 과거에 발생한 일이었다. 2018년 기준 이것은 역사상 최악의 재처리 공장 사고였다.

서방의 정보기관은 이 중대한 핵 사고에 대해 알고 있었음에 틀림없다. 그들은 그 사고가 알려지면 서방의 핵무기 프로그램의 플루토늄 분리에 대한 반대를 조장할 것으로 두려워했기 때문에 공개하지 않았다고 추측되었다.[31] 그들이 옳을 수 있었다. 30년 후 체르노빌 사고가 발생했을 때, 이 구소련의 원자로 설계는 소련의 군사용 플루토늄 생산로에서 파생된 것이며, 그리고 그 생산로의 바탕이 된 것은 미국의 군사용 플루토늄 생산로였기 때문에 그 시점까지 미국에 남아 있던 두 기의 플루토늄 생산로가 정지하는 결과를 초래했다. 그 이유는 주로 이러한 원자로는 최신의 안전 시스템을 제공하지 않았기 때문이다.[32]

1957년 사고는 우랄 지방의 키시팀 마을 근처에 위치한 구소련 최초의 재처리 공장에서 발생했다. 모든 재처리 부지와 마찬가지로 키시팀 공장에는 사용후핵연료의 용해 후 우라늄과 플루토늄이 추출된 뒤 남은 핵분열 생성물과 기타 방사성 핵종의 농축액을 저장하기 위한 거대한 탱크들이 있었다.

1957년 9월 고준위 폐기물 탱크 중 한 곳의 냉각 시스템이 고장

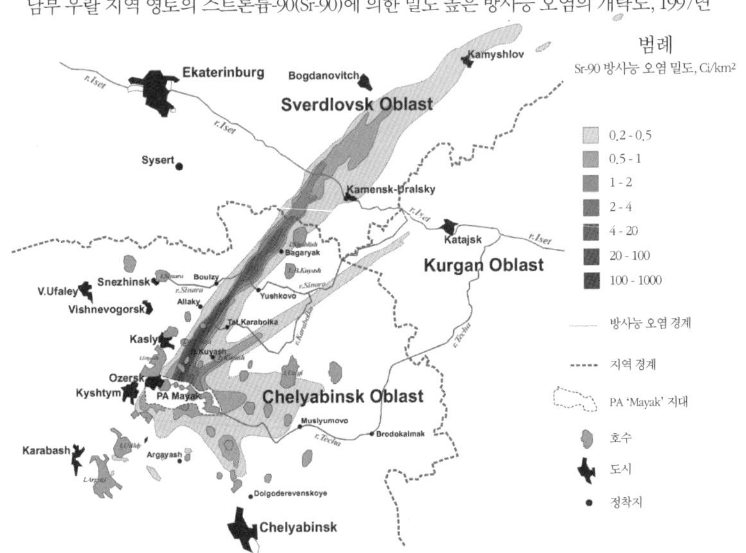

[그림 7.6] 1957년 우랄 지방의 재처리 폐기물 폭발로 인한 스트론튬-90(Sr-90) 오염

km^2당 2Ci(0.074MBq/m^2) 이상 오염된 지역의 주민은 피난되었으며, 수년 간 농업용 이용이 중지되었다[33](우랄 방사선의학연구센터[34]).

났다. 고장은 알려지지 않았고, 탱크는 끓어서 건조해졌다. 조사된 우라늄을 용해시키기 위해 사용된 질산의 잔류물과 플루토늄과 우라늄을 용액으로부터 분리하기 위해 사용된 유기용매의 잔류물이 함께 섞여 폭발성 혼합물이 형성되었다. 이 폭발로 인해 최대 100t TNT에 해당하는 에너지가 방출되었고 약 5MCi(185PBq)의 30년 반감기 Sr-90을 포함한 대량의 방사능이 퍼져 나갔다.[35]

폭발은 바람을 타고 약 1000km²의 지역을 km²당 2Ci Sr-90 이상 수준으로 오염시켰다(그림 7.6).[36] 이것은 2011년 후쿠시마 사고로 인한 장기 피난 지역 면적에 필적한다. 다행히 방사능으로 오염된 길고 좁은 지역(약 140km)은 인근 도시와 마을을 피해갔다. 그럼에도 불구하고 약 1만 명이 '우랄 방사능 오염 흔적'의 마을로부터 피난되었다. Sr-90은 후쿠시마에서의 피난의 주요 원인인 Cs-137보다 외부 피폭 위험은 적지만, 음식에 섞여 섭취하게 되면 내부피폭 위험은 더 크다. Sr-90은 칼슘과 유사한 화학성질을 가지고 있어서 '골친화성 물질'이다. 따라서 인체에서 생물학적 반감기가 길고, 그만큼 증가된 피폭선량을 골수에 끼친다.[37]

키시팀 사고가 서방세계에 알려진 지 3년 후 1979년 독일의 니더작센주 지사인 에른스트 알브레히트는 독일의 원자력발전회사들이 골레벤 마을 근처에 건설할 것을 제안한 재처리 공장의 설계 안전성을 평가하기 위해 국제적인 독립적 분석가 그룹을 소집했다. 그룹의 비판을 이해한 후 알브레히트는 부지로 수송되는 사용후핵연료를 수동적으로 안전하게 저장하고, 액체 고준위 폐기물은 저장하지 않는다는 두 가지 설계 조건을 충족할 수 있는 경우에만 공장 건설에 동의한다고 했다.[38] 원자력발전회사들은 거기에 재처리 공장을 짓지 않기로 결정했으며, 그곳은 최종적으로 사용후핵연료와 프랑스와 영국에서 독일의 사용후핵연료의 재처리 과정에서 발생한 유리고화체 고준위 폐기물을 위한 임시 저장 부지가 되었다.

유리고화용 기기는 종종 고장이 나며, 비용이 많이 드는 재처리 공장의 운영자는 유리고화용 기기가 고장났을 경우 분리 공정을 중단하기를 꺼려한다. 따라서 기존의 모든 재처리 공장은 대량의 고준위 폐기물을 액체 형태로 담을 수 있는 탱크들을 가지고 있다. 예를 들어, 일본 롯카쇼 재처리 공장에는 고준위 액체 폐기물 탱크가 두 개 있다. 5년 냉각된 사용후핵연료를 재처리한 액체 재처리 폐기물로 탱크를 채울 경우, 각각은 사용후핵연료 밀집저장조의 방사능량에 필적하는 약 1000PBq의 Cs-137 양을 저장하게 된다.[39] 체르노빌 사고에서 Cs-137의 방출량은 약 85PBq였다.[40]

고준위 폐기물 탱크의 건조가 재처리 공장에서 폭발을 일으킬 수 있는 유일한 시나리오는 아니다. '적색 오일'층은 핵분열 생성물로부터의 강한 방사선의 영향 아래 유기용매와 반응하는 질산의 결과 탱크 내에서 형성될 수 있으며 과열되면 폭발할 수 있다.[41] 적색 오일은 용해된 사용후핵연료로부터 플루토늄과 우라늄을 분리하기 위해 용매가 도입되는 공정 탱크 또는 고준위 폐기물의 부피를 줄이기 위해 폐액을 농축하는 증발기에서 형성될 수 있다.

실제로 재처리 공장에서 다수의 적색 오일 폭발이 발생했다. 2018년 기준 가장 심각한 것은 1993년 러시아 시베리아 서부 톰스크시 근처의 세베르스크 군사용 재처리 공장에서 발생한 사고였다. 폭발은 재처리 공장 건물의 측면을 날려 버렸다(그림 7.7). 다행히 탱크의 방사능 농도는 낮았으며, Cs-137의 방출은 후쿠시마 사고 방출량의 약 0.003%에 불과했다.[43]

[그림 7.7] 1993년 세베르스크 군사용 재처리 시설에서의 적색 오일 폭발로 인한 파손

질산을 유기용매와 잔류 핵분열 생성물을 포함하는 탱크에 부은 후 폭발이 일어났다. 혼합이 없는 경우, 용매가 상단으로 부유하고, 용매와 산 사이에서 자동 촉매 반응이 발생하여 탱크가 과가압되어, 뜨거운 가스 및 액적이 탱크 위 공기 중에 방출된 후 폭발을 일으켰다(국제원자력기구[42]).

7.5 결론

사고가 없는 경우에도 재처리로 인한 환경적 이점은 적거나 없다. 재처리 공장에서 발생한 한 사고는 사용후핵연료 심지하 처분장의 파손에 의한 누설로 인해 영향을 받는 것보다 훨씬 광범위한 지역을 이미 오염시켰다.

주

1 R. Bari et al., "Proliferation Risk Reduction Study of Alternative Spent Fuel Processing"(paper presented at the Institute of Nuclear Materials Management 50th annual meeting, Tucson, Arizona, USA, 12–16, July 2009), 2019년 3월 2일 접속, https://www.bnl.gov/isd/documents/70289.pdf.

2 New Nuclear Policy–Planning Council, "Interim Report Concerning the Nuclear Fuel Cycle Policy," trans. Citizens' Nuclear Information Center, 12 November 2004, 2019년 1월 16일 접속, http://www.cnic.jp/english/topics/policy/chokei/longterminterim.html.

3 Edwin S. Lyman and Harold A. Feiveson, "The Proliferation Risks of Plutonium Mines," *Science & Global Security* 7, no. 1(1998): 119–128, 2019년 1월 16일 접속, http://scienceandglobalsecurity.org/archive/sgs07lyman.pdf.

4 "Plutonium Story: Reliable Friend, Pluto Boy," planned and directed by Power Reactor and Nuclear Fuel Development Corporation and produced by Sanwa Clean, Tokyo, 1993(in Japanese); Thomas W. Lippman, "Pluto Boy's Mission: Soften the Reaction," *Washington Post*, 7 March 1994, 2019년 1월 16일 접속, https://www.washingtonpost.com/archive/politics/1994/03/07/pluto-boys-mission-soften-the-reaction/e3832c8f-56aa-49a3-9695-dbcfd517ce27/?utm_term=.a1b8a42ff468.

5 National Research Council, *Nuclear Wastes: Technologies for Separations and Transmutation*(Washington, DC: National Academies Press, 1996), Chapter 4, 2019년 1월 16일 접속, doi:org/10.17226/4912.

6 "Minutes of the 38th Nuclear Regulation Authority Meeting of 2015," 2 November 2015(in Japanese), 2019년 1월 16일 접속, http://www.nsr.go.jp/data/000129463.pdf.

7 SKB(Svensk Kärnbränslehantering AB), "A Repository for Nuclear Fuel That Is Placed in 1.9 Billion Years Old Rock," 2019년 1월 16일 접속, http://www.skb.com/future-projects/the-spent-fuel-repository/.

8 International Panel on Fissile Materials, "Diverging Recommendations on Sweden's Spent Nuclear Fuel Repository," *IPFM Blog*, 23 January 2018, 2019년 2월 15일 접속, http://fissilematerials.org/blog/2018/01/diverging_recommendations.html.

9 SKB, *Long-Term Safety for the Final Repository for Spent Nuclear Fuel at Forsmark: Main Report of the SR-Site Project, Volume 3*, TR-11-01, 2011, Figure 13-63, 2019년 1월 16일 접속, http://skb.se/upload/publications/pdf/TR-11-01_vol3.pdf. 표시된 다른 방사성 핵종: 세슘-137(Cs-137), 스트론튬-90(Sr-90), 셀레늄-79(Se-79), 테크네튬-99(Tc-99), Cs-135, 주석-126(Sn-126)은 핵분열 생성물; 은-108m(Ag-108m), 염소-36(Cl-36), 니켈-59(Ni-59), Ni- 63, 니오븀-94(Nb-94)는 핵연료와 피복재 내 안정된 핵종에 의한 중성자 흡수 생성물; 아메리슘-241(Am-241)은 Pu-241의 붕괴 생성물; 넵투늄-237(Np-237)과 Am-243은 각각 U-235와 U-238에서 시작하여 수차례의 중성자 흡수의 산물.

10 Boris B. M. Melloni, "Lung Cancer in Never-Smokers: Radon Exposure and Environmental Tobacco Smoke," *European Respiratory Journal 44*, no. 4(October 2014): 850-852, 2019년 3월 7일 접속, https://doi.org/10.1183/09031936.00121314.

11 SKB의 지하 처분장은 면적 3-4km^2의 장소에 1만 2000t의 사용후핵연료를 처분한다. 길이 약 5m의 구리 캐니스터는 횡갱도의 바닥에 수직으로 설치된 구멍에 설치된다. SKB, "Repository for Nuclear Fuel." m^3당 2.65t 밀도의 화강암의 경우, 넓이 3.5km^2, 두께 5m의 화강암층의 우라늄 평균 중량 농도 260ppm에 상응한다.

12 Yongsoo Hwang and Ian Miller, "Integrated Model of Korean Spent Fuel and High Level Waste Disposal Options," in *Proceedings of the 12th International Conference on Environmental Remediation and Radioactive Waste Management,*

Liverpool, UK, October 11-15, 2009, paper no. ICEM2009-16091, 733-740. 황과 밀러는 10만 년 후의 시점에서 지배적인 선량은 라돈-222(Rn-222), 라듐-226(Ra-226), 토륨-230(Th-230), 모든 U-238의 붕괴 생성물, 악티늄-231(Ac-231)과 프로트악티늄-231(Pa-231), U-235의 붕괴 생성물, 토륨-229(Th-229), 넵투늄-237(Np-237)의 붕괴 생성물, 초우라늄 원소, 테크네튬-99(Tc-99), 핵분열 생성물에서 유래한다고 결론내렸다.

13 Quoted to one of the authors(von Hippel) by a State Department official.

14 다수의 재순환을 반복할 필요가 있다. 왜냐하면 1회에서는 초우라늄 원소의 약 20%밖에 핵분열시킬 수 없기 때문이다. National Research Council, *Nuclear Wastes*, Table 4-2(증식율 0.65의 경우).

15 National Research Council, *Nuclear Wastes*, 33.

16 2016년 아레바는 사용후핵연료 983t을 재처리하였다. ASN(Autorité de Sûreté Nucléaire), *Rapport de l'ASN sur l'État de la Sûreté Nucléaire et de la Radioprotection en France en 2017*, 2018, 381, 2019년 1월 16일 접속, https://www.asn.fr/annual_report/2017fr/. 이 사용후핵연료에서 방출된 핵분열 에너지를 평균하여 kg당 43-53MWt-days였다고 하면, 이 핵연료의 핵분열 수는 1.07-1.31×1029가 되며, 핵분열의 약 55%는 U-235에서 일어나고, 나머지 대부분은 Pu-239에서 일어났다는 것이다. OECD Nuclear Energy Agency, *Plutonium Fuel: An Assessment*(Paris: Organisation for Economic Co-operation and Development, 1989), Table 9, 2019년 1월 27일 접속, https://www.oecd-nea.org/ndd/reports/1989/nea6519-plutonium-fuel.pdf. '열(저속)' 중성자에 의한 U-235와 Pu-239의 핵분열에서 발생하는 요오드-129(I-129)의 '핵분열(생성물) 수율' 평균은 각각 0.71% 및 1.41%이고 가중 평균은 1.02%다. 따라서 983t의 사용후핵연료의 핵분열은 1.09-1.34×1027의 I-129(234-288kg) 원자를 생성시킨다. 방사능으로 표현하면 1.6-1.9TBq. 아레바(현 오라노)는 2016년 라하그의 재처리 공장에서 1.44TBq의 I-129를 대서양에 방출했다고 보고했다. *Rapport d'information du site Orano la Hague, Édition* 2017, 51, 2019년 1월 16일 접속, https://www.orano.group/docs/default-source/orano-doc/

groupe/publications–reference/document–home/rapport–tsn–la–hague–2017.pdf?sfvrsn=2325ae4f_6.

17 2016년 아레바(현 오라노)의 라하그 공장은 대기 중으로 19.1TBq의 C–14를 방출했다. *Rapport d'information du site Orano la Hague*, 47. 이것은 위의 주석에서 같은 해에 재처리된 사용후핵연료 중의 I–129의 추정량의 약 10배다. SKB의 연구에 따르면, 스웨덴의 처분장에 처분하는 사용후핵연료 내 C–14의 양을 방사능으로 측정하면 I–129 양의 약 40배가 된다. SKB, *Long–Term Safety*, Volume 1, Table 5.4. 이것은 오라노가 재처리한 사용후핵연료에 들어 있는 C–14의 약 25%를 대기 중에 방출하고 있는 것을 시사하고 있다.

18 ASN, "Avis no. 2013–AV–0187 de l'Authorité de sûreté nucléaire du 4 July 2013 sur la transmutation des elements radioactifs à vie longue," 16 July 2013, 2019년 1월 16일 접속, https://www.asn.fr/Reglementer/Bulletin–officiel–de–l–ASN/Installations–nucleaires/Avis/Avis–n–2013–AV–0187–de–l–ASN–du–4–juillet–2013.

19 C–14는 핵연료 내에 갇힌 공기 중의 질소–14(N–14)가 변환되었다. 중성자가 N–14의 양성자를 튕겨내고 그것을 대체함으로써, 일곱 개의 양성자와 일곱 개의 중성자를 가진 안정된 질소의 원자핵을 여섯 개의 양성자와 여덟 개의 중성자를 가진 반감기 5700년의 탄소 원자핵으로 바꾸는 형태로 변환시킨 것이다.

20 방사화학자는 주기율표에서 초우라늄 원소를 '악티니드'로 분류한다. 왜냐하면 이들은 전자가 밀집한 최대의 양자 수의 전자 궤도(7s)에 악티늄과 같은 수의 전자를 가지고 있으며, 그 아래의 두 전자 궤도(5f 및 6d)에 다른 수의 전자를 가지고 있기 때문이다. 그러나 이 세 가지 전자 궤도의 모든 전자는 같은 결합 에너지를 가지고, 원소의 다양한 원자가와 결정 구조의 결정에 기여한다.

21 Hideaki Oka, "Nuclear Fuel Cycle, Plutonium, Fast Reactor, Reduction of Harmfulness," *Japan Atomic Energy Mail Magazine*, 20 July 2018(in Japanese 2019년 1월 16일 접속, http://www.aec.go.jp/jicst/NC/melmaga/2018–0250.html.

22 재처리에서 회수한 우라늄은 천연우라늄에 비해 오히려 중성자를 흡수하기 쉽고, 방사능이 강하다. 왜냐하면 원자로에서 만들어진 U-236(반감기 2300만 년)과 U-232(반감기 70년) 때문이다. 2007년 기준, 회수 우라늄 중 일부는 재농축이나 농축 우라늄의 혼합을 거쳐 재활용되었지만, 대부분은 처분 외 다른 대체 계획이 없는 상태로 보관되어 있다. International Atomic Energy Agency, *Use of Reprocessed Uranium: Challenges and Options*, 2009, 2019년 2월 10일 접속, https://www-pub.iaea.org/MTCD/Publications/PDF/Pub1411_web.pdf.

23 다음으로부터 수정. Mycle Schneider and Yves Marignac, *Spent Nuclear Fuel Reprocessing in France*, International Panel on Fissile Materials, 2008, Figure 16, 2019년 1월 16일 접속, http://fissilematerials.org/library/rr04.pdf.

24 OECD Nuclear Energy Agency, *Plutonium Fuel*, Tables 9 and 12(연소도 약 43MWt/kgU의 사용후핵연료에 대해).

25 Boston Consulting Group, *Economic Assessment of Used Nuclear Fuel Management in the United States*, 2006, 20, 2019년 1월 16일 접속, http://www.nuclearfiles.org/menu/key-issues/nuclear-weapons/issues/proliferation/fuel-cycle/Economic_Assessment_Used_Nuclear_Fuel_Mgmt_US_Jul2006[1].pdf.

26 Roald A. Wigeland et al., "Separations and Transmutation Criteria to Improve Utilization of a Geologic Repository," Nuclear Technology 154, no. 1(April 2006): 95-106, 2019년 1월 16일 접속, https://doi.org/10.13182/NT06-3.

27 다음으로부터 수정. Roald A. Wigeland et al., "Spent Nuclear Fuel Separations and Transmutation Criteria for Benefit to a Geologic Repository" in Proceedings of Waste Management Conference '04, February 29-March 4, 2004, Tucson, Arizona. 미주 28의 Nuclear Technology 논문에는 이 그림의 흑백 버전이 있다.

28 연소도 43MWt-days/kg 사용후핵연료에 대해 저자 중 한 명인 강정민이 계산하였다. 저농축 우라늄 핵연료는 장전 시 3.7% 농축도 가정, MOX 핵연료는 장전 시 10년간 냉각한 연소도 43MWt-days/kg 사용후핵연료에서 추출한

플루토늄을 7% 함유하고 있다고 가정하였다. OECD Nuclear Energy Agency, *Plutonium Fuel*, Tables 9 and 12.

29 Oka, "Nuclear Fuel Cycle."

30 Zhores Medvedev, "Two Decades of Dissidence," *New Scientist*, 4 November 1976, 276. 메드베데프는 3년 뒤 좀 더 완전한 설명을 출간했다. Zhores Medvedev, *Nuclear Disaster in the Urals*, trans. George Saunders(New York: W. W. Norton & Company, 1979).

31 Thomas Rabl, "The Nuclear Disaster of Kyshtym 1957 and the Politics of the Cold War," *Arcadia*(2012), no. 20, 2019년 1월 16일 접속, https://doi.org/10.5282/rcc/4967.

32 "Six-Month Safety Shutdown of Hanford's N Reactor," United Press International, 11 December 1986, 2019년 1월 16일 접속, https://www.upi.com/Archives/1986/12/11/Six-month-safety-shutdown-of-Hanfords-N-Reactor/7261534661200/; Keith Schneider, "Severe Accidents at Nuclear Plant Were Kept Secret Up to 31 Years," *New York Times*, 1 October 1988, 2019년 3월 7일 접속, https://www.nytimes.com/1988/10/01/us/severe-accidents-at-nuclear-plant-were-kept-secret-up-to-31-years.html. 후자의 기사는 에너지부의 사바나 리버 부지에 초점을 맞추었다. 핸포드의 마지막 원자로는 1987년 1월, 사바나 리버의 마지막 원자로는 1988년 6월 폐쇄되었다.

33 Norwegian Radiation Protection Authority, "The Kyshtym Accident, 29th September1957," *NRPA Bulletin*, September 2007, 2019년 1월 16일 접속, https://www.nrpa.no/filer/397736ba75.pdf.

34 그림은 다음 참조. L. M. Peremyslova et al., Analytical Review of Data Available for the Reconstruction of Doses Due to Residence on the East Ural Radioactive Trace and the Territory of Windblown Contamination from Lake Karachay, US-Russian Joint Coordinating Committee on Radiation Effects Research, September 2004, Figure 1, 2019년 3월 3일 접속, https://pdfs.semanticscholar.org/58aa/870b2cb0589089a0ed2b36be4a923fa0066f.pdf.

35 1Ci는 1g의 라듐 방사능의 양으로 초당 370억 개의 원자의 붕괴, 즉 37GBq을 의미한다. 따라서 5MCi는 5t의 라듐의 방사능을 의미한다. 즉, 185PBq이다.

36 Thomas B. Cochran, Robert S. Norris, and Oleg A. Bukharin, *Making the Russian Bomb: From Stalin to Yeltsin*(Boulder, CO: Westview Press, 1995), 109–113.

37 A. V. Akleyev et al., "Consequences of the Radiation Accident at the Mayak Production Association in 1957(the 'Kyshtym Accident')," *Journal of Radiological Protection* 37, no. 3(2017) R19–R42, 2019년 1월 16일 접속, http://iopscience.iop.org/article/10.1088/1361-6498/aa7f8d/meta.

38 Ernst Albrecht, "Concerning the Proposed Nuclear Fuel Center," in *Debate: Lower Saxony Symposium on the Feasibility of a Fundamentally Safe Integrated Nuclear Waste Management Center, 28–31 March and 3 April 1979*, Deutsches Atomforum e.V., 16 May 1979, 343–347(in German), 2019년 3월 9일 접속, http://fissilematerials.org/library/de79.pdf. 알브레히트의 담화문의 영역은 다음 참조. http://fissilematerials.org/library/de79ae.pdf.

39 각 탱크의 용량은 120m^{3}으로 1m^{3}당 2.5t의 사용후핵연료에서 나온 고준위 폐기물이 들어갈 것으로 간주되었다. Gordon Thompson, *Radiological Risk at Nuclear Fuel Reprocessing Plants*(2013), Appendix B, "Rokkasho Site," 13, 2019년 1월 16일 접속, http://www.academia.edu/12471966/Radiological_Risk_at_Nuclear_Fuel_Reprocessing_Plants_Appendix_B_Rokkasho_Site_2013.

40 UN Scientific Committee on the Effects of Atomic Radiation, UNSCEAR 2000: Summary of Low-Dose Radiation Effects on Health(New York: United Nations, 2000), Annex J, para. 23, 2019년 1월 16일 접속, http://www.unscear.org/docs/publications/2000/UNSCEAR_2000_Annex-J.pdf.

41 International Panel on Fissile Materials, *Plutonium Separation in Nuclear Power Programs: Status, Problems, and Prospects of Civilian Reprocessing Around the World*, 2015, Chapter 12, "Radiological Risk," 2019년 1월 15일 접속, http://fissilematerials.org/library/rr14.pdf.

42 International Atomic Energy Agency, Radiological Accident, 22.

43 톰스크의 방출량은 0.02PBq이었다. 그중 2%가 Cs-137이었다. International Atomic Energy Agency, The Radiological Accident in the Reprocessing Plant at Tomsk(Vienna: International Atomic Energy Agency, 1998), 20, 2019년 1월 16일 접속, https://www-pub.iaea.org/MTCD/Publications/PDF/P060_scr.pdf. 후쿠시마 사고로 대기에 방출된 Cs-137 양은 6-20PBq이었다. UN Scientific Committee on the Effects of Atomic Radiation, UNSCEAR 2013 Report: Sources, Effects and Risks of Ionizing Radiation(New York: United Nations, 2014), Volume 1, Scientific Annex A, "Levels and Effects of Radiation Exposure Due to the Nuclear Accident after the 2011 Great East-Japan Earthquake and Tsunami," 6, 2019년 1월 16일 접속, http://www.unscear.org/docs/reports/2013/13-85418_Report_2013_Annex_A.pdf.

제8장

플루토늄 분리 금지론

이전 장에서 제2차 세계대전 중 나가사키에서 투하된 플루토늄형 핵폭탄을 생산하는 미국의 프로젝트의 일환으로 시작된 재처리의 역사를 설명했다. 전후 군사용 플루토늄 생산로와 재처리 공장은 사실상 모든 핵무기 프로그램의 핵심 요소가 되었으며, 플루토늄 분리와 증식로는 원자력발전을 동력원으로 하는 미래의 꿈의 중심이 되었다. 그러나 증식로는 기존의 발전용 원자로와 경제적 경쟁력이 없고, 기존의 원자력 발전용량은 기하급수적으로 증가하지 않고 정체되었다. 결과적으로, 더 이상 증식로들이 해결하고자 했던 우라늄 연료 부족 가능성이 없어졌다.

악몽 측면에서, 제2차 세계대전 핵무기 프로그램의 과학자들이 이미 인식하였고, 1946년 〈애치슨-릴리엔솔 보고서〉의 핵심인 문제가 있었다. '핵무기를 확산시키지 않고 분리된 플루토늄을 확산시킬 수 있는가?'라는 문제였다. 명목상 민간용 증식로 프로그램을 위해 분리된 플루토늄을 사용한 인도의 1974년 핵 실험은 그 해답을 시사했다.

다행스럽게도 1968년 조인된 핵확산금지조약NPT에 대한 국제적인 지지 그리고 재처리 기술의 추가적 판매를 막기 위한 미국의 빠른 조치는 다른 국가들이 민간용 플루토늄 프로그램을 핵무기 획득 경로로 사용하지 못하게 했다. 그리고 적어도 지금까지는 민간용 핵연료 시설에서의 플루토늄 탈취로 인한 핵 테러 발생의 우려는 현실화되지 않았다.

그러나 경제적 또는 기타 정당성의 결여에도 불구하고, 2018년 기준 민간용 목적을 위한 플루토늄 분리는 다섯 개의 핵무기 국가들(중국, 프랑스, 인도, 러시아, 영국)과 핵무기 비보유국인 일본에서 계속되고 있다. 분리된 민간용 플루토늄의 재고는 계속 증가하고 있다.

2019년 약 300t에 달하는 전 세계 민간용 미조사 플루토늄의 재고는 MOX 핵연료로 사용하면 전 세계 전력 생산 3주간 분량에 지나지 않는다.[1] 그러나 동일 플루토늄 양의 1%만 전용하면 수백 기의 나가사키형 핵폭탄 제조에 충분한 양이다.

지난 반세기 동안 주요 8개국(중국, 프랑스, 독일, 인도, 일본, 러시아, 영국, 미국)이 고속 증식로를 개발하려 시도해 왔지만, 러시아만 비록 증식로는 아니고 경제적이지도 않지만 고속로 운영에 기술적으로 성공했다. 인도와 중국은 증식 원형로를 건설하고 있다. 미국, 독일, 영국은 플루토늄 프로그램을 포기했다.

1998년 프랑스는 실패한 증식 원형로를 폐쇄했지만, 플루토늄 분리 프로그램을 계속 진행하면서 분리된 플루토늄을 경수로용 MOX 핵연료로 만들었다. 경제적으로 볼 때, 이 프로그램은 의미가 없고 낭비다. MOX 핵연료는 대체하는 저농축 우라늄 핵연료보다 몇 배나 비싸다. 그럼에도 불구하고 일본은 프랑스의 예를 따르고자 한다.

프랑스와 일본의 방사성폐기물 전문가들은 재처리가 방사성폐기물 처분장의 위험에 별 영향을 미치지 않는다고 말하지만, 양국의 재처리 지지자들은 플루토늄이 환경적으로 위험하여 처분장에 넣을 수 없다는 주장을 펴며 플루토늄 재활용의 정당화를 계속 시도하고 있다. 그들은 경수로에서는 효율적으로 핵분열시킬 수 없는 플루토늄 동위원소와 기타 초우라늄 원소들을 핵분열시킬 수 있는 고속로 건설을 위한 자금을 확보하려고 하고 있다.

민간용 원자로에서 방출되는 사용후핵연료로부터 플루토늄을 분리하는 것이 경제적으로 환경적으로 의미가 없으며, 핵 확산과 핵 테러의 위험을 초래한다면 재처리를 끝내는 것이 좋지 않겠는가?

실제로 지난 반세기에 걸쳐, 핵무기용 플루토늄 분리와 고농축 우라늄 생산을 금지하려는 밀접한 관련 노력이 있었다. 본 장에서는 그런 노력의 역사 그리고 원자로 핵연료로 고농축 우라늄을 사용하지 않고 분리된 민간용 플루토늄의 재고를 제한하기 위한 앞선 노력들을 검토한다. 마지막으로, 모든 목적의 플루토늄 분리 금지를 달성할 수 있는 가능성과 난관에 대해 논의한다.

8.1 핵분열성물질 생산금지조약

1993년 유엔총회는 "핵무기 또는 기타 핵폭발 장치의 핵분열성 물질의 생산을 금지하는 비차별적이고 다국가 간, 국제적이며 효과적으로 검증 가능한 조약의 가장 적절한 국제적 포럼에서의 협상"을 호소했다.[2] 실제, 핵무기에 사용되는 핵분열성 물질은 고농축 우라늄과 플루토늄이다.[3]

군축회의CD와 그 전신은 다음과 같은 오늘날의 다양한 다국가

[그림 8.1] 팔레데나시옹 대회의실에서의 군축회의
2018년 2월 23일 연설 중인 유엔 안토니우 구테흐스 유엔 사무총장(유엔[4]).

간 군축조약을 논의했다. 핵비확산조약(1968), 생물무기금지조약(1972), 화학무기금지조약(1993), 포괄적 핵실험금지조약(1996) 등이다. 기타 유엔 기관들 및 회의들과 함께, 군축회의는 오늘날 유엔의 전신인 국제연맹을 위해 1930년대에 지어졌던 제네바의 팔레데나시옹 단지에 위치해 있다(그림 8.1).

1996년까지 군축회의는 포괄적 핵실험금지조약 업무로 바빴지만, 제럴드 샤논 캐나다 군축회의 대사는 군축회의가 핵분열성물질 생산금지조약FMCT에 관한 협상을 진행할 수 있는 방법에 대한 제언을 다른 대사들과 협의하여 준비하도록 요청받았다(핵분열성물질 생산금지조약).

1995년 3월 샤논은 조약의 범위를 두고 군축회의 회원국들 사이에 의견이 나뉘어져 있다고 보고했다. 'P5'로 알려진 유엔안전보장이사회의 다섯 개 상임이사국인 핵무기 보유국 5개국(미국, 러시아, 영국, 프랑스, 중국)은 그 조약을 '핵무기를 위한 추가 핵분열성물질 생산 금지'라는 유엔총회 결의에 한정할 것을 요구했다. 이것은 적어도 각 핵무기 보유국가가 생산할 수 있는 핵무기의 수를 제한하게 될 것이다.

많은 핵무기 비보유국들은 P5가 다른 국가들을 핵무기 클럽에 못 들어가게 하면서 자기들은 더 나아가고자 하며 핵군축에 관심이 덜 하다고 생각한다. 그들은 냉전 종료와 함께 P5가 이미 핵무기의 핵분열성 물질 생산을 중단했으며, 러시아와 미국은 냉전 이후 그들의 핵무기 재고를 크게 삭감한 결과 대량의 잉여 핵분열성 물질 재고를 보유하고 있다고 지적했다. 그 국가들은 핵군축 활동가들과 함께 핵동결을 넘어, 핵무기에 사용할 수 있는 기존 핵분열성 물질의 비가역적 감소를 추구하고 있다.

샤논은 이러한 문제들이 협상에서 해결될 것을 제안했다. 구체적으로는 군축회의가 "특별위원회에서 상기 언급된 문제를 심의를 위해 각국 대표단이 제기하는 것을 배제하지 않는다"란 결의와 함께 핵분열성물질 생산금지조약을 협상하기 위해 특별위원회를 설립하도록 권고했다.[5]

2018년 기준, 군축회의는 65개 회원국으로,[6] 규칙에 따라 "회의는 의견일치에 따라 업무를 수행하고 결정을 채택한다".[7] 따라서 65개 국가 중 어느 국가라도 원하는 경우 행동 계획을 차단할 수 있으며, 실제로 그러한 반대가 20년 이상 핵분열성물질 생산금지조약 협상을 막아 왔다.[8]

의견일치는 처음에는 P5 내에서 의견이 안 맞아 막혔다. 중국과 러시아는 미국의 탄도미사일 방어가 시간이 지남에 따라 발전하여, 미국의 가상의 첫 공격 후 그들의 살아남은 핵미사일의 보복을 저지할 수 있을 정도로까지 발전하지 않을까 걱정했다. 따라서 양국은 우주공간에서 무기 경쟁 방지에 관한 조약의 병행적 협상을 주장했다. 그러나 미국은 우주에서의 자국의 군사 활동에 대한 어떠한 추가적 제약에 대해 협상하는 데 반대했다.[9]

2003년 거의 10년간의 교착 후 중국과 러시아는 두 협상의 연계에 대한 요구를 취소했다. 그런데 이번에는 파키스탄이 의견일치를 막기 시작했다.

파키스탄은 몇 가지 주장을 했지만, 기본적인 논점은 분리된 플루토늄 재고와 관련하여 인도보다 불리한 상황에 갇히고 싶지 않다는 것으로 보인다.[10] 플루토늄은 임계질량이 작아서 파키스탄이 최초의 핵탄두로 사용한 고농축 우라늄보다 더 가벼운 핵탄두를 만들 수 있다. 더 가벼운 핵탄두는 작고 이동이 쉬워 숨기기 쉬운 미사일에 탑재할 수 있다.

2016년 말 기준 인도는 약 0.6t의 핵무기 플루토늄 외에, 증식로 프로그램을 위해 약 6t의 원자로급 플루토늄을 분리했다. 1998년과 2015년 사이 파키스탄은 네 기의 군사용 플루토늄 생산로를 가동했지만, 인도가 증식로 프로그램을 위해 플루토늄을 생산하는 데 사용했던 발전용 원자로보다 개수도 적고 출력도 낮았다. 그래서 2018년 말 기준 파키스탄의 플루토늄 재고량은 약 0.4t으로 추정되고 있다. 이는 최신형 핵무기 약 100기 분량에 해당한다.[11]

원자로급 플루토늄은 핵무기로 사용할 수 있지만 인도가 원자로급 플루토늄을 핵무기로 사용할 가능성은 별로 없다.[12] 그러나 인도의 증식로 프로그램은 원자로급을 핵무기급 플루토늄으로 변환하는 데 사용될 수 있으며, 인도는 이 옵션에 관심이 있다는 의혹이 있다.[13] 2005년 인도가 외국의 민간용 원자력 기술과 우라늄 접근에 대한 대가로 인도 핵 시설 일부를 국제원자력기구 안전조치 아래 두기 위해 미국과 계약을 체결했을 때, 증식 원형로와 인도 남동부의 칼팍캄에 있는 인디라 간디 원자력연구센터의 분리된 플루토늄에 대해서는 '전략적' 및 '국가안보'상 중요성으로 인해 명백히 거절했다.[14]

파키스탄만 이웃 국가의 민간용 플루토늄 재고에 대해 불만을 토로하고 있는 유일한 국가는 아니다. 중국은 일본의 플루토늄 대해 우려를 표명하고 있다.[15] 프랑스와 영국에 저장되어 있는 37t 이상의 분리된 일본 플루토늄을 제외하더라도, 일본 내의 미조사 플루토늄 약 10t은[16] 중국의 핵무기 플루토늄 보유 추정량 3t보다 많다.[17]

8.2 민간용 플루토늄 재고를 제한하기 위한 시도

군축회의가 핵분열성물질 생산금지조약 논의를 시작하기 훨씬 전에, 미국은 민간용 미조사 플루토늄의 전 세계적 재고를 제한하려고 한 차례 이상 시도했다.

1977년 카터 정부는 인도의 1974년 핵 실험의 경종과 미국 증식로 프로그램에 대한 재검토 후 재처리와 증식로 프로그램은 불필요하고 비경제적이며 핵 비확산 체제를 불안정하게 한다는 미국이 도달한 것과 같은 결론에 타 선진공업국가들도 이르기를 희망하는 바람으로 비엔나에서의 국제핵연료주기평가 회의를 개최했다. 그러나 타 국가들을 설득하지 못했다. 국제핵연료주기평가 요약보고서는 각 국가들은 기존의 핵연료 주기 계획을 그대로 진행할 것이라고 밝혔다.

부분적으로, 증식로 계획을 포기하는 것에 대한 타 선진공업국가들의 저항은 원자력의 미래에 대한 높은 기대 때문이었다. 국제핵연료주기평가의 증식로 필요성에 대한 분석은 당시로부터 35년 후인 2015년 공산주의 국가 이외에서 1450-2700GWe의 원자력 용량이 예상되었다.[18] 이 예측은 2015년 실제 달성된 원자력 발전용량 306GWe보다 훨씬 높은 것이었다.[19] 증식로와 재처리의 경제성에 대한 가정은 마찬가지로 낙관적이었다.

민간용 플루토늄 재고에 대해 제한을 설정하기 위한 그다음 시도는 1990년대 있었다. 미국과 민간용 플루토늄 프로그램을 가진 8

개국 대표들이 5년간에 걸쳐 개최하고 1997년 끝난 일련의 비공개 회의를 통해서였다. 참가국들은 벨기에, 중국, 프랑스, 독일, 일본, 러시아, 스위스, 영국, 미국이었다.

이 회의들 결과 제4장에 언급된 합의된 '플루토늄 관리지침'이 합의되었다.[20] 그러나 9개국이 플루토늄 재고의 제한과 관련하여 합의한 것은 '원자력 사업의 합리적인 작업 재고의 수요를 포함하여 가능한 조기에 수요와 공급의 균형을 맞추는 것의 중요성'뿐이었다.[21]

그 후 20년간 영국은 사용 계획도 없이 국제원자력기구의 계산 방식으로 7500기의 핵무기 분량에 해당하는 약 60t의 분리된 플루토늄 재고량을 늘려, 이 지침을 어느 정도 확대 해석할 수 있는지 입증했다. 이 기간 동안 분리된 플루토늄의 영국 재고는 매년 평균 약 3t 증가했다. 이러한 연간 평균 플루토늄 증가분은 핵무기를 포함하여 영국의 총 군사용 플루토늄 보유량과 거의 같다.[22] 단기 플루토늄 사용 계획이 없는 러시아도 마찬가지로 30t 증가하였다. 프랑스와 일본은 플루토늄 사용 프로그램이 있음에도 불구하고 각각 약 30t씩 증가했다.[23]

8.3 고농축 우라늄 사용을 제한하기 위한 병행 노력

고농축 우라늄의 민간 이용 폐지를 향한 진전은 다소 앞서 가고 있다. 1970년대 말 국제핵연료주기평가 회의 시점에서 이미 진전이 있었다. 플루토늄 분리와 사용을 막으려고 하는 미국의 제안에 대해서는 증식로 지지자들로부터 강력한 저항이 있었지만, 민간용 연구로의 표준 핵연료로 고농축 우라늄을 사용하지 않는 것이 좋다는 점에서는 합의가 형성되었다.

> "고농축 우라늄의 거래와 광범위한 사용 그리고 핵분열성 물질의 생산은 국제핵연료주기평가가 우려하는 핵 확산 위험을 구성한다. 핵 확산 저항성은 다음에 의해 증대된다:
>
> 1 우라늄 농축도 감소, 가능한 20% 이하로, 이는 국제적으로 U-235의 핵무기 사용에 대한 충분한 동위원소 장벽으로 인식됨.
>
> 2 고농축 우라늄 재고 감소 …."[24]

이 합의는 고농축 우라늄 핵연료 사용 연구로 운영자들 사이에서 저농축 우라늄 핵연료로의 전환에 대한 광범위한 반대에도 불구하고 달성되었다.

국제핵연료주기평가의 결과 미국과 구소련은 자기들이 고농축 우라늄 핵연료를 공급하고 있는 해외 연구로를 저농축 우라늄 핵연료 사용으로 전환시키는 프로그램을 시작했다. 미국은 또한 자국 내 연구로를 전환시키기 시작했다. 1991년 구소련이 붕괴된 후, 미국은 러시아에 구소련 연구로 전환 프로그램을 러시아 이외의 구소련 공화국들로 확대하기 위해 기금을 제공했다.

2001년 9월 11일 테러 공격 후, 핵 테러 가능성에 대한 우려는 미국의 사회적 문제가 되고 정치과제가 되었다. 의회는 연도별 예산을 2000년 700만 달러에서 2014년 최대 1억 7200만 달러로까지 증액하면서, 연구로 전환과 보안이 약한 연구로 부지에서 고농축 우라늄 신핵연료와 사용후핵연료 회수 예산을 늘렸다(그림 8.2).

이 프로그램의 예산 증액은 미 의회 내 지지자들 덕분이었지만, 이후 버락 오바마 대통령은 일련의 4회의 핵안보 정상회의를 시작하면서, 타 국가들로부터 높은 수준의 지지를 받았다. 각 회의에는 50개국 이상의 지도자들이 참석했다. 이들 지도자들은 고농축 우라늄

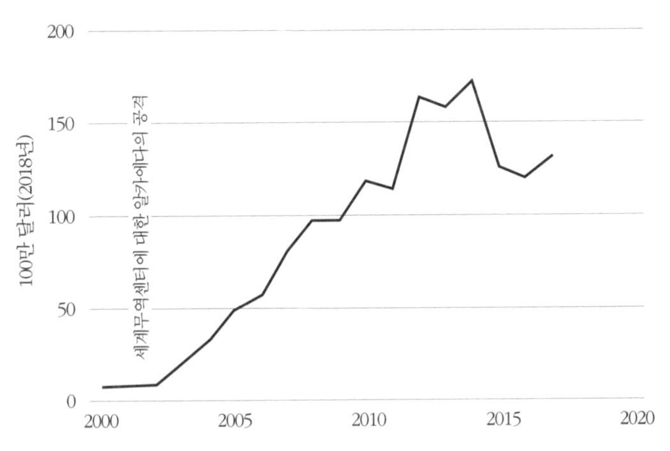

[그림 8.2] 고농축 우라늄 핵연료 연구용 원자로를 저농축 우라늄 핵연료로 전환하기 위한 미국 에너지부 예산

예산액은 2001년 9월 11일 미국에서의 테러 공격 이후 급격히 증가했다(미 에너지부 자료[26]).

신핵연료와 사용후핵연료를 미국과 러시아에 반환하는 등의 조치를 취하겠다고 약속하거나 이전 약속을 이행하도록 장려되었다.

2017년 9월 30일 기준, 미국 에너지부의 핵 비확산 프로그램에 의하면, 그 프로그램 시작 이후 전 세계적으로 100기의 고농축 우라늄 핵연료 사용 연구로가 저농축 우라늄 핵연료 사용으로 전환되거나 폐쇄되었으며, 약 6t의 고농축 우라늄이 해외에서 회수되었다 한다.[25] 2018년 말 기준 33개국과 대만에서 고농축 우라늄 누적 재고가 1kg 미만으로 줄어들었다(그림 8.3).

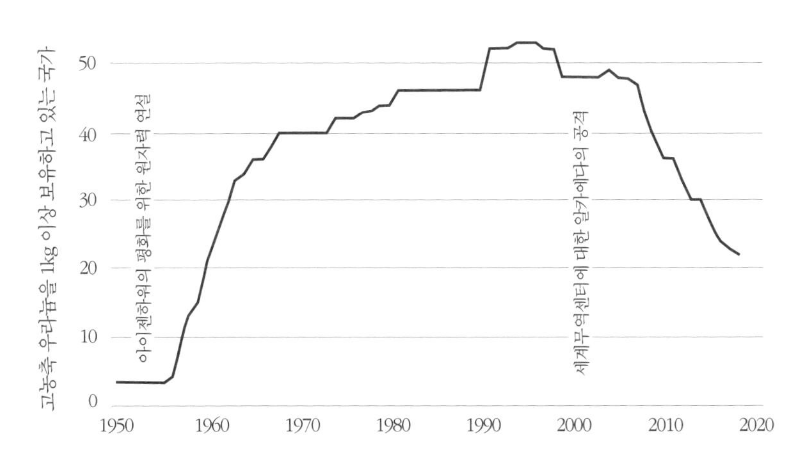

[그림 8.3] 고농축 우라늄 1kg 이상 보유하고 있는 국가 수

드와이트 아이젠하워 대통령의 1953년 평화를 위한 원자력 연설 후 미국과 구소련이 고농축 우라늄 핵연료 연구로를 수출한 결과, 그 수는 빠르게 증가했다. 반세기 후, 2001년 9월 11일 미국에서의 테러 공격 이후 고농축 우라늄 연구로를 저농축 우라늄으로 전환하기 위한 미국의 확대된 프로그램 결과 빠른 속도로 줄어들었다(1991년의 급상승은 구소련의 붕괴로 인한 것이었다)(IPFM 개정[27]).

핵연료로 고농축 우라늄을 사용하는 것에 대한 투쟁의 마지막 전선은 해군용 원자로다. 프랑스와 중국은 해군용 원자로에 저농축 우라늄 핵연료를 공급하지만, 미국과 영국은 핵무기급 우라늄을 사용하고 있다. 러시아와 인도는 대부분 중간 정도 농축도(핵무기로 사용 가능한)의 우라늄을 사용한다.[28]

8.4 플루토늄 분리의 금지

2021년 예정으로 영국은 마침내 재처리 프로그램을 종료하려 하고 있다. 그러나 중국, 프랑스, 인도, 일본, 러시아에서는 재처리와 고속로의 지지자들은 40년 전 국제핵연료주기평가에서의 전임자들처럼 민간용 재처리 종료 제안에 적대적일 것으로 예상된다.

그러나 2018년의 상황은 그때와 달라져 있다. 프랑스, 일본, 러시아, 영국의 분리된 민간용 플루토늄 재고는 약 300t에 이르렀으며, 지난 20년간 매년 약 6.5t의 평균 증가율을 기록했다. 영국의 재처리가 없어도 평균 증가율은 연간 3.4t, 즉 400-800기의 핵무기 분량에 충분한 양이다. 전 세계적으로 플루토늄 사용량은 연간 약 10t으로, 거의 대부분 프랑스에만 사용되었다. 그럼에도 불구하고 프랑스의 미조사 플루토늄의 민간 재고량은 매년 약 1t씩 증가했다. 이러한 현실과 상업용 증식로에 대한 희망의 지속적인 퇴색을 고려하면, 플루토늄 분리 금지 또는 적어도 플루토늄의 추가 축적을 중지하자는 제안은 적어도 논리적으로 반박하기가 더 어려울 것이다.

의미 없는 대부분의 활동의 경우, 외부인은 단지 내부의 개혁이 최종적으로 그 활동을 끝낼 때까지 지켜보고 궁금해 하면서 기다릴 수밖에 없다. 그러나 군사용이든 민간용이든 분리된 플루토늄은 직접 사용 가능한 핵무기 물질이므로 전 세계적인 위협이다. 플루토늄의 분리와 사용을 줄이는 것은 고농축 우라늄의 생산과 사용을 줄이는 것과 비교할 만하게 우선순위를 가져야 한다.

고농축 우라늄과 달리, 플루토늄 산화물은 도시를 오염시키기 위한 비산 장치에 사용될 수도 있다. 원자로급 플루토늄 1mg을 많은 수의 인구가 흡입하는 경우, 30-100명의 암 환자가 발생할 가능성이 있다.[29] 플루토늄으로 오염된 도시 지역을 사람들이 기꺼이 다시 돌아가 살 수 있는 수준으로 제염이 가능할까?

플루토늄 분리 종료에 관련된 문제는 연구로에서의 고농축 우라늄 사용 종료 문제와 정치적으로 다르다. 연구로를 저농축 우라늄으로 전환할 때는 원자로를 폐쇄할 필요가 없다. 고농축 우라늄 핵연료와 거의 동일한 성능을 지니는 저농축 우라늄 핵연료를 개발한 다음, 원자로에서 새 핵연료의 안전성에 대한 연구를 만족스럽게 완료시킨 뒤, 더 이상 고농축 우라늄 핵연료를 사용할 수 없게 될 것이라는 사실을 연구로 운영자들에게 알릴 필요가 있을 뿐이었다. 초기 저항 후, 과정은 비교적 순조롭게 진행되었다.

그에 비해, 핵무기용만이 아니라 민간용 플루토늄의 분리를 금지하려면 수천 명 직원의 대규모 재처리 공장 단지를 폐쇄해야 한다. 이에 따른 정치적 과제는 주요 군사 기지나 국유조선소 또는 핵무기 연구소를 폐쇄하는 것과 유사하다. 그러한 제안에 대한 지역사회와 정치적 대표들의 저항은 일반적으로 너무 강해서 거의 실행되지 않는다.

예를 들어, 냉전 종식 후 미국에서는 새로운 핵무기 계획이 없었기 때문에 클린턴 정부는 미국 핵무기연구소 두 군데 중 하나인 캘리포니아의 로렌스 리버모어 국립연구소의 폐쇄를 고려했다.[30] 그러나 그것은 정치적으로 달성하기가 너무 어렵다는 것이 판명났다. 20년 후인 2017년 리버모어의 핵무기 관련 연구에는 매년 약 13억 달러 수준으로 자금이 지원되었다.[31] 이는 고정 달러로 말하면 미 에너지부가 냉전 때보다 핵무기 관련 사업에 매년 평균 두 배의 비용을 지출하는 셈이다.[32]

그러나 재처리의 경우, 부지를 위한 새로운 사명이 있다. 방사능 제염작업이 그것이다. 미국에서는 냉전시대 플루토늄 생산 부지 두 곳 각각의 방사능 제염 비용이 약 1000억 달러 이상이고, 기간은 약 100년으로 본다.[33] 고정 달러로, 이러한 방사능 정화에 대한 연간 예산 수준은 냉전시대 후반기(1967–91)에 동일 부지들의 최고 예산 수준과 같다.[34] 2018년 기준 영국의 셀라필드 핵시설 단지 방사능 제염 추정 비용은 비슷하게 엄청난 약 910억 파운드(약 1150억 달러)였다.[35] 이는 연간 약 20억 파운드다.[36]

1990년대 미국의 군사용 플루토늄 생산 재처리 공장이 예산 감소 없이 플루토늄 생산에서 방사능 제염으로 원활하게 전환된 것은 의도적인 조치의 결과였다. 군비통제주의자와 환경운동가들의 연합 그룹은 부지의 생산용 예산의 삭감이 방사능 제염 예산의 증가로 상쇄되도록 보장하기 위해 노력했다.[37] 핸포드 재처리 공장의 경우, 워싱턴주, 미 에너지부, 미 환경보호국 간의 장문의 상세한 합의에 의해 부지 방사능 제염 일정이 공식화되었다.[38] 합의는 연방 법원에 의해 시행되고 있다.[39]

프랑스와 일본 또한 소규모 재처리 부지들에서 수십 년에 걸쳐 방사능 제염 노력을 하고 있다.

- 군사용 및 민간용의 가스로 사용후핵연료를 재처리한 프랑스 최초의 재처리 공장인 마쿨의 UP1('플루토늄 공장')은 1997년에 폐쇄되었다. 2005년 프랑스 원자력위원회는 방사능 제염비용으로 약 90억 달러(2018년 환율)를 추산하였고, 2040년까지 제염이 계속될 것으로 예상했다.[40]
- 일본의 경우 2014년 정부 지원의 JAEA와 그 전신에 의해 건설되고 운영된 도카이 재처리 파일럿 공장을 폐쇄하기로 결정했다. 이 프로젝트의 비용은 90억 달러가 넘고, 기간은 70년 이상으로 추정되었다.[41]

이들 예는 재처리 공장을 폐쇄하기로 결정하면, 수십 년 동안 지역사회의 고용 손실과 수입이 없어지지 않음을 보여준다.

그러나 결정을 내리기는 쉽지 않다. 미국에서는 냉전 종식으로 군사용 재처리 중단 결정이 촉진되었다. 영국에서는 국내외 원자력 발전회사들이 재처리 계약을 갱신하지 않음으로써 이 결정이 내려졌다. 그리고 프랑스와 일본에서는 보다 진전된 산업 규모의 재처리 공장들을 건설함으로써 1세대 재처리 공장들의 폐쇄가 정당화되었다.

프랑스가 현재 운영 중인 재처리 공장을 폐쇄하거나 일본이 거의 완공한 롯카쇼 재처리 공장을 운영하지 않기 위해서는, 책임 있는 정부 관료들이 자국에 비싸고 무의미한 플루토늄 프로그램을 부과하고 있음을 인정해야 한다.

신세대의 정책결정자들은 이러한 어리석음을 전임자들 탓으로 비난하고 프로그램을 중단시킬 수 있을 것이다. 그렇게 하면, 1970년대 제럴드 포드 미 대통령과 지미 카터 대통령의 행동이 그랬던 것처럼 핵 비확산 노력에 크게 기여할 수 있을 것이다. 더욱이 그렇게 함으로써 자국을 위해 엄청난 비용을 절감할 수 있다. 예를 들어, 일본이 롯카쇼 프로젝트를 중단하기로 결정하면, 전력소비자와 납세자들에게 약 10조 엔(900억 달러)이 절약된다.[42] 안타깝게도 2006-08년간 시운전으로 재처리 공장이 방사능으로 오염되었으므로 어쨌든 방사능 제염 비용은 발생한다. 2018년 일본 사용후핵연료재처리기구는 재처리 공장 제염 해체 비용을 1조 6000억 엔(약 140억 달러)으로 추정했다.[43]

고속 증식로 커뮤니티를 전환시키려면 추가적 도전이 필요할 것이다. 미래는 연구개발에 달려 있으며, 기술자들은 가장 유망한 진전의 길을 찾기 위해 신뢰받아야 한다는 일반적인 믿음이 널리 퍼져 있다.

미국에서조차 플루토늄 프로그램을 끝내기 위한 캠페인을 카터 대통령이 시작한 후 반세기가 지났지만, 에너지부는 나트륨 냉각 원자로와 재처리 연구 그룹에 계속해서 자금을 지원하고 있다.

제3장에서 논의한 것처럼, 조지 W. 부시 행정부 제1기에 있어서 딕 체니 부통령은 파이로 프로세싱이 핵 확산 저항성이 있다는 에너지부 아르곤 국립연구소의 주장을 받아들였다. 그 뒤 아르곤 국립연구소는 한국원자력연구원과 파이로 프로세싱 공동연구를 시작하여 재처리 확산 방지를 위한 미 국무부의 노력을 대단히 복잡하게 만들었다.[44]

2017년 아이다호 국립연구소의 연구원들은 미국 증식로 개발 프로그램의 부활을 위한 첫 단계로 수십억 달러 비용이 드는 나트륨 냉각 다목적 시험로의 건설을 위한 미 의회의 잠정적 지원을 얻는 데 성공했다.[45] 일본의 고속로 지지자들은 그 분야에서 미국과 협력하는 데 관심이 있다.[46]

만약 테러리스트들이 현재 진행 중인 민간용 플루토늄 프로그램 중 하나로부터 일부 플루토늄을 훔쳐 도시를 방사능으로 오염시키거나 파괴한다면, 또는 어떤 국가가 명목상 민간용 플루토늄을 사용하여 핵무기를 획득한다면, 이러한 프로그램들의 위험은 정책에 관심을 가진 많은 사람들의 주목을 받을 것이다. 미국에서 1974년에 일어난 것이 바로 이것이었다. 인도 핵폭발의 충격에 의해 미국의 원자력 연구개발계에 의한 미래의 핵연료로 플루토늄 이용 촉진 캠페인을 끝내는 데 필요한 조건이 만들어진 것이다.

그러나 참사가 발생하기 전에 플루토늄 분리를 강제 종료시키는 것이 훨씬 나을 것이다. 우리는 이 책이 플루토늄 분리의 위험성과 혜택이 없음에 대해 일반인과 정책결정자들에게 정보를 제공하는 데 도움이 되기를 바란다.

우리는 지금이 목적의 여하에 관계없이 플루토늄 분리를 금지할 때라고 생각한다.

주

1 300t의 플루토늄은 열화우라늄으로 희석하면 7%의 플루토늄을 함유한 MOX 핵연료 4300t을 만드는 데 충분한 양이다. 43GWt-days/ton MOX 연소도의 경우 184TWt-days의 열이 만들어지는 것이다. 열에서 전력으로의 전환 비율을 3분의 1이라고 하면, 이 열량은 61TWe-days, 즉 약 1500TWe-hours의 전력을 생산하고 있다. 2016년 세계 발전량은 약 2만 5000TWe-hours였다. International Energy Agency, "Electricity Information 2018 Overview," 2019년 2월 12일 접속, https://www.iea.org/statistics/electricity/.

2 UN General Assembly Resolution 48/75, part L, 16 December 1993, 2019년 1월 17일 접속, http://www.un.org/documents/ga/res/48/a48r075.htm.

3 Pu-239가 U-238에서 생성되는 것과 같은 방식으로, Th-232의 중성자 흡수에 의해 발생하는 U-233은 또 다른 핵무기 사용 가능 물질로서 생산금지조약에 포함될 수 있다.

4 "In Geneva, UN Chief Urges New Push to Free World from Nuclear Weapons," *UN News*, 26 February 2018, 2019년 1월 17일 접속, https://news.un.org/en/story/2018/02/1003632.

5 UN Conference on Disarmament, "Report of Ambassador Gerald E. Shannon of Canada on Consultations on the Most Appropriate Arrangement to Negotiate a Treaty Banning the Production of Fissile Material for Nuclear Weapons or Other Nuclear Explosive Devices," CD/1299, 24 March 1995, 2019년 3월 3일 접속, https://documents-dds-ny.un.org/doc/UNDOC/GEN/G95/610/27/PDF/G9561027.pdf?OpenElement.

6 UN Office at Geneva, "Member States," 2019년 1월 17일 접속, https://www.unog.ch/80256EE600585943/(httpPages)/6286395D9F8DABA380256EF70073A846?OpenDocument.

7 UN Office at Geneva, "Rules of Procedure of the Conference on Disarmament," CD/8/Rev.9, 19 December 2003, para. 18, 2019년 1월 17일 접속, https://www.unog.ch/80256EDD006B8954/(httpAssets)/1F072EF4792B5587C12575DF003C845B/$file/RoP.pdf.

8 Reaching Critical Will, "Fissile Material Cut-off Treaty," 2019년 1월 17일 접속, http://www.reachingcriticalwill.org/resources/fact-sheets/critical-issues/4737-fissile-material-cut-off-treaty.

9 우주조약은 이미 핵무기를 지구 궤도 또는 천체에 두는 것을 금지하고 있다.

10 "Elements of a Fissile Material Treaty(FMT)," working paper submitted to the Conference on Disarmament by Pakistan, 21 August 2015, 2019년 1월 17일 접속, http://www.pakistanmission-un.org/2005_Statements/CD/cd/20150821.pdf.

11 2016년 말, 파키스탄은 280kg의 플루토늄을 축적하고 있던 것으로 추정된다. International Panel on Fissile Materials, "Pakistan," 12 February 2018, 2019년 1월 17일 접속, http://fissilematerials.org/countries/pakistan.html. 우리는 2017년과 2018년에 90kg이 추가 생산된 것으로 추정한다.

12 인도의 원자로급 플루토늄은 약 71%의 Pu-239를 함유하고 있다. P. K. Dey, "Spent Fuel Reprocessing: An Overview" in *Nuclear Fuel Cycle Technologies: Closing the Fuel Cycle*, eds. Baldev Raj and Vasudeva Rao(Kalpakkam: Indian Nuclear Society, 2003), pp. IT-14/1 to IT-14/16, Table 1, 2019년 1월 17일 접속, http://fissilematerials.org/library/barc03.pdf. 무기급 플루토늄은 일반적으로 Pu-239의 함유량이 90% 이상인 것으로 정의된다.

13 Zia Mian et al., *Fissile Materials in South Asia: The Implications of the U.S.-India Nuclear Deal*, International Panel on Fissile Materials, 2006, 2019년 1월 30일 접속, http://fissilematerials.org/library/rr01.pdf.

14 Ministry of External Affairs, "Implementation of the India-United States Joint Statement of July 18, 2005: India's Separation Plan," 2019년 1월 17일 접속,

http://mea.gov.in/Uploads/PublicationDocs/6145_bilateral-documents-May-11-2006.pdf.

15 Kentaro Okasaka and Seana K. Magee, "China Slams Japan's Plutonium Stockpile, Frets About Nuke Armament," Kyodo, 20 October 2015, 2019년 1월 17일 접속 9, https://www.sortirdunucleaire.org/China-slams-Japan-s-plutonium-stockpile-frets.

16 Cabinet Office, Office of Atomic Energy Policy, *Status Report of Plutonium Management in Japan*-2017, 31 July 2018, 2019년 1월 17일 접속, http://www.aec.go.jp/jicst/NC/about/kettei/180731_e.pdf.

17 Hui Zhang, *China's Fissile Material Production and Stockpile*, International Panel on Fissile Materials, 2017, 2019년 1월 17일 접속, http://fissilematerials.org/library/rr17.pdf.

18 International Nuclear Fuel Cycle Evaluation, *International Nuclear Fuel Cycle Evaluation: Summary Volume*(Vienna: International Atomic Energy Agency, 1980) Table I.

19 International Atomic Energy Agency, *Energy, Electricity and Nuclear Power Estimates for the Period up to 2050, 2016 Edition*(Vienna: International Atomic Energy Agency, 2016), 2019년 1월 17일 접속, https://www-pub.iaea.org/MTCD/Publications/PDF/RDS-1-36Web-28008110.pdf.

20 관리지침 개발에 대한 관점 다음을 참조. "Guidelines for the Management of Civil Plutonium(INFCIRC/549): Overview, Goals and Status"(transcript of a panel from the conference "Civil Separated Plutonium Stocks: Planning for the Future," Washington, DC, 14-15 March 2000), 2019년 1월 17일 접속, http://isis-online.org/conferences/detail/civil-separated-plutonium-stocks-planning-for-the-future/17.

21 International Atomic Energy Agency, "Communication Received from Certain Member States Concerning Their Policies Regarding the Management of Plutonium," INFCIRC/549, 16 March 1998, 13, 2019년 1월 17일 접속, https://www.

iaea.org/sites/default/files/infcirc549.pdf.

22 International Panel on Fissile Materials, *Global Fissile Material Report* 2010: *Balancing the Books: Production and Stocks*, 2010, Table 5.5, 2019년 1월 17일 접속, http://fissilematerials.org/library/gfmr10.pdf.

23 See International Atomic Energy Agency, "Communication Received from Certain Member States Concerning Their Policies Regarding the Management of Plutonium, 2019년 1월 17일 접속, https://www.iaea.org/publications/documents/infcircs/communication-received-certain-member-states-concerning-their-policies-regarding-management-plutonium(제4장의 주3도 참조).

24 International Nuclear Fuel Cycle Evaluation, *Summary Volume*, 255.

25 Office of the Chief Financial Officer, *Department of Energy Fiscal Year* 2019 *Congressional Budget Request: National Nuclear Security Administration*, Department of Energy, March 2018, Vol. 1, 461, 2019년 1월 17일 접속, https://www.energy.gov/sites/prod/files/2018/03/f49/FY-2019-Volume-1.pdf.

26 US Department of Energy annual *Congressional Budget Requests*. Volumes back to 2005 may be found online at "Budget(Justification & Supporting Documents)," Office of the Chief Financial Officer, 2019년 1월 17일 접속, https://www.energy.gov/cfo/listings/budget-justification-supporting-documents.

27 Frank von Hippel, *Banning the Production of Highly Enriched Uranium*(International Panel on Fissile Materials, 2016), Figure 10, 2019년 1월 30일 접속, http://fissilematerials.org/library/rr15.pdf. See also National Nuclear Security Administration, "NNSA Removes All Highly Enriched Uranium from Nigeria," 7 December 2018, 2019년 2월 12일 접속, https://www.energy.gov/nnsa/articles/nnsa-removes-all-highly-enriched-uranium-nigeria.

28 von Hippel, *Banning the Production*, Table 3.

29 See Steve Fetter and Frank von Hippel, "The Hazard from Plutonium Dispersal by Nuclear-Warhead Accidents," *Science and Global Security* 2, no. 1(1990), 21-41, 2019년 2월 15일 접속, http://scienceandglobalsecurity.org/archive/sgs02fet-

ter.pdf. 이 문서는 흡입된 무기급 플루토늄 1mg당 총 암 발생 건수로 3-11건을 들고 있다. 원자로급 플루토늄의 g당 알파입자 방사능은 무기급 플루토늄의 약 열 배에 달한다.

30 '갈빈 보고(모토로라의 전 최고경영자였던 의장의 이름 로버트 갈빈)'의 제언 3 '핵무기 연구소 구성'은 리버모어 국립연구소의 핵무기 관련 업무는 5년간 단계적으로 폐지할 수 있다는 것이었다. Task Force on Alternative Futures for the Department of Energy National Laboratories, *Alternative Futures for the Department of Energy National Laboratories*, 1995, 2019년 1월 17일 접속, https://www2.lbl.gov/LBL-PID/Galvin-Report/.

31 Office of the Chief Financial Officer, *Department of Energy Fiscal Year 2019 Congressional Budget Request: Laboratory Tables, Preliminary*, Department of Energy, February 2018, 2019년 1월 17일 접속, https://www.energy.gov/sites/prod/files/2018/03/f49/DOE-FY2019-Budget-Laboratory-Table.pdf.

32 2011-18년의 연간 예산(2010년 달러 환산)은 다음 참조. National Nuclear Security Administration, *Fiscal Year 2019 Stockpile Stewardship and Management Plan-Biennial Plan Summary, Report to Congress*, 2018, Fig. 4.1, 2019년 2월 12일 접속, https://www.energy.gov/sites/prod/files/2018/10/f57/FY2019%20SSMP.pdf; 1942-1996년의 연간 예산(1996년 달러)는 다음 참조. Stephen I. Schwartz, ed., *Atomic Audit: The Costs and Consequences of U.S. Nuclear Weapons Since 1940*(Washington, DC: Brookings Institution Press, 1998), Fig. 1.7. 1996년 1달러는 2010년 달러 환산으로는 1.31달러. Federal Reserve Bank of St. Louis, "Gross Domestic Product: Implicit Price Deflator," 2019년 2월 12일 접속, https://fred.stlouisfed.org/series/GDPDEF.

33 워싱턴주 컬럼비아 강가에 있는 핸포드 부지의 제염 작업은 두 프로젝트로 나누어져 있다. '핸포드'와 '하천보호국'이다. 미 에너지부 환경관리국에 따르면, 2018년 기준 두 프로젝트의 총 근로자 수는 약 9100명, 연간 예산은 22억 달러, 총 비용 견적은 약 1300억 달러, 완료 예정은 2070년대. 사우스 캐롤라이나주의 사바나 리버 부지는 근로자 수 7000명, 연간 예산 17억 달러,

총 비용 추산액 1060억 달러, 완료 예정 2065년. US Department of Energy, "Cleanup Sites: Progress through Action," 2019년 1월 17일 접속, https://www.energy.gov/em/cleanup-sites.

34 Schwartz, *Atomic Audit*, Table A1.

35 National Audit Office, *The Nuclear Decommissioning Authority: Progress with Reducing Risk at Sellafield*, 2018, 27, 2019년 1월 17일 접속, https://www.nao.org.uk/report/the-nuclear-decommissioning-authority-progress-with-reducing-risk-at-sellafield/.

36 Nuclear Decommissioning Authority, *Business Plan: 1 April 2018 to 31 March 2021*, March 2018, 24, 2019년 1월 17일 접속, https://assets.publishing.service.gov.uk/government/uploads/system/uploads/attachment_data/file/695245/NDA_Business_Plan_2018_to_2021.pdf.

37 William Lanouette, "Plutonium: No Supply, No Demand?" *Bulletin of the Atomic Scientists* 45, no. 10(December 1989), 42-45.

38 "Hanford Federal Facility Agreement and Consent Order"(as amended through 28 September 2018), 89-10 REV. 8, 2019년 1월 17일 접속, https://www.hanford.gov/files.cfm/Legal_Agreement.pdf.

39 Peter Jackson, "Court Orders Feds to Clean Up World War II Era Nuclear Site," *Crosscut*, 17 April 2016, 2019년 1월 17일 접속, https://crosscut.com/2016/04/turnabout-feds-may-have-to-deliver-at-hanford.

40 Quoted in Mycle Schneider and Yves Marignac, *Spent Nuclear Fuel Reprocessing in France*, International Panel on Fissile Materials, 2008, 17-18, 2019년 1월 17일 접속, http://fissilematerials.org/library/rr04.pdf.

41 Toshio Kawada, "NRA Gives Nod to 70-Year Plan to Decommission Tokai Plant," *Asahi Shimbun*, 14 June 2014, 2019년 1월 17일 접속, http://www.asahi.com/ajw/articles/AJ201806140061.html.

42 Masafumi Takubo and Frank N. von Hippel, "An Alternative to the Continued Accumulation of Separated Plutonium in Japan: Dry Cask Storage of Spent Fuel,"

Journal for Peace and Nuclear Disarmament 1(2018), no. 2: 281–304, 2019년 3월 18일 접속, https://doi.org/10.1080/25751654.2018.1527886.

43 Nuclear Reprocessing Organization of Japan, June 2018, "Concerning Project Cost of Reprocessing, Etc."(in Japanese), 2019년 3월 4일 접속, http://www.nuro.or.jp/pdf/20180612_2_2.pdf.

44 Frank von Hippel, "South Korean Reprocessing: An Unnecessary Threat to the Nonproliferation Regime," *Arms Control Today*, March 2010, 22–29, 2019년 1월 17일 접속, https://www.armscontrol.org/act/2010_03/VonHippel.

45 Adrian Cho, "Proposed DOE Test Reactor Sparks Controversy," Science, 6 July 2018, 15, 2019년 3월 11일 접속, https://doi.org/10.1126/science.361.6397.15. GE 히타치 뉴 클리어 에너지와 그들의 PRISM 기술이 VTR 프로그램을 지원하기 위해 선택되었다. "PRISM Selected for US Test Reactor Programme," *World Nuclear News*, 15 November 2018, 2019년 1월 17일 접속, http://www.world-nuclear-news.org/Articles/PRISM-selected-for-US-test-reactor-programme.

46 Rintaro Sakurai and Shinichi Sekine, "Ministry Sees Monju Successor Reactor Running by Mid-Century," *Asahi Shimbun*, 4 December 2018, 2019년 1월 30일 접속, http://www.asahi.com/ajw/articles/AJ201812040047.html.

참고문헌

Abbasi, S. E., and T. Fatima. "Enhancement in the Storage Capacity of KANUPP Spent Fuel Storage Bay." In *Management of Spent Fuel from Nuclear Power Reactors: Proceedings of an International Conference Organized by the International Atomic Energy Agency in Cooperation with the OECD Nuclear Energy Agency and Held In Vienna, Austria, 31 May–4 June* 2010. International Atomic Energy Agency, 2015. Accessed 16 January 2019. https://www-pub.iaea.org/MTCD/Publications/PDF/SupplementaryMaterials/P1661CD/Session_10.pdf.

"About Wunderland Kalkar." Wunderland Kalkar. Accessed 17 January 2019. https://www.wunderlandkalkar.eu/en/about-wunderland-kalkar.

"Agreement for Cooperation Between the Government of the Republic of Korea and the Government of the United States of America Concerning Peaceful Uses of Nuclear Energy," 2015. Accessed 17 January 2019. https://www.state.gov/documents/organization/252438.pdf.

Akleyev, A. V., Yu. Krestinina, M. O. Degteva,and E.I.Tolstykh."ConsequencesoftheRadiationAccidentattheMayakProductionAssociationin1957(the'KyshtymAccident')."*Journal of Radiological Protection* 37, no. 3(2017). R19–R42. Accessed 16 January 2019. http://iopscience.iop.org/article/10.1088/1361-

6498/aa7f8d/meta.

Albrecht, Ernest. "Concerning the Proposed Nuclear Fuel Center." In *Debate: Lower Saxony Symposium on the Feasibility of a Fundamentally Safe Integrated Nuclear Waste Management Center, 28–31 March and 3 April 1979*, 16 May 1979(in German), 343–347. Accessed 9 March 2019. http://fissilematerials.org/library/de79.pdf. Translation of Albrecht's statement into English at http://fissilematerials.org/library/de79ae.pdf.

Albright, David, Frans Berkhout, and William Walker. *Plutonium and Highly Enriched Uranium 1996: World Inventories, Capabilities and Policies*. New York: Oxford University Press, 1997.

Albright, David, and Andrea Stricker. *Taiwan's Former Nuclear Weapons Program: Nuclear Weapons On–Demand*. Washington, DC: Institute for Science and International Security, 2018. Accessed 28 February 2019. https://www.isis–online.org/books/detail/taiwans–former–nuclear–weapons–program–nuclear–weapons–on–demand/15.

Alvarez, Robert, Jan Beyea, Klaus Janberg, Jungmin Kang, Ed Lyman, Allison Macfarlane, Gordon Thompson, and Frank N. von Hippel. "Reducing the Hazards from Stored Spent Power–Reactor Fuel in the United States." *Science & Global Security* 11(2003): 1–51. Accessed 17 January 2019. https://www.princeton.edu/sgs/publications/articles/fvhippel_spentfuel/rAlvarez_reducing_hazards.pdf.

ANDRA(Agence nationale pour la gestion des déchets radioactifs)(France). *National Inventory of Radioactive Materials and Waste: Synthesis Report 2015*. 2015. Accessed 17 January 2019. https://www.andra.fr/download/andra–international–en/document/editions/558va.pdf.

ANDRA. *National Inventory of Radioactive Materials and Waste: Synthesis Report 2018*. 2018(in French). Accessed 27 January 2019. https://inventaire.andra.fr/sites/default/files/documents/pdf/fr/andra–synthese–2018–web.pdf.

Anton, Stefan. "Holtec International–Central Interim Storage Facility for Spent

Fuel and HLW(HI-STORE)." Presentation to the US Nuclear Regulatory Commission Division of Spent Fuel Management Regulatory Conference, 19 November 2015. Accessed 16 January 2019. https://www.nrc.gov/public-involve/conference-symposia/dsfm/2015/dsfm-2015-stefan-anton.pdf.

Aomori prefectural government(Japan). "Administration of Nuclear Energy in Aomori Prefecture." 2012(in Japanese). Accessed 21 January 2019. http://www.pref.aomori.lg.jp/sangyo/energy/gyousei.html.

ASN(Autorité de sûreté nucléaire)(France). "Avis no. 2013-AV-0187 de l'Authorité de sûreté nucléaire du 4 July 2013 sur la transmutation des elements radioactifs à vie longue [Opinion no. 2013-AV-0187 of the Nuclear Safety Authority of 4 July 2013 on transmutation of long-lived radioactive elements]." 16 July 2013. Accessed 16 January 2019. https://www.asn.fr/Reglementer/Bulletin-officiel-de-l-ASN/Installations-nucleaires/Avis/Avis-n-2013-AV-0187-de-l-ASN-du-4-juillet-2013.

ASN. *Joint Convention on the Safety of Spent Fuel Management and on the Safety of Radioactive Waste Management: First National Report on the Implementation by France of the Obligations of the Convention*. 2003. Accessed 21 January 2019. http://www.french-nuclear-safety.fr/Media/Files/1st-national-report.

ASN. "Programme Act No. 2006-739 of 28 June 2006 on the Sustainable Management of Radioactive Materials and Wastes." 2006. Accessed 1 March 2019. http://www.french-nuclear-safety.fr/References/Regulations/Programme-Act-No.-2006-739-of-28-june-2006.

ASN. *Rapport de l'ASN sur l'État de la Sûreté Nucléaire et de la Radioprotection en France en 2017*. 2018. Accessed 16 January 2019. https://www.asn.fr/annual_report/2017fr/.

ASN. *Sixth National Report on Compliance with Joint Convention Obligations*. 2017. Accessed 21 January 2019. http://www.enerwebwatch.eu/joint-convention-t42.html.

Associated Press. "Plutonium Shipment Leaves France for Japan." *New York Times*, 8 November 1992. Accessed 27 January 2019. https://www.nytimes.com/1992/11/08/world/plutonium-shipment-leaves-france-for-japan.html.

Atomic Energy Council(Taiwan). "Dry Storage Management in Taiwan." 25 September 2017. Accessed 16 January 2019. https://www.aec.gov.tw/english/radwaste/article05.php.

Barach, Paul. "The Tragedy of Fritz Haber: The Monster Who Fed the World." Medium.com, 2 August 2016. Accessed 15 January 2019. https://medium.com/the-mission/the-tragedy-of-fritz-haber-the-monster-who-fed-the-world-ec19a9834f74.

Bare, W. C. and L. D. Torgerson. *Dry Cask Storage Characterization Project, Phase 1: CASTOR V/21 Cask Opening and Examination*. Idaho Nuclear Engineering and Environmental Laboratory, INEEL/EXT-01-00183, 2001. Accessed 16 January 2019. https://www.nrc.gov/docs/ML0130/ML013020363.pdf.

Bari, R., L-Y Cheng, J. Phillips, J. Pilat, G. Rochau, I. Therios, R. Wigeland, E. Wonder, and M. Zentner. "Proliferation Risk Reduction Study of Alternative Spent Fuel Processing," BNL-90264-2009-CP. Upton, NY: Brookhaven National Laboratory, 2009. Accessed 17 January 2019. https://www.bnl.gov/isd/documents/70289.pdf.

Baruch, Bernard. "Speech before the First Session of the United Nations Atomic Energy Commission." Speech at Hunter College, New York, 14 June 1946. Accessed 17 January 2019. http://www.plosin.com/BeatBegins/archive/BaruchPlan.htm.

Bethe, Hans A. "The German Uranium Project." *Physics Today* 53, no. 7(2000). Accessed 18 March 2019.https://physicstoday.scitation.org/doi/pdf/10.1063/1.1292473.

Boston Consulting Group. *Economic Assessment of Used Nuclear Fuel Manage-*

ment in the United States. 2006. Accessed 21 January 2019. http://image-src.bcg.com/Images/BCG_Economic_Assessment_of_Used_Nuclear_Fuel_Management_in_the_US_Jul_06_tcm9-132990.pdf.

Brady, Brian. "Revealed: £2bn Cost of Failed Sellafield Plant." *The Independent*, 9 June 2013. Accessed 21 January 2019. https://www.independent.co.uk/news/uk/politics/revealed-2bn-cost-of-failed-sellafield-plant-8650779.html.

Brands, H. W., Jr. "Testing Massive Retaliation: Credibility and Crisis Management in the Taiwan Strait." *International Security* 12, no. 4(1988): 124-151. Accessed 17 January 2019. https://www.jstor.org/stable/2538997?seq=1#metadata_info_tab_contents.

Brown, Paul. "UK's Dream Is Now Its Nuclear Nightmare." *Climate News Network*, 14 December 2018. Accessed 21 January 2019. https://climatenews-network.net/uks-dream-is-now-its-nuclear-nightmare/.

Buckley, Chris. "Thousands in Eastern Chinese City Protest Nuclear Waste Project." *New York Times*, 8 August 2016. Accessed 17 January 2019. https://www.nytimes.com/2016/08/09/world/asia/china-nuclear-waste-protest-lianyungang.html.

Buksha, Yu K., Yu. E. Bagdassarov, A. I. Kiryushin, N. G. Kuzavkov, Yu. L. Kamanin, N. N. Oshkanov, and V. V. Vylomov."OperationExperienceofthe BN-600FastReactor," *Nuclear Engineering and Design* 173, no. 1-3(1997), 67-79. Accessed 17 January 2019. https://doi.org/10.1016/S0029-5493-(97)00097-6.

Bunn, Matthew, and Hui Zhang. *The Cost of Reprocessing in China*. Harvard Kennedy School, 2016. Accessed 23, January 2019. https://www.belfercenter.org/sites/default/files/legacy/files/The%20Cost%20of%20Reprocessing.pdf.

Cabinet Office(Japan), Office of Atomic Energy Policy. *The Status Report of Plutonium Management in Japan-2017*. 31 July 2018. Accessed 17 January 2019.

http://www.aec.go.jp/jicst/NC/about/kettei/180731_e.pdf.

Jimmy Carter Presidential Library. National Security Affairs-Brzezinski Materials, Country File(Tab 6), "Japan 8/77," Box 40. Accessed 21 January 2019. http://kakujoho.net/npt/JCarterLib.pdf.

Carter, Joe T. "Containers for Commercial Spent Nuclear Fuel." Presentation to the US Nuclear Waste Technical Review Board summer meeting, Washington DC, 24 August 2016. Accessed 16 January 2019. https://www.nwtrb.gov/docs/default-source/meetings/2016/august/carter.pdf?sfvrsn=12.

Central Research Institute of Electric Power Industry(Japan). *Basis of Spent Nuclear Fuel Storage*. Tokyo: ERC Publishing Co. Ltd., 2015.

Chaffee, Phil. "Recommendations from French Parliamentary Commission." *Nuclear Intelligence Weekly*, 27 July 2018, 5.

Chang, Yoon Il. "Role of Integral Fast Reactor/Pyroprocessing on Spent Fuel Management." Presentation for the Public Engagement Commission on Spent Nuclear Fuel Management, Seoul, South Korea, 3 July 2014.

Charpin, Jean-Michel, Benjamin Dessus, and René Pellat. *Economic Forecast Study of the Nuclear Power Option*, 2000, Appendix 1. Accessed 18 March 2019. http://fissilematerials.org/library/cha00.pdf.

Chevet, Pierre-Franck. "Programme générique proposé par EDF pour la poursuite du fonctionnement des réacteurs en exploitation au-delà de leur quatrième réexamen de sûreté [Generic program proposed by EDF for the continued operation of operating reactors beyond their fourth safety review]." Letter to the president of EDF, CODEP-DCN-2013-013464, 28 June 2013. Accessed 13 February 2019. http://gazettenucleaire.org/2013/269p12.html.

"China Begins Building Pilot Reactor." *World Nuclear News*, 29 December 2017. Accessed 17 January 2019. http://www.world-nuclear-news.org/NN-China-begins-building-pilot-fast-reactor-2912174.html.

Cho, Adrian. "Proposed DOE Test Reactor Sparks Controversy." *Science*, 6 July 2018, 15. Accessed 11 March 2019. https://doi.org/10.1126/

science.361.6397.15.

Chopra, O. K., D. R. Diercks, R. R. Fabian, Z. H. Han, and Y. Y. Liu. *Managing Aging Effects on Dry Cask Storage Systems for Extended Long-Term Storage and Transportation of Used Fuel, Rev. 2.* Argonne National Laboratory, September 30, 2014. Accessed 16 January 2019. https://publications.anl.gov/anlpubs/2014/09/107500.pdf.

Cirincione, Joseph. "A Brief History of the Brazilian Nuclear Program." Carnegie Endowment for International Peace, 2004. Accessed 17 January 2019. http://carnegieendowment.org/2004/08/18/brief-history-of-brazilian-nuclear-program-pub-15688.

Citizens' Nuclear Information Center(Japan). "Fukushima Evacuees Abandoned by the Government." 2 April 2018. Accessed 17 January 2019. http://www.cnic.jp/english/?p=4086.

Citizens' Nuclear Information Center. "Mechanism of Core Shroud and Its Function." n.d. Accessed 13 February 2019. http://www.cnic.jp/english/newsletter/nit92/nit92articles/nit92shroud.html.

Cochran, Thomas B., William M. Arkin, Robert S. Norris, and Milton Hoenig. *Nuclear Weapons Databook.* Vol. 2 of U.S. *Nuclear Warhead Production.* Cambridge, MA: Ballinger, 1987.

Cochran, Thomas B., Harold A. Feiveson, Walt Patterson, Gennadi Pshakin, M. V. Ramana, Mycle Schneider, Tatsujiro Suzuki, and Frank von Hippel. *Fast Breeder Reactor Programs: History and Status.* International Panel on Fissile Materials, 2010. Accessed 17 January 2019. http://fissilematerials.org/library/rr08.pdf.

Cochran, Thomas B., Robert S. Norris, and Oleg A. Bukharin. *Making the Russian Bomb: From Stalin to Yeltsin.* Boulder, CO: Westview Press, 1995.

Cohen, Avner. *Israel and the Bomb.* New York: Columbia University Press, 1998.

Connecticut Yankee. "*An Interim Storage Facility for Spent Nuclear Fuel.*" Accessed 6 February 2019. http://www.connyankee.com/assets/pdfs/Connecticut%20Yankee.pdf.

Cumbrians Opposed to a Radioactive Environment(UK). "New-Build Reactor Delays Put Sellafield's Plutonium Decision on the Back Burner." 28 April 2016. Accessed 21 January 2019. http://corecumbria.co.uk/briefings/new-build-reactor-delays-put-sellafields-plutonium-decision-on-the-back-burner/.

Cumbrians Opposed to a Radioactive Environment, "Sellafield's THORP Reprocessing Plant-An Epitaph: 'Never Did What It Said on the Tin.'" 12 November 2018. Accessed 21 January 2019. http://corecumbria.co.uk/news/sellafields-thorp-reprocessing-plant-an-epitaph-never-did-what-it-said-on-the-tin/.

Dalton, Toby, and Alexandra Francis. "South Korea's Search for Nuclear Sovereignty." Asia Policy, no. 19(2015): 115-136. Accessed 17 January 2019. https://www.jstor.org/stable/24905303.

De Geer, Lars-Erik, and Christopher M. Wright. "The 22 September 1979 Vela Incident: Radionuclide and Hydroacoustic Evidence for a Nuclear Explosion." *Science & Global Security* 26, no. 2(2018): 20-54. Accessed 17 January 2019. http://scienceandglobalsecurity.org/archive/sgs26degeer.pdf.

Demarest, Colin. "NNSA Document Details One Year of MOX Termination Work." *Aiken Standard*, 22 October 2018. Accessed 23 January 2019. https://www.aikenstandard.com/news/nnsa-document-details-one-year-of-mox-termination-work/article_bb8051c4-d39f-11e8-9db9-ef482a88134c.html.

Department of Energy and Climate Change(UK). "Management of the UK's Plutonium Stocks: A Consultation Response on the Long-Term Management of UK-Owned Separated Civil Plutonium," 2011. Accessed 21 January 2019. http://www.decc.gov.uk/assets/decc/Consultations/plutonium-stocks/3694-govt-resp-mgmt-of-uk-plutonium-stocks.pdf.

Devictor, Nicolas. "French Sodium-Cooled Fast Reactor Simulation Program."

Presentation to the Fast Reactor Strategic Working Group, Tokyo, 1 June 2018. Accessed 21 January 2019.

http://www.meti.go.jp/committee/kenkyukai/energy/fr/senryaku_wg/pdf/010_01_00.pdf.

Dey, P. K. "An Indian Perspective for Transportation and Storage of Spent Fuel." Paper presented at the 26th International Meeting on Reduced Enrichment for Research and Test Reactors Vienna, Austria, November 7–12, 2004. Accessed 12 March 2019. https://www.rertr.anl.gov/RERTR26/pdf/P03-Dey.pdf.

Dey, P. K. "Spent Fuel Reprocessing: An Overview." In *Nuclear Fuel Cycle Technologies: Closing the Fuel Cycle*, edited by Baldev Raj and Vasudeva Rao, IT-14/1 to IT-14/16. Kalpakkam: Indian Nuclear Society, 2003. Accessed 17 January 2019, http://fissilematerials.org/library/barc03.pdf.

Easton, Earl P., and Christopher S. Bajwa, "NRC's Response to the National Academy of Sciences' Transportation Study: *Going the Distance?*" US Nuclear Regulatory Commission, n.d. Accessed 16 January 2019. https://www.nrc.gov/docs/ML0826/ML082690378.pdf.

Einhorn, Robert. "U.S.-ROK Civil Nuclear Cooperation Agreement: Overcoming the Impasse." Brookings Institution, 11 October 2013. Accessed 17 January 2019. https://www.brookings.edu/on-the-record/u-s-rok-civil-nuclear-cooperation-agreement-overcoming-the-impasse/.

Ekstrand, A. G. "Award Ceremony Speech." Speech at the Royal Swedish Academy of Sciences, Stockholm, 1 June 1920. Accessed 15 January 2019. https://www.nobelprize.org/nobel_prizes/chemistry/laureates/1918/press.html.

ElBaradei, Mohamed. "Seven Steps to Raise World Security." International Atomic Energy Agency, 2 February 2005. Accessed 15 January 2019. https://www.iaea.org/newscenter/statements/seven-steps-raise-world-security.

"End of an Era." *Nuclear Engineering International*, 29 April 2016. Accessed 21 January 2019. https://www.neimagazine.com/features/featureend-of-era-

4879554.

Everts, Sarah. "Who Was the Father of Chemical Weapons?" *Chemical & Engineering News*, 2017. Accessed 15 January 2019. http://chemicalweapons.cenmag.org/who-was-the-father-of-chemical-weapons/.

Fagan, Mary. "BNFL on the Brink of Bankruptcy." *The Telegraph*, 21 October 2001. Accessed 21 January 2019. https://www.telegraph.co.uk/finance/2738490/BNFL-on-the-brink-of-bankruptcy.html.

Fairley, Peter. "China Is Losing Its Taste for Nuclear Power." *Technology Review*, 12 December 2018. Accessed 23 January 2019. https://www.technologyreview.com/s/612564/chinas-losing-its-taste-for-nuclear-power-thats-bad-news/.

Fajman, V., L. Barták, J. Coufal, K. Brzobohatý, and S. Kuba. "Czech Interim Spent Fuel Storage Facility: Operation Experience, Inspections and Future Plans." IAEA-SM-3524, n.d. Accessed 16 January 2019. https://inis.iaea.org/collection/NCLCollectionStore/_Public/30/040/30040070.pdf.

Federal Office for the Safety of Nuclear Waste Management(Germany). "Return of Radioactive Waste," 10 February 2016. Accessed 2 March 2019, https://www.bfe.bund.de/EN/nwm/waste/return/return.html.

Federation of Electric Power Companies of Japan. "Concerning the Situation of the Spent Fuel Storage Measures." 24 October 2017(in Japanese). Accessed 24 January 2018. https://www.fepc.or.jp/about_us/pr/oshirase/__icsFiles/afieldfile/2018/01/09/press_20171024.pdf.

Federation of Electric Power Companies of Japan. "MOX Utilization Approach Promises Big Dividends." *Power Line*, July 1999. Accessed 21 January 2019. http://www.fepc.or.jp/english/library/power_line/detail/05/02.html.

Federation of Electric Power Companies of Japan. "Plans for the Utilization of Plutonium to Be Recovered at the Rokkasho Reprocessing Plant(RRP), FY2010." 17 September 2010. Accessed 21 January 2019.
https://www.fepc.or.jp/english/news/plans/__icsFiles/afieldfile/2010/09/17/

plu_keikaku_E_1.pdf

Feiveson, Harold A., Theodore B. Taylor, Frank von Hippel, and Robert H. Williams. "The Plutonium Economy: Why We Should Wait and Why We Can Wait." *Bulletin of the Atomic Scientists* 32, no. 10(December 1976), 10–14. Accessed 17 January 2019. https://doi.org/10.1080/00963402.1976.11455664.

Feiveson, Harold A., Frank von Hippel, and Robert H. Williams. "Fission Power: An Evolutionary Strategy." Science 203, issue 4378(26 January 1979), 330–337.

Fetter, Steve, and Frank von Hippel. "The Hazard from Plutonium Dispersal by Nuclear–Warhead Accidents." *Science and Global Security* 2, no. 1(1990), 21–41.

Fitts, R. B., and H. Fujii. "Fuel Cycle Demand, Supply and Cost Trends." *IAEA Bulletin* 18, no. 1(February 1976), 19–24.

Forwood, Martin. *The Legacy of Reprocessing in the United Kingdom*. International Panel on Fissile Materials, 2008. Accessed 21 January 2019. http://fissilematerials.org/library/rr05.pdf.

Forwood, Martin. "Sellafield's THORP Reprocessing Plant Shut Down." *IPFM Blog*, 18 November 2018. Accessed 1 March 2019. http://fissilematerials.org/blog/2018/11/sellafields_thorp_reproce.html.

"France Halts Joint Nuclear Project in Blow to Japan's Fuel Cycle." *Nikkei Asian Review*, 30 November 2018. Accessed 21 January 2019. https://asia.nikkei.com/Economy/France–halts–joint–nuclear–project–in–blow–to–Japan–s–fuel–cycle/.

French, Matthew, David Nixon, Roger Thetford, and Mark Cowper. *Packaging of Damaged Spent Fuel*. Amec Foster Wheeler, 2016. Accessed 6 February 2019, https://rwm.nda.gov.uk/publication/packaging–of–damaged–spent–fuel/.

Frisch, O. R., and R. Peierls. "On the Construction of a 'Super–Bomb' Based on a Nuclear Chain Reaction in Uranium." March 1940. Accessed 17 January 2019. http://www.atomicarchive.com/Docs/Begin/FrischPeierls.shtml.

Fukushima prefectural government(Japan). "Transition of Evacuation Designated Zones." Updated 12 November 2018. Accessed 17 January 2019. http://www.pref.fukushima.lg.jp/site/portal-english/en03-08.html.

Fuller, John G. *We Almost Lost Detroit.* New York: Reader's Digest Press, 1975.

Gauntt, Randall, Donald Kalinich, Jeff Cardoni, Jesse Phillips, Andrew Goldmann, Susan Pickering, Matthew Francis, Kevin Robb, Larry Ott, Dean Wang, Curtis Smith, Shawn St.Germain, David Schwieder, and Cherie Phelan. *Fukushima Daiichi Accident Study*(Status as of April 2012). Sandia National Laboratories, SAND2012-6173, 2012. Accessed 17 January 2019. http://prod.sandia.gov/techlib/access-control.cgi/2012/126173.pdf.

Gelb, Leslie H. "Vietnam: The System Worked." *Foreign Policy* 3(Summer 1971):140-167.

"German Nuclear Waste Arrives to Big Protests." Reuters, 6 March 1997. Accessed 15 January 2019. https://www.nytimes.com/1997/03/06/world/german-nuclear-waste-arrives-to-big-protests.html.

"German Police Clear Nuclear Waste Train Protest." BBC, 27 November 2011. Accessed 2 March 2019, https://www.bbc.com/news/world-europe-15910548.

Gibbons, John. Draft letter to the Right Honourable William Waldegrave, chancellor of the Duchy of Lancaster and minister of public service and science. 9 November 1993. Accessed 1 March 2019. http://fissilematerials.org/library/usg93.pdf.

Goldemberg, José. "Looking Back: Lessons From the Denuclearization of Brazil and Argentina." *Arms Control Today*, April 2006. Accessed 17 January 2019. https://www.armscontrol.org/act/2006_04/LookingBack.

Goldschmidt, Bertrand. "A Forerunner of the NPT? The Soviet Proposals of

1947." *IAEA Bulletin* 28(Spring 1986), 58–64.

Goldschmidt, Bertrand. *Atomic Rivals*. New Brunswick, NJ: Rutgers University Press, 1990.

"Gov't Set to Continue Nuclear Fuel Cycle Project despite Monju Closure." *Mainichi Shimbun*, 22 December 2016. Accessed 21 January 2019. https://mainichi.jp/english/articles/20161222/p2a/00m/0na/014000c.

Grubler, Arnulf. "The Costs of the French Nuclear Scale–Up: A Case of Negative Learning by Doing." *Energy Policy* 38, no. 9(September 2010): 5174–5188.

"Guidelines for the Management of Civil Plutonium(INFCIRC/549): Overview, Goals and Status." Transcript of a panel from the conference "Civil Separated Plutonium Stocks: Planning for the Future," Washington, DC, 14–15 March 2000. Accessed 17 January 2019. http://isis–online.org/conferences/detail/civil–separated–plutonium–stocks–planning–for–the–future/17.

"Hanford Federal Facility Agreement and Consent Order"(as amended through 28 September 2018). 89–10 REV. 8. Accessed 17 January 2019. https://www.hanford.gov/files.cfm/Legal_Agreement.pdf.

"*The Heavy Water War*." Norwegian Broadcasting Corporation, 2015.

Hewlett, Richard G., and Francis Duncan. *Nuclear Navy*: 1946–1962. Chicago: University of Chicago Press, 1974.

Hibbs, Mark. *The Future of Nuclear Power in China*. Washington, DC: Carnegie Endowment for International Peace, 2018. Accessed 23 January 2019. https://carnegieendowment.org/files/Hibbs_ChinaNuclear_Final.pdf.

Holtec International. "HI–STORM Consolidated Interim Storage." Accessed 16 January 2019. https://holtecinternational.com/productsandservices/wasteandfuelmanagement/dry–cask–and–storage–transport/hi–storm/hi–storm–cis/.

Holtec International. "Holtec's Proposed Consolidated Interim Storage Facility in Southeastern New Mexico." Accessed 16 January 2019. https://holtecinternational.com/productsandservices/hi–store–cis/.

Hwang, Yongsoo, and Ian Miller. "Integrated Model of Korean Spent Fuel and High Level Waste Disposal Options." In *ASME 2009: Proceedings of the 12th International Conference on Environmental Remediation and Radioactive Waste Management, Volume 1*. Liverpool, UK, October 11-15, 2009. Paper no. ICEM2009-16091, 733-740.

"In Geneva, UN Chief Urges New Push to Free World from Nuclear Weapons." *UN News*, 26 February 2018. Accessed 17 January 2019. https://news.un.org/en/story/2018/02/1003632.

"In Russia, Second Stage of Dry Storage of Spent Nuclear Fuel Launched." Atom-Info.Ru, 23 January 2017(in Russian). Accessed 14 February 2019. http://atominfo.ru/newso/v0993.htm.

"Interim Storage Facility Operation Premised on Reprocessing Startup." *Daily Tohoku*, 16 January 2014(in Japanese).

Interim Storage Partners. "Overview." Accessed, 27 January 2019. https://interimstoragepartners.com/project-overview/.

International Atomic Energy Agency. "Communication Received from Certain Member States Concerning Their Policies Regarding the Management of Plutonium." INFCIRC/549, 16 March 1998. Accessed 21 January 2019. https://www.iaea.org/sites/default/files/infcirc549.pdf. The annual declarations of stocks by the nine countries may be found at https://www.iaea.org/publications/documents/infcircs/communication-received-certain-member-states-concerning-their-policies-regarding-management-plutonium.

International Atomic Energy Agency. *Energy, Electricity and Nuclear Power Estimates for the Period up to 2050*, 2016 Edition. Vienna: International Atomic Energy Agency, 2016. Accessed 17 January 2019. https://www-pub.iaea.org/MTCD/Publications/PDF/RDS-1-36Web-28008110.pdf

International Atomic Energy Agency. *Energy, Electricity and Nuclear Power Estimates for the Period up to 2050*, 2017 Edition. Vienna: International Atomic Energy Agency, 2017. Accessed 17 January 2019. https://www-pub.iaea.

org/books/iaeabooks/12266/Energy–Electricity–and–Nuclear–Power–Estimates–for–the–Period–up–to–2050.

International Atomic Energy Agency. "Implementation of the NPT Safeguards Agreement in the Republic of Korea." 11 November 2004. Accessed 17 January 2019. https://www.iaea.org/sites/default/files/gov2004–84.pdf.

International Atomic Energy Agency. "PRIS(Power Reactor Information System): The Database on Nuclear Reactors." Accessed 15 January 2019. https://www.iaea.org/PRIS/home.aspx.

International Atomic Energy Agency. *The Radiological Accident in the Reprocessing Plant at Tomsk*. Vienna: International Atomic Energy Agency, 1998. Accessed 16 January 2019. https://www–pub.iaea.org/MTCD/Publications/PDF/P060_scr.pdf.

International Atomic Energy Agency. *Regulations for the Safe Transport of Radioactive Material: 2018 Edition*, IAEA SSR–6(Rev. 1). Vienna: International Atomic Energy Agency, 2018. Accessed 26 January 2019. https://www–pub.iaea.org/books/iaeabooks/12288/Regulations–for–the–Safe–Transport–of–Radioactive–Material.

International Atomic Energy Agency. "Safeguards Glossary." 2001. Accessed 21 January 2019. https://www.iaea.org/sites/default/files/iaea_safeguards_glossary.pdf.

International Atomic Energy Agency. *Status and Trends in Spent Fuel and Radioactive Waste Management*. Nuclear Energy Series No. NW–T–1.14. 2018. Accessed 25 January 2019, https://www–pub.iaea.org/MTCD/Publications/PDF/P1799_web.pdf.

International Atomic Energy Agency. *Status and Trends in Spent Fuel and Radioactive Waste Management*. IAEA Nuclear Energy Series No. NW–T–1.14, 2018. Companion CD: National Profiles Summary. Accessed 25 January 2019. https://www.iaea.org/publications/11173/status–and–trends–in–spent–fuel–and–radioactive–waste–management?supplementary=44578.

International Atomic Energy Agency. *Use of Reprocessed Uranium: Challenges and Options*. IAEA Nuclear Energy Series No. NF-T-4.4. 2009. Accessed 10 February 2019. https://www-pub.iaea.org/MTCD/Publications/PDF/Pub1411_web.pdf.

International Commission on Radiological Protection. "One Year Anniversary of the North-eastern Japan Earthquake, Tsunami and Fukushima Dai-ichi Nuclear Accident." 12 March 2012. Accessed 18 March 2019. http://www.icrp.org/docs/Fukushima%20One%20Year%20Anniversary%20Message.pdf.

International Energy Agency. "Electricity Information 2018 Overview." Accessed 12 February 2019. https://www.iea.org/statistics/electricity/.

International Energy Agency. "Key World Energy Statistics: 2017." Accessed 17 January 2019. https://www.iea.org/publications/freepublications/publication/KeyWorld2017.pdf.

International Nuclear Fuel Cycle Evaluation. *Fast Breeders: Report of Working Group 5*. Vienna: International Atomic Energy Agency, 1980.

International Nuclear Fuel Cycle Evaluation. *International Nuclear Fuel Cycle Evaluation: Summary Volume*. Vienna: International Atomic Energy Agency, 1980.

International Panel on Fissile Materials. "2000 Plutonium Management and Disposition Agreement as Amended by the 2010 Protocol." 13 April 2010. Accessed 21 January 2019. http://fissilematerials.org/library/2010/04/2000_plutonium_management_and_.html.

International Panel on Fissile Materials. "Diverging Recommendations on Sweden's Spent Nuclear Fuel Repository." *IPFM Blog*, 23 January 2018. Accessed 15 February 2019. http://fissilematerials.org/blog/2018/01/diverging_recommendations.html.

International Panel on Fissile Materials. *Global Fissile Material Report 2010: Balancing the Books: Production and Stocks*. 2010. Accessed 21 January 2019. http://fissilematerials.org/library/gfmr10.pdf.

International Panel on Fissile Materials. *Global Fissile Material Report 2015: Nuclear Weapon and Fissile Material Stockpiles and Production*. 2015. Accessed 15 January 2019. http://fissilematerials.org/library/gfmr15.pdf.

International Panel on Fissile Materials. "Japan Decides to Decommission the Monju Reactor." *IPFM Blog*, 21 December 2016. Accessed 17 January 2019. http://fissilematerials.org/blog/2016/12/japan_decides_to_decommis.html.

International Panel on Fissile Materials. *Managing Spent Fuel from Nuclear Power Reactors: Experience and Lessons from Around the World*. 2011. Accessed 16 January 2019. http://fissilematerials.org/library/rr10.pdf.

International Panel on Fissile Materials, "Pakistan." 12 February 2018. Accessed 17 January 2019. http://fissilematerials.org/countries/pakistan.html.

International Panel on Fissile Materials. *Plutonium Separation in Nuclear Power Programs: Status, Problems, and Prospects of Civilian Reprocessing Around the World*. 2015. Accessed 15 January 2019. http://fissilematerials.org/library/rr14.pdf.

International Panel on Fissile Materials. "Reprocessing Plant at Mayak to Begin Reprocessing of VVER-1000 Fuel." *IPFM Blog*, 19 December 2016. Accessed 21 January 2019. http://fissilematerials.org/blog/2016/12/reprocessing_plant_at_may.html.

International Panel on Fissile Materials. "Russia Commissions Dry Storage Facility in Zheleznogorsk." *IPFM Blog*, 18 January 2012. Accessed 14 February 2019. http://fissilematerials.org/blog/2012/01/russia_commissions_dry_st.html.

International Panel on Fissile Materials. "Russia Suspends Implementation of Plutonium Disposition Agreement." *IPFM Blog*, 3 October 2016. Accessed 21 January 2019. http://fissilematerials.org/blog/2016/10/russia_suspends_implement.html.

International Panel on Fissile Materials. "Second Pilot Reprocessing Line in Zheleznogorsk." *IPFM Blog*, 2 June 2018. Accessed 21 January 2019. http://fissilematerials.org/blog/2018/06/second_pilot_reprocessing.html.

International Panel on Fissile Materials. "Test Run of a New Reprocessing Plant in Zheleznogorsk." *IPFM Blog*, 2 June 2018. Accessed 21 January 2019. http://fissilematerials.org/blog/2018/06/test_run_of_a_new_reproce.html.

IRSN(Institut de radioprotection et de sûreté nucléaire). "Avis de l'IRSN sur le Plan national de gestion des matières et des déchets radioactifs – Etudes relatives aux perspertives industrielles de séparation et de transmutation des éléments radioactifs à vie longue" ["IRSN's Opinion on the National Plan for the Management of Radioactive Materials and Waste – Studies on Proposed Industrial Separation and Transmutation of Long-lived Radioactive Elements"]. 22 July 2013. Accessed 21 January 2019. https://www.irsn.fr/FR/expertise/avis/2012/Pages/Avis-IRSN-2012-00363-PNGMRD.aspx#.XA-bQS3Mwq8.

Jackson, Peter. "Court Orders Feds to Clean Up World War II Era Nuclear Site." *Crosscut*, 17 April 2016. Accessed 17 January 2019. https://crosscut.com/2016/04/turnabout-feds-may-have-to-deliver-at-hanford.

Janberg, Klaus, and Frank von Hippel. "Dry-Cask Storage: How Germany Led the Way." *Bulletin of the Atomic Scientists* 65, no. 5(September/October 2009), 24-32.

Japan Atomic Energy Commission. "Framework for Nuclear Energy Policy." Tokyo, 2005. Accessed 21 January 2019. http://www.aec.go.jp/jicst/NC/tyoki/taikou/kettei/eng_ver.pdf.

Japan Atomic Energy Commission. "Long-Term Plans for Research, Development, and Utilization of Nuclear Power, 1961-2010"(in Japanese). Accessed 21 January 2019. http://www.aec.go.jp/jicst/NC/tyoki/tyoki_back.htm.

Japan Atomic Energy Commission. "Plutonium Utilization in Japan"(provisional translation), October 2017. Accessed 21 January 2019. http://www.aec.go.jp/jicst/NC/about/kettei/kettei171003_e.pdf.

Japan Atomic Energy Commission. "Status Report of Plutonium Management in Japan-2017." 31 July 2018. Accessed 23 January 2019. http://www.aec.

go.jp/jicst/NC/about/kettei/180731_e.pdf.

Japan Atomic Energy Commission, New Nuclear Policy–Planning Council. "Interim Report Concerning the Nuclear Fuel Cycle Policy." Translated by Citizens' Nuclear Information Center. 12 November 2004. Accessed 16 January 2019. http://www.cnic.jp/english/topics/policy/chokei/longterminterim.html.

Japan Atomic Industrial Forum, "NRA Deems JAEA Unfit to Operate FBR Monju." *Atoms in Japan*. 5 November 2015. Accessed 21 January 2019. https://www.jaif.or.jp/en/nra-deems-jaea-unfit-to-operate-fbr-monju/.

Jarry, Emmanuel. "Crisis for Areva's La Hague Plant as Clients Shun Nuclear." *Reuters*, 6 May 2015. Accessed 21 January 2019. https://www.reuters.com/article/us-france-areva-la-hague/crisis-for-arevas-la-hague-plant-as-clients-shun-nuclear-idUSKBN0NR0CY20150506.

Jensen, S. E., and E. Nonbøl. *Description of the Magnox Type of Gas Cooled Reactor(MAGNOX)*. Nordic Nuclear Safety Research, 1998. Accessed 15 January 2019. https://inis.iaea.org/collection/NCLCollectionStore/_Public/30/052/300524 80.pdf.

"Kalkar's Sodium-Cooled Fast Breeder Reactor Prototype, a Bad Joke." *Environmental Justice Atlas*. Accessed 31 January 2019. https://ejatlas.org/conflict/kalkar-a-bad-joke-germany.

"Kalpakkam Fast Breeder Reactor May Achieve Criticality in 2019." *Times of India*, 20 September 2018. Accessed 17 January 2019. https://timesofindia.indiatimes.com/india/kalpakkam-fast-breeder-reactor-may-achieve-criticality-in-2019/articleshow/65888098.cms.

Kang, Jungmin, Bemnet Alemayehu, Matthew McKinzie, and Michael Schoeppner. "An Analysis of a Hypothetical Release of Cesium-137 from a Spent Fuel Pool Fire at Kori-3 in South Korea." *Transactions of the American Nuclear Society* 117(2017): 343-45. Accessed 17 January 2019. http://answinter.org/wp-content/2017/data/polopoly_fs/1.3880142.1507849681!/fileserver/file/822800/filename/109.pdf.

Katz, James E. "The Uses of Scientific Evidence in Congressional Policymaking: The Clinch River Breeder Reactor." *Science, Technology, & Human Values* 9, no. 1(Winter 1984): 51–62. Accessed 17 January 2019. https://www.jstor.org/stable/688992.

Kawada, Toshio. "NRA Gives Nod to 70–year Plan to Decommission Tokai Plant." Asahi Shimbun, 14 June 2014. Accessed 17 January 2019, http://www.asahi.com/ajw/articles/AJ201806140061.html.

Keeny, Spurgeon M., Jr., Seymour Abrahamson, Harold Brown, Albert Carnesale, Abram Chayes, Hollis B. Cheney, Paul Doty, Philip J. Farley, Richard L. Garwin, Marwin L. Goldberger, Carl Kaysen, Hans H. Landsberg, Gordon J. MacDonald, Joseph S. Nye, Wolfgang K. H. Panofsky, Howard Raiffa, George W. Rathjens, John C. Sawhill, Thomas C. Schelling, and Arthur Upton. *Nuclear Power Issues and Choices: Report of the Nuclear Energy Policy Study Group*. Ballinger, 1977.

Kennedy, John F. Press Conference, 21 March 1963. *Public Papers of the Presidents of the United States, John F. Kennedy: 1963*. University of Michigan Digital Library, 273–282. Accessed 31 January 2019. https://quod.lib.umich.edu/p/ppotpus/4730928.1963.001/336?rgn=full+text;view=image.

Kernkraftwerk Gösgen–Däniken. "Management of Spent Nuclear Fuel and High–Level Waste as an Integrated Programme in Switzerland." Paper presented at the US Nuclear Waste Technical Review Board summer meeting, Idaho Falls, 13 June 2018. Accessed 16 January 2019. https://www.nwtrb.gov/docs/default–source/meetings/2018/june/whitwill.pdf?sfvrsn=4.

Kim, In–Tae. "Status of R&D Activities on Pyroprocessing Technology at KAERI." Presentation to SACSESS International Workshop, Warsaw, 22 April 2015. Accessed 12 February 2019. http://www.sacsess.eu/Docs/IWSProgrammes/04–SACSESSIWS–IT%20Kim(KAERI).pdf.

Komanoff, Charles. *Power Plant Cost Escalation: Nuclear and Coal Capital Costs, Regulation and Economics*. New York: Komanoff Energy Associates, 1981.

Kondo, Shunsuke. "Listen to Mr. Shunsuke Kondo," Interview in *Journal of the Atomic Energy Society of Japan* 48(2006)(in Japanese). Accessed 21 January 2019. http://www.aesj.or.jp/kaishi/2006/kantou/1.pdf.

Kondo, Shunsuke. "Rough Description of Scenario(s) for Unexpected Situation(s) Occurring at the Fukushima Daiichi Nuclear Power Plant." 25 March 2011. Accessed 17 January 2019. http://kakujoho.net/npp/kondo.pdf.

Korea Atomic Energy Commission. "Draft Basic Plan of High-Level Radioactive Waste Management." 2016(in Korean).

Korea Hydro and Nuclear Power. "Spent Fuel." Accessed 16 January 2019. http://www.khnp.co.kr/eng/content/561/main.do?mnCd=EN030502.

Korea Hydro and Nuclear Power. "Status of Spent Fuel Stored(as of the end of 2017)," 8 January 2018(in Korean). Accessed 17 January 2019. http://cms.khnp.co.kr/board/BRD_000179/boardView.do?pageIndex=1&boardSeq=66352&mnCd=FN051304&schPageUnit=10&searchCondition=0&searchKeyword=.

Kristensen, Hans M., and Robert S. Norris. "Global Nuclear Weapons Inventories, 1945-2013." *Bulletin of the Atomic Scientists* 69, no.5(2013), 75-81. Accessed 17 January 2019. https://www.tandfonline.com/doi/pdf/10.1177/0096340213501363?needAccess=true.

Kristensen, Hans M., and Robert S. Norris. "Status of World Nuclear Forces." Federation of American Scientists, June 2018. Accessed 15 January 2019. https://fas.org/issues/nuclear-weapons/status-world-nuclear-forces/.

Kumar, Pradeep. "Kalpakkam Fast Breeder Test Reactor Achieves 30MW Power Production." *Times of India*, 27 March 2018. Accessed 23 January 2019. https://timesofindia.indiatimes.com/city/chennai/kalpakkam-fast-breeder-test-reactor-achieves-30-mw-power-production/articleshow/63480884.cms.

Kuperman, Alan J., ed. *Plutonium for Energy? Explaining the Global Decline in MOX*. Nuclear Proliferation Prevention Project, University of Texas at Austin,

2018. Accessed 21 January 2019. http://sites.utexas.edu/prp-mox-2018/downloads/.

Kütt, Moritz, Friederike Frieβ, and Matthias Englert. "Plutonium Disposition in the BN-800 Fast Reactor: An Assessment of Plutonium Isotopics and Breeding." *Science & Global Security* 22(2014): 188-208. Accessed 23 January 2019. http://scienceandglobalsecurity.org/archive/sgs22kutt.pdf.

Kuznetsov, A. E., B. A. Vasilev, M. R. Farakshin, S. B. Belov, and V. S. Sheryakov. "The BN-800 with MOX Fuel." Speech at the International Conference on Fast Reactors and Related Fuel Cycles, Yekaterinburg, Russia, 26-29 June 2017. Accessed 21 January 2019. https://media.superevent.com/documents/20170620/11795dbfabe998cf38da0ea16b6c3181/fr17-405.pdf.

Lanouette, William. "Dream Machine: Why the Costly, Dangerous and Maybe Unworkable Breeder Reactor Lives On." *The Atlantic*(April 1983).

Lanouette, William. "Plutonium: No Supply, No Demand?" *Bulletin of the Atomic Scientists* 45 no. 10(December 1989), 42-45.

le Billon, V. "Nucléaire: le réacteur du futur Astrid en suspens [Astrid, the Reactor of the Future, Is Suspended]." *Les Echos*, 30 January 2018. Accessed 21 January 2019. https://www.lesechos.fr/industrie-services/energie-environnement/0301218315000-nucleaire-le-reacteur-du-futur-astrid-en-suspens-2149214.php.

Lee, Michelle Ye Hee. "More Than Ever, South Koreans Want Their Own Nuclear Weapons." Washington Post, 13 September 2017. Accessed 21 January 2019. https://www.washingtonpost.com/news/worldviews/wp/2017/09/13/most-south-koreans-dont-think-the-north-will-start-a-war-but-they-still-want-their-own-nuclear-weapons/?utm_term=.7591df4a432a.

"Lifting Fukushima Evacuation Orders." *Japan Times*, 3 April 2017. Accessed 17 January 2019. https://www.japantimes.co.jp/opinion/2017/04/03/editorials/lifting-fukushima-evacuation-orders/#.WcrqakyZPYI.

Lilienthal, David E., Chester I. Barnard, J. R. Oppenheimer, Charles A. Thomas, and Harry A. Winne. *A Report on the International Control of Atomic Energy*. US State Department, 1946. Accessed 17 January 2019. http://fissilematerials.org/library/ach46.pdf.

Lippman, Thomas W. "Pluto Boy's Mission: Soften the Reaction." *Washington Post*, 7 March 1994. Accessed 16 January 2019. https://www.washingtonpost.com/archive/politics/1994/03/07/pluto-boys-mission-soften-the-reaction/e3832c8f-56aa-49a3-9695-dbcfd517ce27/?utm_term=.a1b8a42ff468.

Lovering, Jessica R., Arthur Yip, and Ted Nordhaus. "Historical Construction Costs of Global Nuclear Power Reactors." Energy Policy 91(April 2016), 371-382. Accessed 17 January 2019. https://ac.els-cdn.com/S0301421516300106/1-s2.0-S0301421516300106-main.pdf?_tid=7c8ce57f-ffd8-4fca-9295-00a56bdfc0f3&acdnat=1547740389_537aeb40a807a5d5c73decf74bd99adf.

Lyman, Edwin S., and Harold A. Feiveson. "The Proliferation Risks of Plutonium Mines." *Science & Global Security* 7, no. 1(1998): 119-128. Accessed 16 January 2019. http://scienceandglobalsecurity.org/archive/sgs07lyman.pdf.

Maine Yankee. "An Interim Storage Facility for Spent Nuclear Fuel." Accessed 6 February 2019. http://www.maineyankee.com/public/MaineYankee.pdf.

Mark, J. Carson. "Explosive Properties of Reactor-Grade Plutonium." *Science & Global Security* 4(1993): 111-128. Accessed 21 January 2019. http://scienceandglobalsecurity.org/archive/sgs04mark.pdf.

Marshall, Pearl. "Chubu to Be First Japanese Company to Have SMP Fabricate Its MOX Fuel." *NuclearFuel*, 17 May 2010.

Marth, W. *The SNR 300 Fast Breeder in the Ups and Downs of Its History*. Karlsruhe Nuclear Research Institute, 1994. Accessed 17 January 2019. https://publikationen.bibliothek.kit.edu/270037170/3813531.

McCurry, Justin. "Fukushima Effect: Japan Schools Take Health Precautions in Radiation Zone." *The Guardian*, 1 June 2011. Accessed 16 March 2019. https://www.theguardian.com/world/2011/jun/01/fukushima-effect-japan-schools-radiation.

McDermott, Rose. *Risk-Taking in International Politics: Prospect Theory in American Foreign Policy*. Ann Arbor: University of Michigan Press, 1998, Chapter 6. Accessed 17 January 2019. https://www.press.umich.edu/pdf/0472108670-06.pdf.

McPhee, John. *The Curve of Binding Energy: A Journey into the Awesome and Alarming World of Theodore B.* Taylor. New York: Farrar, Straus and Giroux, 1974.

Meadows, Donella H., Dennis L. Meadows, Jørgen Randers, and William W. Behrens III. *The Limits to Growth*. New York: Universe Books, 1972.

Medvedev, Zhores. *Nuclear Disaster in the Urals*. Translated by George Saunders. New York: W. W. Norton & Company, 1979.

Medvedev, Zhores. "Two Decades of Dissidence." New Scientist, 4 November 1976. Accessed 12 March 2019. https://www.newscientist.com/article/dn10546-two-decades-of-dissidence/.

Melloni, Boris B. M. "Lung Cancer in Never-smokers: Radon Exposure and Environmental Tobacco Smoke." *European Respiratory Journal* 44(2014): 850-852. Accessed 7 March 2019. https://doi.org/10.1183/09031936.00121314.

Metzger, Peter. "Project Gasbuggy and Catch-85." *New York Times Magazine*, 22 February 1970.

Mian, Zia, A. H. Nayyar, R. Rajaraman, and M. V. Ramana. *Fissile Materials in South Asia: The Implications of the U.S.-India Nuclear Deal*. International Panel on Fissile Materials, 2006. Accessed 30 January 2019. http://fissilematerials.org/library/rr01.pdf.

Ministry of Economy, Trade and Industry(Japan), Agency for Natural Resources and Energy, "Strategic Road Map Outline." December 2018(in Japanese). Accessed 21 January 2019. http://www.meti.go.jp/shingikai/energy_environment/kosokuro_kaihatsu/kosokuro_kaihatsu_wg/pdf/015_01_00.pdf.

Ministry of International Trade and Industry(Japan), Agency for Natural Resources and Energy, Advisory Committee for Energy, Nuclear Energy Working Group. *Toward Implementation of Interim Storage for Recycled Fuel Resources*. Interim Report. 11 June 1998(in Japanese). Accessed 16 January 2019. http://www.aec.go.jp/jicst/NC/iinkai/teirei/siryo98/siryo38/siryo1.htm.

Ministry of External Affairs(India). "Implementation of the India-United States Joint Statement of July 18, 2005: India's Separation Plan." 11 May 2006(tabled in Parliament). Accessed 17 January 2019. http://mea.gov.in/Uploads/PublicationDocs/6145_bilateral-documents-May-11-2006.pdf.

"Ministry Sees Monju Successor Reactor Running by Mid-Century." *Asahi Shimbun*, 4 December 2018. Accessed 21 January 2019. http://www.asahi.com/ajw/articles/AJ201812040047.html.

"More Problems for Japan's Rokkasho Reprocessing Plant." *Nuclear Engineering International*, 4 September 2018. Accessed 23 January 2019. https://www.neimagazine.com/news/newsmore-problems-for-japans-rokkasho-reprocessing-plant-6732845.

"Murphy's Laws Site." Accessed 15 January 2019. http://www.murphys-laws.com/murphy/murphy-true.html.

National Academies of Sciences, Engineering, and Medicine(US). *Disposal of Surplus Plutonium at the Waste Isolation Pilot Plant: Interim Report*. Washington, DC: National Academies Press, 2018. Accessed 23 January 2019. https://www.nap.edu/catalog/25272/disposal-of-surplus-plutonium-at-the-waste-isolation-pilot-plant.

National Audit Office(UK). *The Nuclear Decommissioning Authority: Progress with Reducing Risk at Sellafield*, 20 June 2018. Accessed 21 January 2019. https://www.nao.org.uk/wp-content/uploads/2018/06/The-Nuclear-Decommissioning-Authority-progress-with-reducing-risk-at-Sellafield.pdf.

National Research Council(US). *Going the Distance? The Safe Transport of Spent Nuclear Fuel and High-Level Radioactive Waste in the United States*. Washington, DC: National Academies Press, 2006. Accessed 27 January 2019.

https://www.nap.edu/catalog/11538/going-the-distance-the-safe-transport-of-spent-nuclear-fuel.

National Research Council. *Lessons Learned from the Fukushima Nuclear Accident for Improving the Safety and Security of U.S. Nuclear Plant: Phase 2.* Washington, DC: National Academies Press, 2016.

National Research Council. *Nuclear Wastes: Technologies for Separations and Transmutation.* Washington, DC: National Academies Press, 1996. Accessed 16 January 2019. https://doi.org/10.17226/4912.

National Research Council. *Safety and Security of Commercial Spent Nuclear Fuel Storage: Public Report.* Washington, DC: National Academies Press, 2006.

Nishihara, Kenji, Hiroki Iwamoto, and Kenya Suyama. *Estimation of Fuel Compositions in Fukushima-Daiichi Nuclear Power Plant.* Japan Atomic Energy Agency, 2012-018, 2012. Accessed 4 February 2019. http://jolissrch-inter.tokai-sc.jaea.go.jp/search/servlet/search?5036485&language=1.

Nørgård, Jørgen Stig, John Peet, and Kristín Vala Ragnarsdóttir. "The History of the Limits to Growth." *Solutions* 1, no. 2(March 2010).

Northey, Hannah. "U.S. Ends Fee Collections with $31B on Hand and No Disposal Option in Sight." *E&E News*, 16 May 2014. Accessed 31 January 2019. https://www.eenews.net/stories/1059999730.

Norwegian Radiation Protection Authority. "The Kyshtym Accident, 29th September1957." *NRPA Bulletin*, September 2007. Accessed 16 January 2019. https://www.nrpa.no/filer/397736ba75.pdf.

Nuclear Decommissioning Authority(UK). *Business Plan: 1 April 2018 to 31 March 2021.* March 2018, 24. Accessed 21 January 2019. https://assets.publishing.service.gov.uk/government/uploads/system/uploads/attachment_data/file/695245/NDA_Business_Plan_2018_to_2021.pdf.

Nuclear Decommissioning Authority. "End of Reprocessing at Thorp Signals New Era for Sellafield." 16 November 2018. Accessed 15 January 2019. https://www.gov.uk/government/news/end-of-reprocessing-at-thorp-signals-new–era–for–sellafield.

Nuclear Decommissioning Authority. "NDA Statement on Future of the Sellafield Mox Plant." 3 August 2011. Accessed 21 January 2019. https://www.gov.uk/government/news/nda–statement–on–future–of–the–sellafield–mox–plant.

Nuclear Decommissioning Authority. "Oxide Fuels: Preferred Option." June 2012. Accessed 21 January 2019. https://assets.publishing.service.gov.uk/government/uploads/system/uploads/attachment_data/file/457789/Oxide_fuels_–_preferred_options.pdf.

Nuclear Decommissioning Authority. "Progress on Approaches to the Management of Separated Plutonium." 2014. Accessed 21 January 2019. https://assets.publishing.service.gov.uk/government/uploads/system/uploads/attachment_data/file/457874/Progress_on_approaches_to_the_management_of_separated_plutonium_position_paper_January_2014.pdf.

"Nuclear Energy and Its Fuel Cycle in Japan: Closing the Circle." Japan National Report. *IAEA Bulletin*, 1993, no. 3. Accessed 22 January 2019. https://www.iaea.org/sites/default/files/35304893437.pdf.

Nuclear Regulation Authority(Japan). "Nuclear Regulation Authority Joint Press Conference Minutes." 19 September 2012(in Japanese). Accessed 24 January 2019. http://warp.da.ndl.go.jp/info:ndljp/pid/11036037/www.nsr.go.jp/data/000068514.pdf.

Nuclear Regulation Authority. "Minutes of the 38th Nuclear Regulation Authority Meeting of 2015." 2 November 2015(in Japanese). Accessed 16 January 2019. http://www.nsr.go.jp/data/000129463.pdf.

Nuclear Reprocessing Organization of Japan. "Concerning Project Cost of Reprocessing, Etc." June 2018(in Japanese). Accessed 4 March 2019. http://www.nuro.or.jp/pdf/20180612_2_2.pdf.

"Nuclear Waste Policy Act of 1982, as Amended." US Department of Energy, Office of Civilian Radioactive Waste Management, 2004, Section 302. Accessed

17 January 2019. https://www.energy.gov/downloads/nuclear–waste–policy–act.

Oak Ridge National Laboratory. "ORIGEN 2.1: Isotope Generation and Depletion Code Matrix Exponential Method." Oak Ridge National Laboratory. 1996.

Obayashi, Yuka, and Aaron Sheldrick. "Japan Pledges to Cut Plutonium Stocks amid Growing Concern from Neighbors." *Reuters*, 31 July 2018. Accessed 23 January 2019. https://www.reuters.com/article/us–japan–nuclear–plutonium/japan–pledges–to–cut–plutonium–stocks–amid–growing–concern–from–neighbors–idUSKBN1KL0I4.

OECD Nuclear Energy Agency. *Plutonium Fuel: An Assessment*. Paris: Organisation for Economic Co–operation and Development, 1989. Accessed 21 January 2019. https://www.oecd–nea.org/ndd/reports/1989/nea6519–plutonium–fuel.pdf.

Office for Nuclear Regulation(UK). THORP AGR *Interim Storage Programme*. 2018, 9. Accessed 2 March 2019. http://www.onr.org.uk/pars/2018/sellafield–18–022.pdf.

Oka, Hideaki. "Nuclear Fuel Cycle, Plutonium, Fast Reactor, Reduction of Harmfulness." *Japan Atomic Energy Mail Magazine*, 20 July 2018(in Japanese). Accessed 16 January 2019. http://www.aec.go.jp/jicst/NC/melmaga/2018–0250.html.

Oka, Yoshiaki. Speech at JAEC meeting, 3 October 2017(in Japanese). Accessed 21 January 2019. http://www.aec.go.jp/jicst/NC/iinkai/teirei/siryo2017/siryo34/siryo4.pdf.

Okasaka, Kentaro, and Seana K. Magee. "China Slams Japan's Plutonium Stockpile, Frets About Nuke Armament." Kyodo, 20 October 2015. Accessed 17 January 2019. https://www.sortirdunucleaire.org/China–slams–Japan–s–plutonium–stockpile–frets.

Orano. Rapport *d'information du site Orano la Hague: Édition 2017*. Accessed 16 January 2019. https://www.orano.group/docs/default–source/orano–doc/

gro upe/publications-reference/document-home/rapport-tsn-la-hague-2017.pdf?sfvrsn=2325ae4f_6.

Orano. *Traitement des combustibles uses provenant de l'étranger dans les installations d'Orano la Hague* [*Reprocessing of foreign spent fuel at Orano's installations at La Hague*]. 2018. Accessed 16 January 2019. https://www.orano.group/docs/default-source/orano-doc/groupe/publications-reference/document-home/rapport-2017_la-hague_traitement-combustible-use-etranger.pdf?sfvrsn=db194397_6.

Parliamentary Office of Science and Technology(UK). "Managing the UK Plutonium Stockpile." Postnote no. 531, September 2016. Accessed 21 January 2019. https://researchbriefings.parliament.uk/ResearchBriefing/Summary/POST-PN-0531?utm_source=directory&utm_medium=website&utm_campaign=PN531#fullreport.

Perkovich, George. *India's Nuclear Bomb*. Berkeley, CA: University of California Press, 1999.

Peremyslova, L. M., E. I. Tolstykh, M. I. Vorobiova, M. O. Degteva, N. G. Safronova, N. B. Shagina, L. R. Anspaugh, and B. A. Napier. *Analytical Review of Data Available for the Reconstruction of Doses Due to Residence on the East Ural Radioactive Trace and the Territory of Windblown Contamination from Lake Karachay*. US-Russian Joint Coordinating Committee on Radiation Effects Research, September 2004. Accessed 3 March 2019. https://pdfs.semanticscholar.org/58aa/870b2cb0589089a0ed2b36be4a923fa0066f.pdf.

Pivet, Sylvestre. "Concept and Future Perspective on ASTRID Project in France." Speech at the Symposium on Present Status and Future Perspective for Reducing of Radioactive Wastes, Tokyo, 17 February 2016. Accessed 21 January 2019. https://www.jaea.go.jp/news/symposium/RRW2016/shiryo/e06.pdf.

Planning Information Corporation. "The Transportation of Spent Nuclear Fuel and High-Level Radioactive Waste: A Systematic Basis for Planning and

Management at the National, Regional, and Community Levels." September 1996. Accessed 16 January 2019. www.state.nv.us/nucwaste/trans/1pic06.htm.

"Plutonium: The First Consultation between Japan and the UK. Cooperation toward Reduction." *Nikkei Shimbun*, 21 November 2018(in Japanese). Accessed 21 January 2019. https://r.nikkei.com/article/DGKKZO37986140-Q8A121C1EE8000

"Plutonium Uranium Extraction Plant(PUREX)." Hanford Site. Accessed 15 February 2019. https://www.hanford.gov/page.cfm/purex.

Pollack, Andrew. "A-Waste Ship, Briefly Barred, Reaches Japan." *New York Times*, 26 April 1995. Accessed 27 January 2019. https://www.nytimes.com/1995/04/26/world/a-waste-ship-briefly-barred-reaches-japan.html.

Power Reactor and Nuclear Fuel Development Corporation(Japan), direction and planning, and Sanwa Clean(Japan), production. "Plutonium Story: Reliable Friend, Pluto Boy." Video(in Japanese), 1993.

"PRISM Selected for US Test Reactor Programme." *World Nuclear News*, 15 November 2018. Accessed 17 January 2019. http://www.world-nuclear-news.org/Articles/PRISM-selected-for-US-test-reactor-programme.

"Protesters on Hand as MOX Ship Reaches Saga." *Japan Times*, 29 June 2010. Accessed 27 January 2019. https://www.japantimes.co.jp/news/2010/06/29/national/protesters-on-hand-as-mox-ship-reaches-saga/#.XE33Yy2ZNqw.

Rabl, Thomas. "The Nuclear Disaster of Kyshtym 1957 and the Politics of the Cold War." *Arcadia*(2012), no. 20. Accessed 16 January 2019. https://doi.org/10.5282/rcc/4967.

Ramana, M. V. "A Fast Reactor at Any Cost: The Perverse Pursuit of Breeder Reactors in India." *Bulletin of the Atomic Scientists*, 3 November 2016. Accessed 17 January 2019. https://thebulletin.org/2016/11/a-fast-reactor-at-any-cost-the-perverse-pursuit-of-breeder-reactors-in-india/.

Ramana, M. V. *The Power of Promise: Examining Nuclear Energy in India*. Penguin, 2012.

Reaching Critical Will. "Fissile Material Cut-off Treaty." Accessed 17 January 2019. http://www.reachingcriticalwill.org/resources/fact-sheets/critical-issues/4737-fissile-material-cut-off-treaty.

Ramana, M. V., and J. Y. Suchitra. "Slow and Stunted: Plutonium Accounting and the Growth of Fast Breeder Reactors in India." *Energy Policy* 37, no. 12(December 2009): 5028-5036. Accessed 12 March 2019. https://doi.org/10.1016/j.enpol.2009.06.063.

Reconstruction Agency(Japan). "Efforts for Accelerated Fukushima Reconstruction." 28 September 2018(in Japanese). Accessed 17 January 2019. http://www.reconstruction.go.jp/portal/chiiki/hukkoukyoku/fukusima/material/180928_fukkokasoku_r.pdf.

Recyclable-Fuel Storage Company. "Business Outline"(in Japanese). Accessed 27 January 2019. https://web.archive.org/web/20100904181041/www.rf-sco.co.jp/about/about.html.

Richardson, William H., and Frances Strachwitz, comps. "Sandia Corporation Bibliography: Gas-Cooled Reactors." Sandia Corporation, SCR-86, September 1959. Accessed 15 January 2019. https://www.osti.gov/servlets/purl/4219213.

Roosevelt, Franklin D., and Winston S. Churchill. "Aide-Mémoire Initialed by President Roosevelt and Prime Minister Churchill." 19 September 1944. Accessed 17 January 2019. https://history.state.gov/historicaldocuments/frus1944Quebec/d299.

Roosevelt, Franklin D., and Winston S. Churchill. "Articles of Agreement Governing Collaboration between the Authorities of the U.S.A. and the U.K. in the Matter of Tube Alloys"(Quebec Agreement). 19 August 1943. Accessed 17 January 2019. http://www.atomicarchive.com/Docs/ManhattanProject/

Quebec.shtml.

Rosatom. "Modern Reactors of Russian Design." Accessed 21 January 2019. https://www.rosatom.ru/en/rosatom-group/engineering-and-construction/modern-reactors-of-russian-design/.

Rosenergoatom. "'The Decision to Build the First of a Kind BN-1200 Power Unit Can Be Made in 2021', the Head of Rosenergoatom Andrey Petrov." 3 August 2018. Accessed 17 January 2019. http://www.rosenergoatom.ru/en/for-journalists/news/28143/.

"Russia Leads the World at Nuclear-Reactor Exports." *Economist*, 7 August 2018. Accessed 23 January 2019. https://www.economist.com/graphic-detail/2018/08/07/russia-leads-the-world-at-nuclear-reactor-exports.

"Russia Postpones BN-1200 in Order to Improve Fuel Design." *World Nuclear News*, 16 April 2015. Accessed 23 January 2019. http://www.world-nuclear-news.org/NN-Russia-postpones-BN-1200-in-order-to-improve-fuel-design-16041502.html.

Saha, S., et al. "NCEP Climate Forecast System Version 2(CFSv2) 6-Hourly Products." Research Data Archive at the National Center for Atmospheric Research, Computational and Information Systems Laboratory, 2011. Accessed 17 January 2019. http://dx.doi.org/10.5065/D61C1TXF.

Sakurai, Rintaro, and Shinichi Sekine. "Ministry Sees Monju Successor Reactor Running by Mid-Century." *Asahi Shimbun*, 4 December 2018. Accessed 30 January 2019, http://www.asahi.com/ajw/articles/AJ201812040047.html.

Schneider, Keith. "Severe Accidents at Nuclear Plant Were Kept Secret Up to 31 Years." *New York Times*, 1 October 1988.

Schneider, Mycle, and Yves Marignac. *Spent Nuclear Fuel Reprocessing in France*. International Panel on Fissile Materials, 2008. Accessed 15 January 2019. http://fissilematerials.org/library/rr04.pdf.

Schwartz, Stephen I., ed. *Atomic Audit: The Costs and Consequences of U.S. Nuclear Weapons Since 1940*. Washington, DC: Brookings Institution Press,

1998.

Scientists' Institute for Public Information, Inc. v. Atomic Energy Commission et al., 481 F.2d 1079(D.C. Cir. 1973). Accessed 17 January 2019. http://law.justia.com/cases/federal/appellate-courts/F2/481/1079/292744/.

Scott-Heron, Gil. "We Almost Lost Detroit." 1990. Accessed 15 January 2019. https://www.youtube.com/watch?v=b54rB64fXY4.

Seaborg, Glenn T. "The Need for Nuclear Power." Testimony before the Joint Committee on Atomic Energy, 29 October 1969. In *Peaceful Uses of Nuclear Energy: A Collection of Speeches by Glenn T. Seaborg*. Germantown, MD: US Atomic Energy Commission, 1971.

Seaborg, Glenn T. "Nuclear Power: Status and Outlook." Speech at the American Power Conference, Institute of Electrical and Electronic Engineers, Chicago, 22 April 1970. In *Peaceful Uses of Nuclear Energy: A Collection of Speeches by Glenn T. Seaborg*.

Seaborg, Glenn T. "The Plutonium Economy of the Future." Speech at the Fourth International Conference on Plutonium and Other Actinides, Santa Fe, New Mexico, 5 October 1970. Accessed 15 January 2019. http://fissilematerials.org/library/aec70.pdf.

Sherwin, Martin J. *A World Destroyed*. New York: Alfred A. Knopf, 1975.

Sime, Ruth Lewin. *Lise Meitner: A Life in Physics*. Berkeley, CA: University of California, 1996.

Sinclair, Upton. "I, Candidate for Governor, and How I Got Licked." *Oakland Tribune*, 11 December 1934. Accessed 21 January 2019. https://quoteinvestigator.com/2017/11/30/salary/.

"Six-Month Safety Shutdown of Hanford's N Reactor." United Press International, 11 December 1986. Accessed 16 January 2019. https://www.upi.com/Archives/1986/12/11/Six-month-safety-shutdown-of-Hanfords-N-Reactor/7261534661200/.

SKB(Svensk Kärnbränslehantering)(Sweden). "Clab-Central Interim Storage Facility for Spent Nuclear Fuel." Accessed 16 January 2019. http://www.skb.com/our-operations/clab/.

SKB. *Long-Term Safety for the Final Repository for Spent Nuclear Fuel at Forsmark: Main Report of the SR-Site Project, Volume 3*. TR-11-01, 2011. Accessed 16 January 2019. http://skb.se/upload/publications/pdf/TR-11-01_vol3.pdf.

SKB. "A Repository for Nuclear Fuel That Is Placed in 1.9 Billion Years Old Rock." Accessed 16 January 2019. http://www.skb.com/future-projects/the-spent-fuel-repository/.

Skjöldebrand, R. "The International Nuclear Fuel Cycle Evaluation-INFCE." *IAEA Bulletin* 22, no. 2(1980), 30-33. Accessed 17 January 2019. https://www.iaea.org/sites/default/files/22204883033.pdf.

Slackman, Michael. "Despite Protests, Waste Arrives in Germany." *New York Times*, 8 November 2010. Accessed 16 January 2019. https://www.nytimes.com/2010/11/09/world/europe/09germany.html.

Stanway, David, and Geert De Clercq. "So Close Yet So Far: China Deal Elusive for France's Areva." *Reuters*, 11 January 2018. Accessed 23 January 2019. https://www.reuters.com/article/us-areva-china-nuclearpower-analysis/so-close-yet-so-far-china-deal-elusive-for-frances-areva-idUSKBN1F01RJ.

"Status of the Treaty." United Nations Office for Disarmament Affairs. Accessed 17 January 2019. http://disarmament.un.org/treaties/t/npt.

Suzuki, Tatsujiro, and Masa Takubo. "Japan's New Law on Funding Plutonium Reprocessing." *IPFM Blog*, 26 May 2016. Accessed 21 January 2019. http://fissilematerials.org/blog/2016/05/japans_new_law_on_funding.html.

Szilard, Leo. "Atomic Energy, a Source of Power or a Source of Trouble." Speech in Spokane, Washington, 23 April 1947. Accessed 15 January 2019. http://library.ucsd.edu/dc/object/bb43701801/_1.pdf.

Szilard, Leo. "Liquid Metal Cooled Fast Neutron Breeders," 6 March 1945. In *The*

Collected Works of Leo Szilard, Vol. 1, Scientific Papers, edited by Bernard T. Feld and Gertrud Weiss–Szilard(Cambridge, MA: MIT Press, 1972), 369–375.

Sztark, H., A. Le Bourhis, P. Marmonier, J. Recolin, G. Vambenepe, and B. D'Onghia. "The Core of the Creys–Malville Power Plant and Developments Leading Up to Superphenix 2"(in French). In *Fast Breeder Reactors: Experience and Trends*, Vol. 1. Proceedings of a Symposium, Lyons, 22–26 July 1985. Accessed 15 January 2019. https://inis.iaea.org/collection/NCLCollectionStore/_Public/17/036/17036858.pdf.

Takubo, Masa. "Closing Japan's Monju Fast Breeder Reactor: The Possible Implications." *Bulletin of the Atomic Scientists* 73, no. 3(2017), 182–87. Accessed 17 January 2019. https://www.tandfonline.com/doi/full/10.1080/00963402.2017.1315040.

Takubo, Masafumi. "Wake Up, Stop Dreaming: Reassessing Japan's Reprocessing Program." *Nonproliferation Review* 15, no. 1(2008): 71–94. Accessed 21 January 2019. https://doi.org/10.1080/10736700701852928.

Takubo, Masafumi, and Frank von Hippel. "An Alternative to the Continued Accumulation of Separated Plutonium in Japan: Dry Cask Storage of Spent Fuel." *Journal for Peace and Nuclear Disarmament* 1, no. 2(2018). Accessed 21 January 2019. https://www.tandfonline.com/doi/full/10.1080/25751654.2018.1527886.

Tanaka, Nobuo. "TEPCO Should Transfer Nuclear Power Back to the Government. Nuclear Power Is Also Necessary for the National Defense." *Journal of the Atomic Energy Society of Japan* 60(2018), 259–260(in Japanese).

Task Force on Alternative Futures for the Department of Energy National Laboratories. *Alternative Futures for the Department of Energy National Laboratories*. February 1995. Accessed 17 January 2019. https://www2.lbl.gov/LBL–PID/Galvin–Report/.

Thompson, Gordon. *Radiological Risk at Nuclear Fuel Reprocessing* Plants,

2013, Appendix B, "Rokkasho Site." Accessed 16 January 2019, http://www.academia.edu/12471966/Radiological_Risk_at_Nuclear_Fuel_Reprocessing_Plants_Appendix_B_Rokkasho_Site_2013.

Tokyo Electric Power Company. *Fukushima Nuclear Accidents Investigation Report*. 2012. Accessed 2 March 2019, http://www.tepco.co.jp/en/press/corp-com/release/betu12_e/images/120620e0106.pdf.

UN Atomic Energy Commission. "Third Report of the Atomic Energy Commission to the Security Council." *International Organization* 2(1948).

UN Conference on Disarmament. "Elements of a Fissile Material Treaty(FMT)." Working paper submitted to the Conference on Disarmament by Pakistan, 21 August 2015. Accessed 17 January 2019. http://www.pakistanmission-un.org/2005_Statements/CD/cd/20150821.pdf.

UN Conference on Disarmament. "Report of Ambassador Gerald E. Shannon of Canada on Consultations on the Most Appropriate Arrangement to Negotiate a Treaty Banning the Production of Fissile Material for Nuclear Weapons or Other Nuclear Explosive Devices." CD/1299, 24 March 1995. Accessed 3 March 2019. https://documents-dds-ny.un.org/doc/UNDOC/GEN/G95/610/27/PDF/G9561027.pdf?OpenElement.

UN Development Program and UN International Children's Emergency Fund. *The Human Consequences of the Chernobyl Nuclear Accident: A Strategy for Recovery*. 25 January 2002, Table 3.1. Accessed 15 March 2019. http://chernobyl.undp.org/english/docs/strategy_for_recovery.pdf.

UN General Assembly. Resolution 1/1. "Establishment of a Commission to Deal with the Problems Raised by the Discovery of Atomic Energy." 24 January 1946. Accessed 17 January 2019. http://www.un.org/en/ga/search/view_doc.asp?symbol=A/RES/1(I).

UN General Assembly. Resolution 48/75, part L. 16 December 1993. Accessed 17 January 2019. http://www.un.org/documents/ga/res/48/a48r075.htm.

UN Office at Geneva. "Member States." Accessed 17 January 2019. https://

www.unog.ch/80256EE600585943/(httpPages)/6286395D9F8DABA380256EF70073A846?OpenDocument.

UN Office at Geneva. "Rules of Procedure of the Conference on Disarmament." CD/8/Rev.9, 19 December 2003. Accessed 17 January 2019. https://www.unog.ch/80256EDD006B8954/(httpAssets)/1F072EF4792B5587C12575DF003C845B/$file/RoP.pdf.

UN Scientific Committee on the Effects of Atomic Radiation. *UNSCEAR 2000 Report to the General Assembly, with Scientific Annexes: Sources and Effects of Ionizing Radiation*, Vol. 2, Annex J, "Exposures and Effects of the Chernobyl Accident." New York: United Nations, 2000. Accessed 17 January 2019. http://www.unscear.org/docs/publications/2000/UNSCEAR_2000_Annex-J.pdf.

UN Scientific Committee on the Effects of Atomic Radiation. *UNSCEAR 2013 Report: Sources, Effects and Risks of Ionizing Radiation*. New York: United Nations, 2014. Accessed 17 January 2019. http://www.unscear.org/docs/reports/2013/13-85418_Report_2013_Annex_A.pdf.

United Nations. *The Human Consequences of the Chernobyl Nuclear Accident: A Strategy for Recovery*. 2002. Accessed 2 March 2019. http://www.un.org/ha/chernobyl/docs/report.pdf.

US Atomic Energy Commission. *Liquid Metal Fast Breeder Reactor Program: Environmental Statement*, 1974.

US Atomic Energy Commission. *Proposed Final Environmental Statement: Liquid Metal Fast Breeder Reactor Program*, 1974.

US Bureau of the Census. *Historical Statistics of the United States: Colonial Times to 1970*. Washington, DC: US Department of Commerce, 1975. Accessed 17 January 2019. https://www.census.gov/library/publications/1975/compendia/hist_stats_colonial-1970.html.

US Bureau of the Census. *Statistical Abstract of the United States: 1975*. Washington, DC: US Department of Commerce, 1975.

US Bureau of the Census. *Statistical Abstract of the United States: 1980*. Washington, DC: US Department of Commerce, 1980. Accessed 15 January 2019. https://www.census.gov/library/publications/1980/compendia/statab/101ed.html.

US Bureau of the Census. *Statistical Abstract of the United States: 1991*. Washington, DC: US Department of Commerce, 1991.

US Congressional Budget Office. "Comparative Analysis of Alternative Financing Plans for the Clinch River Breeder Reactor Project." Staff Working Paper, 20 September 1983. Accessed 17 January 2019. https://www.cbo.gov/sites/default/files/cbofiles/ftpdocs/50xx/doc5071/doc22a.pdf.

US Department of Energy. "Cleanup Sites: Progress through Action." Accessed 17 January 2019. https://www.energy.gov/em/cleanup-sites.

US Department of Energy. *FY 2015 Congressional Budget Request*. March 2014. Vols. 1, 5. Accessed 21 January 2019. https://www.energy.gov/sites/prod/files/2014/04/f14/Volume%201%20NNSA.pdf.

US Department of Energy. *Nonproliferation and Arms Control Assessment of Weapons-Usable Fissile Material Storage and Excess Plutonium Disposition Alternatives*, DOE/NN-0007, 1997. Accessed 21 January 2019. https://digital.library.unt.edu/ark:/67531/metadc674794/m2/1/high_res_d/425259.pdf.

US Department of Energy. *Transportation, Aging and Disposal Canister System Performance Specification*. DOE/RW-0585, 2008. Accessed 26 January 2019. https://www.energy.gov/sites/prod/files/edg/media/TADS_Spec.pdf.

US Department of Energy. *United States of America, Sixth National Report for the Joint Convention on the Safety of Spent Fuel Management and on the Safety of Radioactive Waste Management*. 2017. Accessed 27 January 2019. https://www.energy.gov/sites/prod/files/2017/12/f46/10-20-17%206th_%20US_National_Report%20%28Final%29.pdf.

US Department of Energy, National Nuclear Security Administration. *Fiscal Year 2019 Stockpile Stewardship and Management Plan-Biennial Plan Summary*,

Report to Congress. 2018. Accessed 12 February 2019. https://www.energy.gov/sites/prod/files/2018/10/f57/FY2019%20SSMP.pdf.

US Department of Energy, National Nuclear Security Administration. "NNSA Removes All Highly Enriched Uranium from Ghana." 29 August 2017. Accessed 17 January 2019. https://www.energy.gov/nnsa/articles/nnsa-removes-all-highly-enriched-uranium-ghana.

US Department of Energy, Office of the Chief Financial Officer. "Budget(Justification & Supporting Documents)." Accessed 17 January 2019. https://www.energy.gov/cfo/listings/budget-justification-supporting-documents.

US Department of Energy, Office of the Chief Financial Officer. *Department of Energy Fiscal Year 2019 Congressional Budget Request: National Nuclear Security Administration*, Vol. 1. Department of Energy, March 2018. Accessed 17 January 2019. https://www.energy.gov/sites/prod/files/2018/03/f49/FY-2019-Volume-1.pdf.

US Department of Energy, Office of the Chief Financial Officer. *Department of Energy Fiscal Year 2019 Congressional Budget Request: Laboratory Tables, Preliminary*." Department of Energy, February 2018. Accessed 17 January 2019. https://www.energy.gov/sites/prod/files/2018/03/f49/DOE-FY2019-Budget-Laboratory-Table.pdf.

US Energy Information Administration. *Electric Power Monthly*. Accessed 17 January 2019. https://www.eia.gov/electricity/monthly/epm_table_grapher.php?t=epmt_5_3.

US Energy Information Administration. *Monthly Energy Review*, February 2019. Accessed 28 February 2019. https://www.eia.gov/totalenergy/data/monthly/pdf/mer.pdf.

US Environmental Protection Agency. *Protective Action Guides and Planning Guidance for Radiological Incidents*. January 2017, 69. Accessed 15 March 2019. https://www.epa.gov/sites/production/files/2017-01/documents/epa_pag_manual_final_revisions_01-11-2017_cover_disclaimer_8.pdf.

US Federal Reserve Bank of St. Louis. "Gross Domestic Product: Implicit Price Deflator." Accessed 12 February 2019. https://fred.stlouisfed.org/series/GDPDEF.

US General Accounting Office. "Interim Report on GAO's Review of the Total Cost Estimate for the Clinch River Breeder Reactor Project." EMD-82-131, 23 September 1982. Accessed 17 January 2019. https://www.gao.gov/assets/210/205719.pdf.

US Government Accountability Office. *Spent Nuclear Fuel Management: Outreach Needed to Help Gain Public Acceptance for Federal Activities That Address Liability*. GAO-15-141, October 2014. Accessed 27 January 2019. https://www.gao.gov/assets/670/666454.pdf.

US Nuclear Regulatory Commission. "Backgrounder on Transportation of Spent Fuel and Radioactive Materials." March 2016. Accessed 16 January 2019. https://www.nrc.gov/reading-rm/doc-collections/fact-sheets/transport-spenfuel-radiomats-bg.html.

US Nuclear Regulatory Commission. "Cladding Considerations for the Transportation and Storage of Spent Fuel." Interim Staff Guidance No. 11, Revision 3, 17 November 2003. Accessed 16 January 2019. https://www.nrc.gov/reading-rm/doc-collections/isg/isg-11R3.pdf.

US Nuclear Regulatory Commission. "Dry Cask Storage." n.d. Accessed 16 January 2019. https://www.nrc.gov/waste/spent-fuel-storage/dry-cask-storage.html.

US Nuclear Regulatory Commission. *Generic Environmental Impact Statement for Continued Storage of Spent Nuclear Fuel*. NUREG-2157, 2014. Accessed 26 January 2019. https://www.nrc.gov/docs/ML1419/ML14196A105.pdf.

US Nuclear Regulatory Commission. "Memorandum and Order in the Matter of Entergy Nuclear Operations, Inc.(Indian Point Nuclear Generating Units 2 and 3)." 4 May 2016. Accessed 14 February 2019. https://www.nrc.gov/docs/ML1612/ML16125A150.pdf.

US Nuclear Regulatory Commission. "Physical Protection of Irradiated Reactor Fuel in Transit." *Federal Register*, Vol. 78, no. 97, May 20, 2013, 29520–29557. Accessed 16 January 2019. https://www.gpo.gov/fdsys/pkg/FR-2013-05-20/pdf/2013-11717.pdf.

US Nuclear Regulatory Commission. *Staff Evaluation and Recommendation for Japan Lessons-Learned Tier 3 Issue on Expedited Transfer of Spent Fuel.* COMSECY-13-0030, 12 November 2013. Accessed 17 January 2019. https://www.nrc.gov/docs/ML1334/ML13346A739.pdf.

US Nuclear Waste Technical Review Board. *Technical Evaluation of the U.S. Department of Energy Deep Borehole Disposal Research and Development Program.* 2016. Accessed 16 January 2019. https://www.nwtrb.gov/docs/default-source/reports/dbd_final.pdf?sfvrsn=7.

Ushio, Shota. "NRA Approves Alternative Set of Spent Fuel Dry Storage Requirements." *NuclearFuel*, 17 December 2018.

"USS Seawolf(SSN-575)." Wikipedia. Accessed 17 January 2019. https://en.wikipedia.org/wiki/USS_Seawolf_(SSN-575).

von Hippel, Frank. *Banning the Production of Highly Enriched Uranium.* International Panel on Fissile Materials, 2016. Accessed 30 January 2019. http://fissilematerials.org/library/rr15.pdf.

von Hippel, Frank. *Citizen Scientist.* New York: Simon and Schuster, 1991.

von Hippel, Frank. "The Emperor's New Clothes, 1981." *Physics Today* 34, no. 7(July 1981), 34–41.

von Hippel, Frank. "South Korean Reprocessing: An Unnecessary Threat to the Nonproliferation Regime." *Arms Control Today*, March 2010, 22–29. Accessed 17 January 2019. https://www.armscontrol.org/act/2010_03/Von-Hippel.

von Hippel, Frank N., and Michael Schoeppner. "Reducing the Danger from Fires in Spent Fuel Pools." *Science & Global Security* 24(2016): 141–173. Accessed 12 March 2019. https://doi.org/10.1080/08929882.2016.1235382.

von Hippel, Frank N., and Michael Schoeppner. "Economic Losses From a Fire in a Dense-Packed U.S. Spent Fuel Pool." Science & Global Security 25(2017): 80-92. Accessed 12 March 2019. https://doi.org/10.1080/08929882.2017.1318561.

"Wackersdorf Nuclear Reprocessing Plant, Baviera, Germany." Environmental Justice Atlas. Accessed 15 January 2019. https://ejatlas.org/conflict/wackersdorf-nuclear-reprocessing-plantg-baviera-germany.

Walker, William. *Nuclear Entrapment: THORP and the Politics of Commitment*. London: Institute for Public Policy Research, 1999.

Ward, Andrew, and David Keohane. "The French Stress Test for Nuclear Power." *Financial Times*, 17 May 2018.

Wigeland, R. A., T. H. Bauer, T. H. Fanning, and E. E. Morris. "Spent Nuclear Fuel Separations and Transmutation Criteria for Benefit to a Geologic Repository." In *Proceedings of Waste Management Conference '04*, Tucson, AZ, February 29-March 4, 2004.

Wigeland, Roald A., Theodore H. Bauer, Thomas H. Fanning, and Edgar E. Morris. "Separations and Transmutation Criteria to Improve Utilization of a Geologic Repository." *Nuclear Technology* 154, no. 2(2006): 95-106. https://doi.org/10.13182/NT06-3.

Willrich, Mason, and Theodore B. Taylor. *Nuclear Theft: Risks and Safeguards*. Ballinger, 1974.

"Windscale Fire." Wikipedia. Accessed 21 January 2019. https://en.wikipedia.org/wiki/Windscale_fire.

Wisconsin Project on Nuclear Arms Control. "Pakistan Nuclear Milestones, 1955-2009." Accessed 17 January 2019. http://www.wisconsinproject.org/pakistan-nuclear-milestones-1955-2009/.

Wohlstetter, Albert. "Spreading the Bomb without Quite Breaking the Rules." *Foreign Policy*, no. 25(Winter 1976), 88-94, 145-179.

World Bank. "Electricity Production from Nuclear Sources(% of total)." Accessed

17 January 2019. https://data.worldbank.org/indicator/EG.ELC.NUCL.ZS?end=2015&start=1960&view=chart.

World Bank. "GDP(current US$)." Accessed 15 January 2019. https://data.worldbank.org/indicator/NY.GDP.MKTP.CD?end=2017&start=1968&year_low_desc=false.

World Nuclear Association. "Transport of Radioactive Materials." 2017. Accessed 2 March 2019. http://www.world-nuclear.org/information-library/nuclear-fuel-cycle/transport-of-nuclear-materials/transport-of-radioactive-materials.aspx.

"Wunderland Kalkar, Amusement Park, a Former Nuclear Power Plant Kalkar am Rhein, Core Water Wonderland Painted Cooling Tower, Kalkar am Rhein, Kalkar." Image ID: KFTY49. Accessed 17 January 2019. https://www.alamy.com/stock-image-wunderland-kalkar-amusement-park-a-former-nuclear-power-plant-kalkar-164661289.html.

Yankee Rowe: "An Interim Storage Facility for Spent Nuclear Fuel." Accessed 6 February 2019. http://www.yankeerowe.com/pdf/Yankee%20Rowe.pdf.

Yasutaka, Tetsuo, and Wataru Naito. "Assessing Cost and Effectiveness of Radiation Decontamination in Fukushima Prefecture, Japan." *Journal of Environmental Radioactivity* 151(2016): 512-520.

"Yoon Il Chang." Argonne National Laboratory. Accessed 17 January 2019. https://www.anl.gov/profile/yoon-il-chang.

Zhang, Hui. *China's Fissile Material Production and Stockpile*. International Panel on Fissile Materials, 2017. Accessed 23 January 2019. http://fissilematerials.org/library/rr17.pdf.

플루토늄
악몽이 된 꿈의 핵연료

인쇄 2021년 5월 10일 1판 1쇄 **발행** 2021년 5월 15일 1판 1쇄

지은이 프랭크 반히펠 · 다쿠보 마사후미 · 강정민 **옮긴이** 강정민
펴낸이 강찬석 **펴낸곳** 도서출판 미세움
주소 (07315) 서울시 영등포구 도신로51길 4
전화 02-703-7507 **팩스** 02-703-7508 **등록** 제313-2007-000133호
홈페이지 www.misewoom.com

정가 20,000원

ISBN 979-11-88602-36-0 93500

잘못된 책은 구입한 곳에서 교환해 드립니다.